BLUE BOOK OF CLEAN ENERGY

ANNUAL REPORT ON DEVELOPMENT OF GREENHOUSE
GAS EMISSIONS CONTROL AND CARBON MARKET (2016)

前沿性·国际性·原创性

IFCE
智库年度报告

U0345355

IFCE
智库年度报告

前沿性 · 国际性 · 原创性

BLUE BOOK OF CLEAN ENERGY
ANNUAL REPORT ON DEVELOPMENT OF GREENHOUSE
GAS EMISSIONS CONTROL AND CARBON MARKET (2016)

清洁能源蓝皮书
BLUE BOOK OF
CLEAN ENERGY

温室气体减排与碳市场发展报告
（2016）

ANNUAL REPORT ON DEVELOPMENT OF GREENHOUSE GAS
EMISSIONS CONTROL AND CARBON MARKET（2016）

国际清洁能源论坛（澳门）

主　编／苏树辉　袁国林

副主编／周　杰　毕亚雄

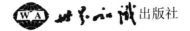
世界知识出版社

图书在版编目（CIP）数据

温室气体减排与碳市场发展报告.2016/ 苏树辉，
袁国林主编.—北京：世界知识出版社，2016.10
（清洁能源蓝皮书）
ISBN 978-7-5012-5338-8

Ⅰ.①温… Ⅱ.①苏… ②袁… Ⅲ.①无污染能源—
能源发展—研究报告—世界 Ⅳ.①F416.2

中国版本图书馆 CIP 数据核字（2016）第 248915 号

责任编辑　刘豫徽
责任出版　王勇刚
责任校对　陈可望

书　　名　**温室气体减排与碳市场发展报告（2016）**
Wenshi Qiti Jianpai yu Tanshichang Fazhan Baogao（2016）
主　　编　苏树辉　袁国林
副 主 编　周　杰　毕亚雄

出版发行　世界知识出版社
地址邮编　北京市东城区干面胡同 51 号（100010）
网　　址　www.ishizhi.cn
投稿信箱　lyhbbi@163.com
电　　话　010-65265923（发行）
　　　　　010-85119023（邮购）
经　　销　新华书店
印　　刷　北京京科印刷有限公司
开本印张　787×1092 毫米　1/16　20 印张
字　　数　320 千字
版次印次　2016 年 11 月第一版　2016 年 11 月第一次印刷
标准书号　ISBN 978-7-5012-5338-8
定　　价　99.00 元

《温室气体减排与碳市场发展报告(2016)》
编委会名单

主　编　苏树辉　袁国林

副主编　周　杰　毕亚雄

编　委　苏树辉　国际清洁能源论坛（澳门）理事长、澳门博
　　　　　　　　　彩控股有限公司行政总裁

　　　　　　袁国林　国际清洁能源论坛（澳门）常务副理事长、
　　　　　　　　　中国长江三峡集团公司原副总经理

　　　　　　毕亚雄　国际清洁能源论坛（澳门）副理事长，中国
　　　　　　　　　长江三峡集团公司副总经理

　　　　　　周　杰　国际清洁能源论坛（澳门）秘书长，中国经
　　　　　　　　　济社会理事会理事

　　　　　　黄　珺　国际清洁能源论坛（澳门）副监事长

　　　　　　施鹏飞　国际清洁能源论坛（澳门）理事，中国可再
　　　　　　　　　生能源学会风能专业委员会名誉主任

　　　　　　张粒子　国际清洁能源论坛（澳门）理事，华北电力
　　　　　　　　　大学教授、博士生导师

　　　　　　刘树坤　国际清洁能源论坛（澳门）理事，中国水利
　　　　　　　　　水电科学研究院教授

解树江　国际清洁能源论坛（澳门）理事，中国经济发展研究会副秘书长，中央民族大学教授

桑丽霞　国际清洁能源论坛（澳门）理事，北京工业大学教授

刘彦宾　国际清洁能源论坛（澳门）理事，中国质量认证中心副主任

张丽欣　国际清洁能源论坛（澳门）理事，中国质量认证中心产品六部副经理

王红野　国际清洁能源论坛（澳门）理事，中国三峡新能源有限公司市场营销部主任助理

王　炜　国际清洁能源论坛（澳门）理事，中国社会科学院研究生院国际能源安全研究中心教授

张　昕　国际清洁能源论坛（澳门）理事

王　达　国际清洁能源论坛（澳门）理事，北京宝策国际投资管理有限公司副总经理

任搏难　国际清洁能源论坛（澳门）常设秘书处项目官员

白煜章　全国政协人口资源环境委员会办公室主任、中国经济社会理事会理事

朱钰华　香港排放权交易所总经理

李栩然　香港排放权交易所市场部资深经理

黄宗煌　台湾综合研究院副院长

李坚明　台北大学自然资源与环境管理研究所副教授

目　录

Contents　………………………………………………… / 302

前言：创新激活市场机制　实现减排人人有责

——写在巴黎气候大会之后

2016年9月G20峰会期间，中国向联合国递交了《巴黎协定》的批准文书。明确了"把全球平均气温较工业化前水平升高控制在2摄氏度之内，并把升温控制在1.5摄氏度之内"的总目标。建立全国统一碳市场，通过市场机制，更有效地减少碳排放成为中国政府采取应对措施的重要方面。

节能减排不仅仅是国家和政府的责任，需要全民族的共识，需要全社会的行动。对于我们每个普通公民来说，在全球抑制气候变暖进行"限排""减排"的大潮中，可以选择低碳生活方式，承担起对赖以生存环境应尽的责任与义务。每个人的生活方式都会直接影响到地球生存。用水、用纸、用电、度假、交通方式、垃圾处理、食物等，这些点点滴滴都与导致全球变暖的元凶——二氧化碳的排放密切相关。碳排放量的多与少决定在每个人。"碳补偿""碳中和"就是我们普通公民为减缓全球变暖可以有所作为的一种自愿减排方式。通过计算个人生活、工作或某项活动中的二氧化碳排放量，通过自愿购买森林碳汇，或者清洁项目产生的核证减排量，也可以通过义工或者通过特定组织，参与到减碳活动中来，把这些碳排放量抵消掉，以使自己成为气候无害者或对气候的影响是中性的。

澳门特区政府高度重视环境保护问题，确定了构建低碳城市，推动环保事业的可持续发展目标。节能环保是可持续发展的必然方向，减少生活中碳的排放，建设"天更蓝、水更清、路更畅、城更美"的绿色家园和宜居城市，每个市民应当责无旁贷地行动起来，参与到低碳生活中来。从个人做起，节约能源和资源，减少垃圾和排放，倡导绿色消费，绿色出行。"碳补偿""碳中和"对澳门市民参与低碳行动，推动环保进步来说无疑是多了一种选择。

当然"碳中和"本身是一种非常美好的愿望。从现实来看，个人参与碳中和减排交易市场的发展并不乐观。因此，碳中和市场机制本身也需要创新。如果将个人碳排放交易中引入竞争机制，即允许个人将其购买的碳减排量可以在市场流转，那么利用这种环保方式的个人参与度和积极性将会越来越高。若能与博彩、金融、保险等行业交易制度互动配套，"碳中和"市场将会激发出更大的活力。一年一度国际清洁能源论坛大会的相逢相聚就是官产学各界有识之士，共同来研讨当前应对气候变化，实现节能减排，普及清洁能源所面临的问题及其解决方案，通过凝聚社会共识和采取行动，共同为实现巴黎协定的国家自主贡献而努力。

在中国经济社会理事会的指导下，在澳门特区政府和澳门基金会的大力支持下，国际清洁能源论坛（澳门）主办的"第五届国际清洁能源论坛"将于2016年11月28日至30日在澳门举行。2016年是联合国2030年可持续发展议程的开局之年，论坛召开之际，又恰逢9月杭州二十国集团领导人峰会结束，会上各国承诺积极落实2030年可持续发展议程并制定了行动计划。中国政府明确表示推动可持续发展，要以务实行动应对当前的挑战，积极变革和改造我们的世界。《温室气体减排与碳市场发展报告（2016）》作为推动可持续发展中的重要一环，旨在响应中国建设全国碳市场的规划以及为碳市场建设建言献策，其出版和问世具有重要意义。

国际清洁能源论坛（澳门）理事长

苏树辉

2016 年 11 月吉日

B 1

基于综合资源战略规划模型的
中国中长期发电碳排放趋势研究

郑雅楠　任东明　姚明涛　胡兆光①

摘　要：

伴随《强化应对气候变化行动——中国国家自主贡献》文件的提交，中国制定了明确的行动目标：2020年单位国内生产总值二氧化碳排放比2005年下降40%—45%，非化石能源占一次能源消费比重达到15%左右；二氧化碳排放2030年左右达到峰值并争取尽早达峰，2030年单位国内生产总值二氧化碳排放比2005年下降60%—65%，非化石能源占一次能源消费比重达到20%左右。为实现应对气候变化自主行动目标，"十二五"期间中国已在国家战略、能源体系、碳交易市场等方面持续不断努力，其中电力工业作为碳排放重点行业，在降低火电比重和大力发展风、光等可再生能源方面取得了令世界瞩目的成绩，然后中国节能减排之路仍然崎岖漫长，需要进一步优化发电结构，促进低碳绿色能源的发展，建立长效的电力需求侧管理机制，实现电力工业的可持续发展。因此，本文借助电力综合资源

---

①　郑雅楠，博士，高级工程师，国家发展和改革委员会能源研究所可再生能源发展中心工作人员。任东明，博士，研究员，国家发展和改革委员会能源研究所可再生能源发展中心主任。姚明涛，博士，助理研究员，国家发展和改革委员会能源研究所可持续发展研究中心工作人员。胡兆光，博士，教授级高工，中电联电力市场首席专家。

战略规划，研究我国未来中长期各区域化石能源和非化石能源发电的发展趋势，探究发电二氧化碳排放达峰情况，为完成能源生产和消费革命建言献策。

关键词：

气候变化　　二氧化碳排放　　需求侧管理　　综合资源战略规划

1. 引言

全球气候不断变暖，气候变化已经成为 21 世纪人类面临的最复杂、最重大的环境问题，2005 年《京都议定书》的生效、2007 年"巴厘岛路线图"的制定以及 2009 年哥本哈根世界气候大会的召开，在很大程度上敦促了世界各国对碳排放问题的重视，中国作为《京都议定书》里附件 Ⅱ 中的国家（即发展中国家），在 2008—2012 年间的第一承诺期内不承担减排任务，然而随着进入第二个承诺期，中国政府向世界承诺"十二五"期间要实现单位国内生产总值能耗和二氧化碳排放分别降低 16% 和 17% 的目标。为此"十二五"期间，中国制定了以推动能源生产和消费革命为主要内容的国家战略，将能源结构调整作为中长期能源发展的战略重点[①]。电力工业作为国民经济和社会发展的基础能源产业，"十二五"期间，在发电结构调整和非化石能源发展方面取得了长足进步，但总体而言，仍然存在严重依赖化石能源发电、带来的生态环境恶化形势依然严峻等问题；风电、太阳能等新兴非化石能源发电还处于成长阶段，由于缺乏统一规划引起的无序发展，以及由此产生的"弃水""弃风""弃光"问题日趋严重，已成为中国电力工业发展必须面对的一大难题和挑战[②]。而节能设备推广、可中断负荷等电力需求侧管理在"十二五"期间取得快速发展，已成为中国另一种不可或缺的电力资源。因此，统筹规划化石能源和非化石能源发电以及需求侧管理，深入研究中国中长期各区域发电二氧化碳排放

---

① 《十二届全国人民代表大会第二次会议工作报告》，北京：人民出版社 2014 年版。

② 国家可再生能源中心主编：《2015 中国可再生能源产业发展报告》，北京：中国经济出版社 2015 年版。

趋势，对于应对气候变化、履行国际承诺和破解中国能源转型难题具有重要的理论和实践价值。

　　随着社会经济的进步，人们对电力的依赖程度越来越高，电力行业已经成为中国节能减排的主力军，其电源规划是否合理不仅涉及化石能源和非化石能源的有效利用，还直接影响中国应对气候变化目标的实现，因此，电力系统电源规划一直以来都是研究的热点问题。传统的电源规划依靠单纯增加电源建设来满足电力需求的增长[①]，伴随日益加重的资源短缺和环境压力，20 世纪 70 年代电力需求侧管理（DSM）被提出[②]，将需求侧可节约的能源也纳入电力资源中，20 世纪 80 年代美国率先提出了电力综合资源规划（Integrated Resource Program，IRP）的概念[③]，它强调了供电和用电协调的重要性，通过综合考量供需双方的资源，以实现社会总成本最小和整体效益最优的目标，从而改变了电力工业一直把用户用电需求作为规划外在因素的做法。随着电力体制改革的推进，垂直一体化的电力经营模式被打破，IRP 无法再发挥重要作用，因此，利用国家层面的电力综合资源战略规划（Integrated Resource Strategic Planning，IRSP）取代传统的综合资源规划[④]，已成为研究国家电力发展战略的重要选择。综合资源战略规划是根据国家能源电力发展战略，将电力供应侧资源和各种形式的电力需求侧能效电厂（Efficiency Power Plant，EPP）资源进行综合优化，通过经济、法律、行政手段，合理配置和利用各环节的资源，在满足未来经济发展对电力需求的前提下，保证整个规划的社会总投入最小，而产生的效益最大[⑤]。它将各类需求侧资源打包成多种 EPP，主动纳入电源规划中，实现

---

　　①　Fawwaz Elkarmi, "Load research as a tool in electric power system planning, operation, and control- The case of Jordan," *Energy Poliey*, vol. 36, 2008, pp. 1757-1763. 韩祯祥、黄民翔：《2002 年国际大电网会议系列报道——电力系统规划和发展》，《电力系统自动化》2003 年第 27 卷，第 10 期。

　　②　杨志荣主编：《需求方管理（DSM）及其应用》，北京：中国电力出版社 1999 年版。

　　③　Mark Jaccad, "Social cost calculation and energy planning", *Electric Power Technologic Economics*, 1999, pp. 60-62.

　　④　Zhaoguang Hu, Xinyang Han, Quan Wen, eds., *Integrated resource strategy planning and demand side management* (New York: Springer, 2013).

　　⑤　Zhaoguang Hu, Xiandong Tan, Yang Fan, et al., "Integrated resource strategic planning: Case study of energy efficiency in the Chinese power sector", *Energy Policy*, vol. 38, 2010, pp. 6391-6397. Yanan Zheng, Zhaoguang Hu, Jianhui Wang, et al., "IRSP with interconnected smart grids in integrating renewable energy and implementing DSM in China", *Energy*, vol. 76, 2014, pp. 863-874.

供应侧与需求侧资源的统筹规划。不仅有利于降低供应侧的投入，促进节能减排，而且还可以调动需求侧资源的灵活性，保障不确定性非化石能源的有效利用。因此，本文将在分析"十二五"期间中国电力行业发展状况的基础上，探讨未来各类非化石能源发电和需求侧管理的发展趋势，通过引入 IRSP 模型测算，利用不同情景研究中国中长期化石能源和非化石能源发电的变化以及发电二氧化碳排放趋势，并结合当前中国电力领域遇到的突出问题提出相关政策建议。

2. 中国电力行业发展现状[①]

进入"十二五"以后，受国际欧债危机持续发酵及国内经济转型升级带来的经济增速回落影响，中国电力供需呈现总体宽松态势。从电力需求来看，全国全社会用电量从 2010 年的 41999 亿千瓦时，增长到 2015 年年底的 55500 亿千瓦时，"十二五"期间用电量年均增速约为 5.7%，并且增速呈现逐年放缓的趋势；而全国最大用电负荷从 2010 年的 58822 万千瓦增长到 2015 年的 79773 万千瓦，"十二五"期间用电负荷的年均增速高于用电量增速，约为 6.3%。

从发电侧看，"十二五"期间，随着非化石能源发电装机容量和发电量占比不断提升，中国的发电结构不断得到优化，全国装机容量从 2010 年的 96219 万千瓦增长到 2015 年的 150673 万千瓦，年均增速达到 9.4%；2015 年火电装机容量占总装机容量的比重较 2010 年下降了 7.7 个百分点，水电占比下降 1.0 个百分，核电上升 0.7 个百分点，风电上升 5.3 个百分点，太阳能上升 2.8 个百分点。而全国发电量截至 2015 年年底达到 56045 亿千瓦时，2011—2015 年年均增速达到 5.8%；火电发电量占总发电量的比重从 2010 年的 80.8% 下降到 2015 年 73.1%，水电发电量占比增长了 3.7 个百分点，核电增长了 1.2 个百分点，风电增长 2.1 个百分点，太阳能增长 0.7 个百分点。

---

① 中国电力企业联合会主编：《2011—2015 年中国电力工业统计资料提要》，2016 年。

图 1 基于综合资源战略规划模型的中国中长期发电碳排放趋势研究

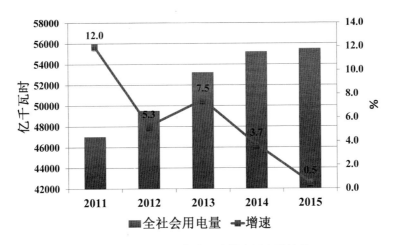

图 1 2011—2015 年中国全社会用电量情况

资料来源:中国电力企业联合会(以下简称中电联)。

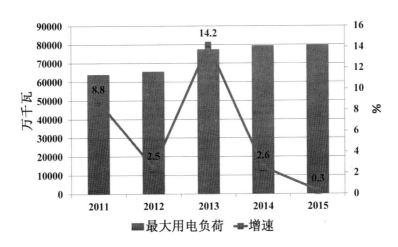

图 2 2011—2015 年中国最大用电负荷情况

资料来源:中电联。

然而与非化石能源发电快速发展相伴的"弃水""弃风""弃光"问题不断严重。2015 年全国"弃水"电量达到约 200 亿千瓦时,主要集中在四川和云南两省;弃风电量 328 亿千瓦,平均弃风率为 15%,主要集中在"三北"地区,东北、西北尤为严重;弃光电量 47 亿千瓦时,弃光率为 11%,集中在甘肃、新疆、宁夏和青海四个省区。当前水、风、光非化石能源的消纳问题与缺乏统筹规划、系统调峰能力有限、外送通道不足等因素密切相关，迫切需要未来的电力系统必须做好各地区非化石能源发电与化石能源发电以及需求侧管理的协调规划。

"十二五"期间，节能减排取得重大进展。2015年全国6000千瓦及以上火电机组供电标准煤耗315克/千瓦时，相比"十一五"末下降18克/千瓦时，继续保持世界先进水平，超额完成国家《节能减排"十二五"规划》确定的2015年325克/千瓦时的规划目标；随着电网建设、运行和管理水平的快速提升，2015年全国综合线损率为6.6%，已接近国际先进水平。2014年，国家发展改革委、环保部、国家能源局联合印发《煤电节能减排升级与改造行动计划（2014—2020）》，提出全国新建燃煤发电机组平均供电标准煤耗低于300克/千瓦时；到2020年所有现役燃煤发电机组改造后平均供电煤耗低于310克/千瓦时，并进一步要求稳步推进东部地区现役燃煤发电机组实施大气污染物排放浓度基本达到燃机排放限值的环保改造。在这一背景下，部分省份发布了燃煤机组超低排放改造名单，电力企业相继开展超低排放改造工作，2015年全国已完成超低排放改造机组容量约1.4亿千瓦，全国电力烟尘、二氧化硫、氮氧化物排放量分别约为40万吨、200万吨、180万吨，排放量大幅下降。随着发电结构及火电结构的优化，我国电力碳排放强度也呈现持续下降趋势，2015年，全国每千瓦时火电发电量二氧化碳排放约为850g，比2005年下降18.9%；每千瓦时发电量二氧化碳排放约627g，比2005年下降26.9%。

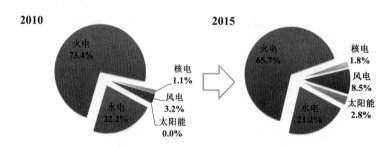

图3　中国发电装机结构变化

资料来源：中电联。

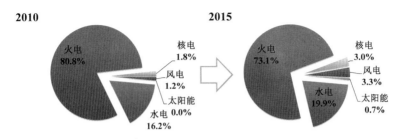

图 4 中国发电量结构变化

资料来源：中电联。

3. 中国电力行业发展趋势

未来20年，中国电力需求增长仍然具有一定潜力，其中"十三五"期间，中国经济仍将保持中高速平稳增长，中国将逐步完成工业化①，电气化水平稳步提高，电力需求也将保持较快增长，年均增速在5.9%左右；2020年后随着中国逐渐进入后工业化阶段，工业增长大幅放缓，电力需求增速也将大幅回落，2021—2025年年均增速将回落到3.1%左右，2026—2030年继续下降到2.2%左右，2031—2035增速将约为1.4%。最大负荷与用电量增长趋势一致，"十三五"期间，最大负荷将年均增长6.9%左右；随着经济结构不断调整，服务业在国民经济中处于主体地位，电网负荷率和最大负荷利用小时数趋于下降，使得最大负荷的增速将高于全社会用电量的增长，2016—2020年年均增速将约为6.9%，2021—2025年年均增速下降到4.2%，2026—2030年为2.9%，2031—2035年为2.2%。

2015年12月，巴黎气候大会成功举办，巴黎气候协议出台，这份协议在一定程度上代表了人类在全球层面上对环境的治理与管理进入了一个新的阶段。《联合国气候变化框架公约》近200个缔约方一致同意通过的《巴黎协定》将为2020年后全球应对气候变化行动做出安排，我国在提交的国家自主贡献文件中向国际社会庄严承诺，将在2030年左右碳排放达到峰值并将争取

---

① 黄群慧主编：《"一带一路"沿线国家工业化进程报告（2015版）》，北京：社会科学文献出版社2015年版。

尽早达峰。电力行业作为碳排放的重点行业，占我国碳排放总量的40%左右，既是控排工作关注的重点部门，也是带动其他行业低碳转型的重要载体。2017年我国将全面启动碳市场，电力行业已被纳入其中。当前我国发电机组节能指标已处于世界先进水平，随着控排工作的深入，未来电力行业减排将更多依靠电源结构调整的贡献。中国向世界承诺到2020年，非化石能源占一次能源消费总量的比重达到15%左右，到2030年达到20%左右。截至2015年年底，这一比重仅为12%。因此，大力发展非化石能源将成为未来20年的重点任务。分发电技术看，中国水力资源丰富，技术可开发装机容量达到6.61亿千瓦，技术可开发年发电量接近3万亿千瓦时；未来，西部地区的大型水电基地建设将取得长足发展，预计到2020年，中国水电总装机容量达到3.8亿千瓦左右；2020年后，水电装机容量增长逐步放缓，水电发电量占总发电量的比重将有所下降。

风力发电经过十余年的发展，技术已经相对成熟，发展也已经从陆上风机逐步向海上风机迈进，风机单机容量逐步向大型化发展；另外为了更靠近用电负荷中心，低风速风机近年正在快速发展，可以安装于年均风速低于6.5米/秒的地区；同时风能预测和风机控制技术方面也不断改进，通过大数据技术向智能风机发展。

在太阳能发电领域，晶硅太阳能电池仍然占据市场的主导地位，且近年来的市场份额已从80%回升到90%；薄膜电池的主要方向仍在新兴的钙钛矿型电池，实验室内发电效率已接近20%；第三代太阳能电池如聚光式和层叠式光伏电池能量转化效率略有提高，但距离大规模实用化仍较远；另外光热发电由于成本过高，仍然大幅滞后于光伏发电。

半个多世纪以来，中国核能与核技术利用事业稳步发展，目前已经形成较为完整的核工业体系，中国已经充分具备了自主设计、建造、运行二代改进型核电机组的能力和条件；未来将通过消化吸收，不断完善自主研发的第三代核电技术；同时未来20年，中国将建立信息化、专业化、标准化的核电多项目管理体系，核电建设将进入稳定、安全、高效的发展期。

生物质能发电技术已经相对成熟，中国生物质能发电最大的瓶颈是原料分布不集中、燃料供应不足，产业化尚处于起步阶段。未来中国将会在生物质能

图 1　基于综合资源战略规划模型的中国中长期发电碳排放趋势研究

发电核心设备和关键技术方面开展大量工作，完善相关设备产业链，提高商业化程度。

作为另一种不可或缺的电力资源，电力需求侧管理 20 世纪 90 年代初传入中国，在政府的倡导和电力企业的推动下，峰谷电价，可中断负荷电价等措施得到了应用，节能灯、变频调速电动机等节能设备获得了广泛推广，为中国提高效率、降低能耗发挥了重要作用。中国的大型城市蕴藏的需求侧资源十分巨大，未来中国将进一步完善需求侧管理体系，加强激励政策，丰富需求侧管理手段，深入挖掘工业、商业、居民各类负荷的智能响应特性，发展多类型需求响应与风电、光伏等非化石能源利用相配合的运行管理模式。

4. 多区域 IRSP 模型

面对应对气候变化的巨大压力，转变能源发展方式、调整能源结构、降低煤炭消费比重已在中国获得高度重视，电力工业作为主要的煤炭消耗行业，通过大力发展风电、光伏发电等非化石能源，逐步降低了中国对煤炭等化石能源的依赖。然而，风电、光伏发电等非化石能源由于受气候、天气等众多复杂因素影响，并网出力具有极强的不确定性，相较火电等常规能源，对系统的调节能力提出了巨大需求，如果这些非化石能源的发展不考虑与系统调节能力的合理规划，未来可再生能源"弃电""限电"现象将会重演，将严重制约非化石能源的发展以及节能减排工作的开展。不仅如此，我国地域辽阔，资源分布严重不均，太阳能光伏资源主要集中在西北地区，风能资源主要分布在华北、东北、西北和华东沿海地区，而负荷中心却主要集中在东南部沿海和中部地区，且各地区存在较大负荷特性差异，因此，整合优化跨区资源，已成为中国电力系统发展的重要任务之一。截至 2015 年年底，全国已经形成六大区域电网，其中，华北、华东、华中、东北四个区域电网和南方电网已经形成了基本全覆盖的 500 千伏网架，西北电网在 330 千伏网架的基础上已建成 750 千伏网架。中国电网互联互通的快速建设对于优化配置资源的作用已经初步显现，国家电网公司跨省跨区跨国输电工程输电能力超过 8600 万千瓦，南方电网"西电东送"总输电能力也达到 2700 万千瓦，图 1 为全国主要区域互联图。未来中国将加强省间、区域间电网的统筹协调，降低各省市的电网冗余建设，通过跨省、跨区互济，不仅满足大煤电、大水电和大可再生能源基地电力输送需要，还要保障风、光等不确定性电源的有效利用。综合以上新形势和需要，本文构建了考虑中国6大区域电网跨区输电的综合资源战略规划模型，模型以整个规划期的社会总投入最小为目标函数，统筹考虑电力供需两侧各环节区内、跨区的制约因素，通过全局优化，得到未来各水平年的各类投资和运行费用、电源装机、电网建设规模、发电量、各种污染物排放量等情况。具体目标函数、约束条件如下：

图5　全国电网互联图

资料来源：国家发展和改革委员会能源研究所。

4.1 目标函数

目标函数为规划期内总成本 f 最小（考虑资金的时间价值），包括电源成本 C^{Gen}、EPP 成本 C^{EPP} 和排放成本 C^{Emi}：

$$\min f = C^{Gen} + C^{EPP} + C^{Emi} \tag{1}$$

（1）电源成本 C^{Gen} 包括规划期内各年投运机组的固定费用和所有机组的运行费用：

$$C^{Gen} = C^{Gen}_{cap} + C^{Gen}_{run} \tag{2}$$

式中，C^{Gen}_{cap} 表示各年考虑建设补贴的投运机组固定投资之和；C^{Gen}_{run} 为各年考虑运行补贴的所有机组运行费用之和。

（2）能效电厂成本 C^{EPP} 包括规划期内各年新增 EPP 的固定费用和所有 EPP 的运行费用：

$$C^{EPP} = C^{EPP}_{cap} + C^{EPP}_{run} \tag{3}$$

式中，C^{EPP}_{cap} 为各年考虑推广补贴的新增 EPP 固定投资之和；C^{EPP}_{run} 表示各年考虑运行补贴的所有能效电厂运行费用之和。

（3）排放费用 C^{Emi} 包含规划期内各年各类电厂的污染物排放费用：

$$C^{Emi} = C^{Emi}_{CO_2} + C^{Emi}_{SO_2} + C^{Emi}_{NO_x} \tag{4}$$

式中，$C^{Emi}_{CO_2}$、$C^{Emi}_{SO_2}$、$C^{Emi}_{NO_x}$ 分别表示各年 CO_2、SO_2、NO_x 的排放费用之和。

4.2 约束条件

模型涉及电力供需两侧各个环节，包含十余类约束，下面将介绍其中主要的约束条件：

（1）装机规模约束。每年各类电源（包含 EPP）的装机规模不超过一定的限度：

$$P^{endGen}_{r,m,y-1} + P^{newGen}_{r,m,y} \leqslant P^{\max Gen}_{r,m,y} \tag{5}$$

式中，$P^{endGen}_{r,m,y-1}$ 为第 $y-1$ 年末区域 r 中第 m 类机组的装机容量（考虑机组退役情况）；$P^{newGen}_{r,m,y}$ 为第 y 年第 m 类机组的新增装机容量；$P^{\max Gen}_{r,m,y}$ 表示第 y 年末第 m 类机组的最大装机容量限度。

（2）电力约束。考虑各区域电网负荷特性的差异，各区常规电源装机容量（考虑备用容量）、能效电厂等效容量和跨区输入电力之和不小于各区最大负荷需求和跨区输出电力之和：

$$L_{r,y}^{\max} + \sum_{rr} P_{r,rr,y}^{Tran} \leqslant \sum_m P_{r,m,y}^{endEGen} + \sum_e P_{r,e,y}^{EndEEPP} + \sum_{rr} P_{rr,r,y}^{Tran} \tag{6}$$

式中，$L_{r,y}^{\max}$ 为第 y 年区域 r 的最高负荷预测值；$P_{r,m,y}^{endEGen}$ 为第 y 年末区域 r 中第 m 类机组的有效出力；$P_{r,e,y}^{endEEPP}$ 第 y 年末区域 r 中第 e 类 EPP 的等效容量；$P_{r,rr,y}^{Tran}$ 为第 y 年从区域 r 输送到区域 rr 的输电通道容量。

（3）电量约束。常规电源发电量、能效电厂等效发电量和跨区输入电量之和等于负荷需求电量和跨区输出电量之和：

$$E_{r,y}^{\max L} + \sum_{rr} E_{r,rr,y}^{Tran} = \sum_m E_{r,m,y}^{Gen} + \sum_e E_{r,e,y}^{EEPP} + \sum_{rr} E_{rr,r,y}^{Tran} \tag{7}$$

式中，$E_{r,y}^{\max L}$ 为第 y 年区域 r 的最高电量预测值；$E_{r,m,y}^{Gen}$ 为第 y 年区域 r 中第 m 类机组的发电量；$E_{r,e,y}^{EEPP}$ 表示第 y 年区域 r 中第 e 类 EPP 的等效发电量；$E_{r,rr,y}^{Tran}$、$E_{rr,r,y}^{Tran}$ 分别表示第 y 年从区域 r 输出到区域 rr 的电量和从区域 rr 输入到区域 r 的电量。

（4）跨区电力、电量约束。跨区输电通道电力、电量要在规划限度的约束下：

$$P_{r,rr,y}^{\min Tran} \leqslant P_{r,rr,y}^{Tran} \leqslant P_{r,rr,y}^{\max Tran} \tag{8}$$

$$E_{r,rr,y}^{\min Tran} \leqslant E_{r,rr,y}^{Tran} \leqslant E_{r,rr,y}^{\max Tran} \tag{9}$$

式中，$P_{r,rr,y}^{\max Tran}$、$P_{r,rr,y}^{\min Tran}$ 分别表示第 y 年从区域 r 到区域 rr 跨区输电通道的容量上、下限。$E_{r,rr,y}^{Tran}$ 为第 y 年从区域 r 输送到区域 rr 的电量；$E_{r,rr,y}^{\max Tran}$、$E_{r,rr,y}^{\min Tran}$ 分别表示第 y 年从区域 r 到区域 rr 跨区输送电量的上、下限。

（5）调峰约束。a）区域内常规电源、能效电厂、跨区输电的可调容量之和不小于不确定性电源（主要是风电、光伏发电）的有效出力和系统最大峰谷差；b）区域低谷负荷在扣除常规电源最小出力和跨区输电最小输送容量之后不小于不确定性电源（主要是风电、光伏发电）的有效出力：

$$\begin{cases} \Delta L_{r,y}^{\max V} + \sum_w P_{r,w,y}^{endEGen} \leqslant \sum_m A_{r,m,y}^{endGen} + \sum_e A_{r,e,y}^{endEEPP} + \sum_{rr} A_{rr,r,y}^{Tran} \\ \sum_w P_{r,w,y}^{endEGen} \leqslant L_{r,y}^{valley} - \sum_m P_{r,m,y}^{lowGen} - \sum_{rr} P_{rr,r,y}^{lowTran} \end{cases} \tag{10}$$

式中，$\Delta L_{r,y}^{\max V}$ 为第 y 年区域 r 的最大峰谷差；$L_{r,y}^{valley}$ 表示第 y 年区域 r 最大负荷日

图 1　基于综合资源战略规划模型的中国中长期发电碳排放趋势研究

最小负荷；$P_{r,w,y}^{endEGen}$ 为第 y 年末区域 r 中不确定性电源 w 的有效出力；$A_{r,m,y}^{endEGen}$、$A_{r,e,y}^{endEPP}$、$A_{rr,r,y}^{Tran}$ 分别表示第 y 年末区域 r 的常规电源的可调节容量、能效电厂的等效可调节容量和跨区输电的可调节容量；$P_{r,m,y}^{lowGen}$、$P_{rr,r,y}^{lowTran}$ 分别为第 y 年末区域 r 的常规电源的最小出力和跨区输电最小输送容量。

（6）污染物排放约束。每年化石能源发电排放的 CO_2、SO_2、NO_x 不大于限定值：

$$\sum_m (E_{r,m,y}^{endGen} \times I_{r,m,y}^{O}) \leqslant O_{r,y}^{max} \tag{11}$$

$$\sum_m (E_{r,m,y}^{endGen} \times I_{r,m,y}^{S}) \leqslant S_{r,y}^{max} \tag{12}$$

$$\sum_m (E_{r,m,y}^{endGen} \times I_{r,m,y}^{N}) \leqslant N_{r,y}^{max} \tag{13}$$

式中，$E_{r,m,y}^{endGen}$ 为第 y 年末区域 r 中第 m 类机组的发电量；$I_{r,m,y}^{O}$、$I_{r,m,y}^{S}$、$I_{r,m,y}^{N}$ 分别表示第 y 年区域 r 中第 m 类机组的 CO_2、SO_2、NO_x 排放强度；$O_{r,y}^{max}$、$S_{r,y}^{max}$、$N_{r,y}^{max}$ 分别为第 y 年区域 r 中 CO_2、SO_2、NO_x 排放限值。

（7）补贴约束。电源补贴（固定成本补贴和运行成本补贴）和 EPP 补贴不能高于一定限度：

$$S_{r,y}^{Gen} + S_{r,y}^{EPP} \leqslant S_{r,y}^{max} \tag{14}$$

式中，$S_{r,y}^{Gen}$ 为第 y 年区域 r 的电源补贴；$S_{r,y}^{EPP}$ 为第 y 年区域 r 的 EPP 运行成本补贴；$S_{r,y}^{max}$ 为第 y 年区域 r 的补贴上限。

5. 情景分析

研究构建的 IRSP 模型包含华北、华东、华中、东北、西北和南方六大区域的电源、电网、负荷规划，将涉及约 68000 个变量，57000 余个等式、不等式约束，针对如此庞大的非线性规划问题，可靠、高效的通用代数建模系统（General Algebraic Modeling System，GAMS）被采用作为开发平台，并且使用来自 ARKI Consulting & Development A/S 的 CONOPT 非线性求解器进行问题的优化计算。通过 2 种情景的对比，将研究中国 2016—2035 年各区域化石能源和非化石能源发电的发展趋势以及发电二氧化碳排放达峰的情况，两种情景的设定如下：1）情景 1：仅研究常规发电能源规划；2）情景 2：将常规发电能源与主要七类 EPP（节能灯 EPP、节能电机 EPP、节能变压器 EPP、变频调速 EPP、移峰 EPP、高效家电 EPP、需求响应 EPP）一起统筹规划。各类 EPP 的目标都是实现节能减排，但在节电功能和效果上有所不同，具体如表 1 所示。模型涉及的相关数据取自文献，下面将从以下几个方面对两种情景的结果进行对比分析。

表 1   各类 EPP 节电类型

EPP 种类	电力节约情况	电量节约情况	EPP 种类	电力节约情况	电量节约情况
节能灯	节约电力	节约电量	移峰设备	节约高峰电力	多耗电量
节能电机		节约电量	高效家电	节约电力	节约电量
变频调速设备	节约部分时段电力	节约电量	需求响应	节约电力	节约少量电量
节能变压器		节约电量			

5.1 全国发展趋势

从全国装机容量来看，如图 6 所示，情景 1 下中国的化石能源发电装机仍然保持较快增长，2020 年、2030 年、2035 年火电装机容量将分别达到 1253GW、1952GW、2059GW，2016—2020 年保持年均 4.8% 的增长，2021—2030 年年均增速略微下降至 4.5%，2031—2035 年大幅下降到 1.1%，装机占比从 2020 年的 52.4% 下降至 2030 年的 49.2%，2035 年降至 46.0%；受到水电可开发资源限制，水电装机容量保持平稳增长，2016—2020 年年均增速为 4.9%，2021—2030 年为 2.6%，2031—2035 年年均增速下降到 1.9%，水电装机占比从 2020 年的 17.0%，下降到 2030 年 13.3%，2035 年进一步下降至 13.0%；核电将快速增长，装机占比也不断提升，2020—2035 年占比从 3.0%—3.4%—3.6%；风电装机容量 2020 年、2030 年将分别达到 264GW 和 702GW，2016—2030 年保持年均 10% 以上的增长，占比也从 2020 年的 11.1% 上升至 2030 年的 17.7%，2031—2035 年年均增速下降至 3.8%，装机占比进一步达到 18.9%；太阳能 2016—2020 年将保持年均 56.8% 的高速增长，随后 2021—2030 年年均增速下降至 4.7%，2031—2035 年降至 3.2%，2020 年占比将达到 16.5%，2030 年下降至 15.7%，2035 年又回升到 16.3%；生物质发电装机发展相对缓慢，2030 年占比仅达到 0.8%，2035 年到达 2.2%。情景 2 中，需求侧 EPP 资源不仅在一定程度上替代常规化石能源发电装机，还可以提高电力系统的灵活调节能力，保障风、光等不确定性非化石能源的有效利用，其中，火电装机容量大幅下降，2020 年、2030 年、2035 年将分别降至 1120GW、1553GW、1583GW，占比相较前一情景 2020 年下降了 6.7 个百分点，2030 年下降 12.1 个百分点，2035 年进一步下降 13.6 个百分点；水电、风电、太阳能和生物质发电发展趋势基本与情景 1 类似，但各年占比略有下降；EPP 潜力得到不断挖掘，2016—2020 年将实现年均 19.4% 的增长，2021—2030 年年均增速达到 12.3%，2031—2035 年下降至 7.3%，装机占比从 2020 年的 8.1% 快速提升至 2035 年 18.5%。

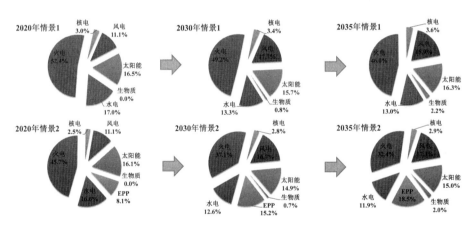

图 6　2016—2035 年中国发电装机结构变化

资料来源：作者的模型测算结果。

从全国发电量来看，如图 7 所示，情景 1 和情景 2 中化石能源发电量均经历了"逐步增长，2026 年达到峰值，然后逐步放缓"的过程，但是情景 2 在 EPP 和风电、太阳能发电的帮助下，化石能源发电量相较情景 1 下降了 426TWh；水电、核电、风电、太阳能、生物质发电量在两种情景中均保持了较快增长，两种情景下各发电技术发电量相差不大，其中风电和太阳能发电年

均增速均超过 10%；情景 2 中 2016—2035 年需求侧 EPP 等效发电量保持年均
6.2%的增长，不仅将帮助中国很大程度上减少了化石能源的消耗，还为风、
光等非化石能源提供了充足的调节能力，有效弥补了化石能源发电装机下降造
成的调节能力不足。

从发电二氧化碳排放情况看，如图 8 所示，两种情景中，中国的化石能源
发电产生的二氧化碳排放也经历了"逐步增长，2024 年左右达到峰值，然后
逐步下降"的过程，其中在 EPP 的帮助下，情景 2 相比情景 1 减排的比例也
在逐年提升，2035 年达到 16.5%，可以看出电力需求侧管理，对于中国的节
能减排工作具有重要的意义。

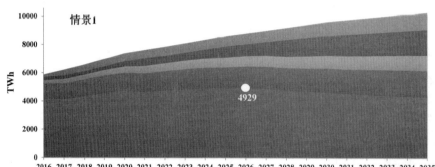

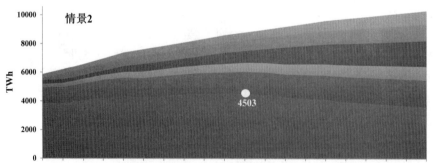

图7　分技术发电量发展变化情况

资料来源：作者的模型测算结果。

图 1　基于综合资源战略规划模型的中国中长期发电碳排放趋势研究

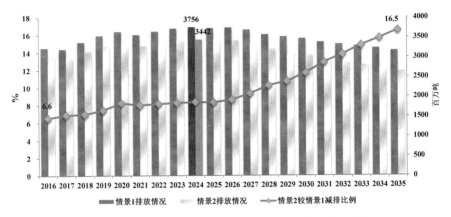

图 8　2016—2035 年中国化石能源发电二氧化碳排放变化情况

资料来源：作者的模型测算结果。

5.2 各区域发展趋势

分区域看，如图 9 所示，通过统筹考虑需求侧 EPP 资源，情景 2 化石能源发电装机容量相比情景 1 均出现明显下降，两种情景下华北、华中和西北地区化石能源发电装机容量均呈现逐步增加的趋势，并且 2035 年尚未达到峰值；华东、东北和南方地区 2035 年前均完成化石能源发电装机容量达峰过程，而在情景 2 中，灵活的 EPP 帮助中国这些地区提前若干年达到峰值，其中华东地区提前 5 年，东北地区提前 1 年，南方地区提前 11 年。

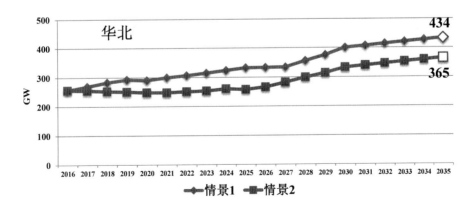

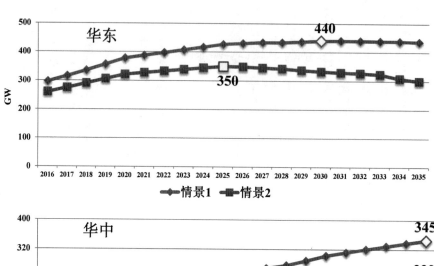

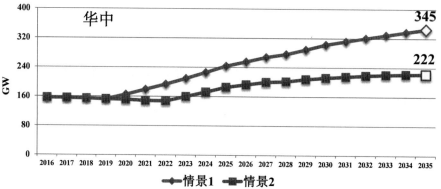

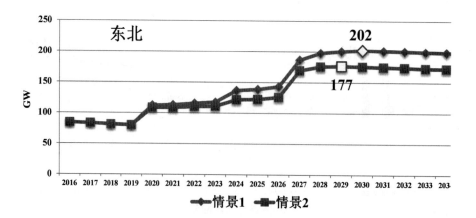

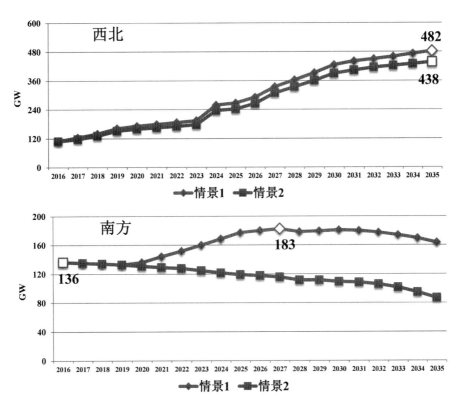

图 9　2016—2035 年中国分地区化石能源装机容量变化情况

资料来源：作者的模型测算结果。

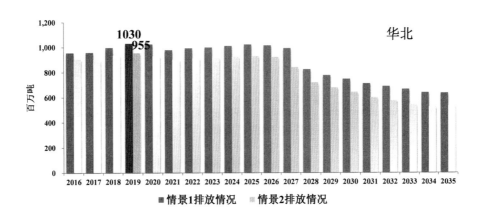

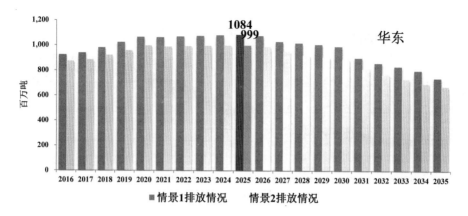

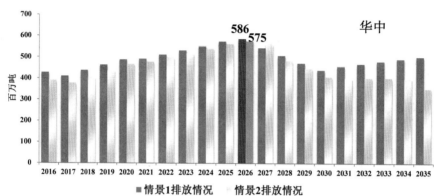

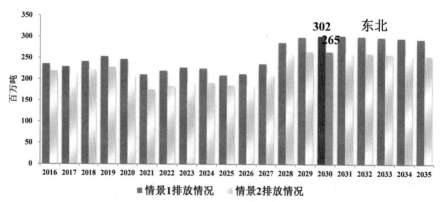

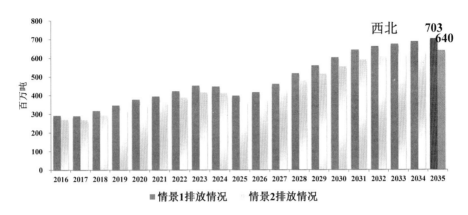

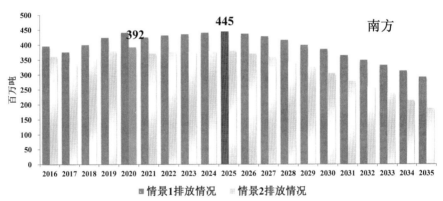

图 10 2016—2035 年中国分地区发电二氧化碳排放变化情况

资料来源：作者的模型测算结果。

从发电二氧化碳排放情况看，各区域达峰时间不尽相同，其中，由于机组超低排放改造和淘汰落后机组促进，华北地区有望在 2019 年左右达峰，华东地区则相对滞后，在 2025 年前后发电二氧化碳排放达到峰值，华中和东北地区随后将分别在 2026 年和 2030 年左右达到发电二氧化碳排放峰值，西北地区在 2035 年前尚未实现达峰，南方地区则将在 2020—2025 年间达峰。由此可见，各地区发电二氧化碳达峰与本地区的经济发展和环境约束密切相关，未来中国发电二氧化碳排放达峰将从东部沿海地区向中、西部逐步推进。对比两种情景可以发现，EPP 替代火电装机的减排成效不断显现，东、中部地区相较西部成效更为显著，华北地区减排比例最大将达到 18.3%，华东达到 13.0%，华中为 30.2%，东北达到 16.7%，西北为 9.1%，南方达到 35.6%；在 EPP 的帮助下，南方地区有望提前五年发电二氧化碳排放达峰。

6. 结论和建议

　　绿色、低碳、清洁化发展已经成为电力转型的重要特征，本文在分析中国"十二五"期间电力工业发展状况和展望未来各发电技术以及需求侧管理发展趋势的基础上，借助 IRSP 模型研究了中国中长期化石能源和非化石能源发电的发展变化以及发电二氧化碳排放情况。研究表明，中国的非化石能源发电将继续保持快速增长，其电力、电量占比均将不断提升；全国化石能源发电带来的二氧化碳排放将在 2024 年左右达到峰值，但六大区域达峰时间不尽相同，呈现从东部沿海地区向中、西部地区逐步达峰的过程；需求侧 EPP 资源不仅将替代化石能源发电装机，减少化石能源的发电量，促进各地区化石能源装机和排放尽早达峰，还将为风、光等非化石能源提供充足的调节能力，保障其有效利用，需求侧资源将在中国电力系统中发挥越来越重要的作用。结合研究成果和当前中国的现状，中国电力工业应对气候变化的任务还十分艰巨，还需要关注以下问题：

　　（1）建立长效的电力需求侧管理机制，完善相关政策制度

　　在相关法律法规中增加有关电力需求侧管理内容，使电力需求侧管理工作进一步法制化、规范化，做到有法可依，有法必依。强化电力需求侧管理的政策激励，建立健全相关的财政、税收、投融资政策，鼓励开发、推广和使用节能新技术、新产品。充分考虑电力需求侧管理成本，通过收取专项基金等方式解决资金来源问题。加快制定和完善主要耗电行业、耗电产品的准入标准、节能设计规范，严把能效关。推行合同能源管理和节能投资担保制度，建立健全节能效益分享机制；研究制订对电网企业的激励机制，促进电网企业由电力供应商向能源服务商的转变；建立健全节能产品的信息发布制度，为消费者选购节能产品提供支持；实施能效标准管理，实行强制性能效标识制度，激励企业加快高效节能产品的研发生产；鼓励发展专业化节能服务公司，促进节能产业的兴起与发展。明确职责定位，建立以政府为主导、电网公司为实施主体、全

社会共同参与的需求侧管理实施系统；政府牵头统筹研究制定需求侧管理的各项政策和规划方案，加大监督检查执法力度。加强节能宣传，提高全民节电意识。

（2）多元化渠道推动绿色低碳能源成本下降，增强市场竞争力

创新技术研发新机制，促进低碳绿色能源成本下降。一是建设国家级的能源研发机构和平台，加快能源重大科技攻关，促进我国绿色低碳能源技术实现重大突破，赶超全球能源技术革命步伐。二是建议国务院能源主管部门统一领导能源技术的研究与开发工作，保证能源技术研发的前瞻性和战略性。三是建立社会化的能源技术研发机构，鼓励多方力量参与到低碳能源技术的研发中，逐步建立起一种科研机构、大型企业与社会资本优势互补、利益均沾的能源低碳化、清洁化的技术研发和创新制度体系。拓宽融资渠道，促进融资成本降低。建立健全保险和担保体系，使风险可衡量、可核算，为吸引投融资和建立退出机制提供支持，设计出针对绿色低碳能源各个技术专门的保险产品和服务，建议成立国家级绿色低碳能源担保机构，或鼓励现有金融机构提供绿色低碳能源项目融资的担保服务；建立多元化的融资体系，加大政策性银行的支持力度，保险和担保机构贯穿始终，商业银行、租赁公司、基金、债券、信托等金融机构都可以作为信贷接盘方参与其中，同时依托金融创新探索绿色债券、互联网金融、资产证券化等多种模式促进融资模式进一步升级。完善供应链体系，促进建设成本降低。引导和鼓励供应链企业转变合作模式，将企业自身优势和外部企业优势相结合，建立以供应链为合作基础的企业战略联盟，实现供应链企业利益共享、风险共担；发展装备制造产业园区，通过共同分摊基础设施成本，大大降低设备的运输成本及开发商的维护成本，鼓励地方政府建立检测中心、生产基地、运维和培训基地等产业，发展设备（装备）的制造、检测及运维等相关业务；并且引导供应链产业转型，实现产品供应一体化，推动产品供应规范化、标准化及渠道正规化。

（3）建立适应低碳能源发展的电力系统规划和运行机制

结合地区资源禀赋，坚持各类能源资源的统一规划，协调发展，开展中长

期规划，远近结合，滚动优化；提升电力系统的灵活性，增强火电的调节能力，在条件适宜地区建设抽水蓄能电站和储能电站，在大型城市和负荷集中地区大力发展具备调节能力的需求侧管理，为实现更多风、光等不确定性非化石能源发展提供匹配的接纳能力；加强风、光等非化石能源集中利用的跨区互联电网建设，发展非化石能源分散利用的智能微电网，不仅将西北部丰富的非化石能源资源跨区输送到负荷中心，还通过"自我平衡、灵活调控"的微电网将风光等非化石能源与需求响应紧密结合，提高能源效率、减少对环境的影响。我国尚未建立竞争性电力市场，必须加快推进电力市场机制和电力运行调度方式改革，取消发电量计划管理制度，形成由市场供需和边际成本决定市场价格的机制，通过竞争方式安排各类机组的发电次序，精细优化确定运行计划、备用容量安排，建立适应我国低碳能源发展的新型调度机制和管理办法。

（4）建立低碳能源的市场管理与监管体制

贯彻落实国务院关于转变职能、简政放权的有关要求，确保权力与责任同步下放、调控与监管同步加强。强化规划、年度计划、部门规章规范性文件和国家标准的指导作用，充分发挥行业主管部门和国家能源主管部门派出机构的作用，打造法规健全、监管闭合、运转高效的管理体制。完善行业信息监测体系，健全产业风险预警防控体系和应急预案机制。开展水电流域梯级综合调度管理和综合监测工作，进一步完善新能源项目信息管理，全面建立覆盖全产业链的信息管理体系和工作机制，实行重大质量问题和事故报告制度。针对重点问题，定期开展可再生能源消纳、补贴资金征收和发放、项目建设进度和工程质量、项目并网接入等专项监管工作。

B.2

欧美日韩及中国碳排放交易体系下的
监测、报告和核查机制对比

张丽欣　王　峰　王振阳　曾　桉①

摘　要：

监测、报告和核查体系（MRV）是碳排放权交易体系中数据质量控制和保证的基本手段，建立监测、报告和核查制度是目前所有碳交易体系的通行做法。本文基于广泛调研，总结归纳了欧盟、美国加州、日本和韩国等国家地区的 MRV 机制建设情况以及国内 7 个试点碳交易地区的 MRV 制度。借鉴国际经验和我国试点地区的实际情况，提出了全国碳排放权交易体系下的 MRV 建设思路和主要内容，包括监测和报告制度、报送系统、第三方核查制度以及 MRV 体系从试点过渡到全国的措施等。全国碳排放权交易体系下的 MRV 将为我国碳交易市场的建设提供质量保证和技术支持。

关键词：

监测、报告和核查体系（MRV）碳排放权交易　温室气体

①　张丽欣，高级工程师，主要从事温室气体排放核查、CDM 项目审定与核查及环境管理体系审核等工作。王峰，博士，高级工程师，主要从事温室气体排放审定核查工作及相关制度研究。王振阳，工程师，主要从事温室气体减排项目（CDM、CCER、VCS 等）审定与核查、技术评审、碳排放权交易企业碳排放核查及技术评审、碳排放核算与核查科研课题研究等工作。曾桉，博士，主要从事温室气体排放核查、温室气体减排项目审定与核查及相关课题研究。

一、引言

监测、报告和核查体系（MRV）是全国碳排放权交易体系中数据质量控制和保证的基本手段，是支撑全国碳排放权交易体系的重要组成部分。所谓监测、报告和核查，就是重点排放单位根据相关技术指南测量、计量或核算其温室气体排放数据，并提交给国家主管部门，然后由第三方核查机构依据准则进行审核，并判断是否符合要求的系列活动。其中监测是指重点排放单位根据要求对温室气体排放相关的数据（包括活动数据、排放因子以及生产数据等）进行测量、计量或核算的活动；报告是指重点排放单位根据要求报告其温室气体排放等相关数据的活动；核查是指第三方核查机构根据相关准则对重点排放单位的温室气体排放报告进行审核，并判断其核算和报告是否符合要求的活动。本文在总结、对比欧盟、美国、日本、韩国等发达国家和我国各试点省市 MRV 建设经验的基础上，论述全国碳排放权交易 MRV 体系的总体思路和主要内容。

二、欧盟 MRV 制度

MRV 的总体要求和时间周期

欧盟碳排放交易指令（2003/87/EC）明确要求将温室气体排放的监测和报告制度纳入欧盟碳排放权交易体系，并根据该指令制定了详细的温室气体排放的监测、报告及核查制度[1][2]。各成员国可以根据欧盟制定的监测、报告和核查的法规制定本国的实施指南。第三方核查机构的认可遵从 Accreditation

---

① European Union, *Commission Regulation（EU）No 601/2012 on the Monitoring and Reporting of Greenhouse Gas Emissions Pursuant to Directive 2003/87/EC of the European Parliament and of the Council*, 2012.

② European Union, *Commission Regulation（EU）No 600/2012 on the Verification of Greenhouse Gas Emission Reports and Tonne-kilometre Reports and The Accreditation of Verifiers Pursuant to Directive 2003/87/EC of the European Parliament and of the Council*, 2012.

Regulation 765/2008、ISO14065 和 EA-6/03，由主管国认可机构规定，主管国之间可实现机构互认。

纳入控排的项目活动主要覆盖以下范围。能源活动：装机超过 20MW 的除垃圾发电项目之外的机组、矿物油炼油厂、炼焦设施；钢铁生产及加工：矿石熔炼烧结设施、产能超过 2.5 吨/小时的生铁和钢铸造设施；矿产及其他行业：产能 500 吨/天以上的回转窑熟料生产设施、产能 50 吨/天以上回转窑石灰生产设施或者其他产能在 50 吨/天的窑炉设施、熔炉产能 20 吨/天以上玻璃及玻璃纤维生产设施、产能超过 75 吨/天的制砖、制瓷设施或者窑炉容积超过 $4m^3$ 且密度超过 $300kg/m^3$ 的相关设备；其他活动：木质纸浆生产设施、产能超过 20 吨/天的纸制品生产设施。

固定源排放设施分为 A 类（≤5 万吨二氧化碳当量）、B 类（＞5 万且≤50 万吨二氧化碳当量）和 C 类（＞50 万吨二氧化碳当量），将源流分为次要源流（年排放量不超过 5 千吨二氧化碳或者低于设施排放量 10%，二者取最大值）、极小源流（年排放量不超过 1 千吨二氧化碳或者低于设施排放量 2%，二者取最大值）和主要源流。设施和源流分类的不同意味着数据层级的最低要求不同，层级表明了数据的不确定性。

温室气体核算的边界仅限于固定排放设施和航空器，用于运输的移动机械所产生的排放不包括在内。

1. 监测（M）制度

监测计划

设施运营商应在监测开始期之前向各个成员国的主管部门提交监测计划，监测计划中包括详细的设施一般信息、监测和报告的职责分配、排放源和源流的清单、各个参数的数据流控制方式、活动水平数据的层级确定、监测方法学的详细描述、是否采用候补方法学、内部数据质量控制等内容。当监测计划不完善时，运营商可以向成员国主管机构提出修订。

监测方法学

欧盟在 MRR 中规定了温室气体监测和报告应遵循完整性、一致性、可比性、透明性、准确性，并确保持续改进的原则，并规定了各个行业的核算方法学。监测方法学分为三类：排放因子法、质量平衡法和连续测量法。

对于排放量小于 2.5 万吨的低排放设施，允许提交简化的监测计划。针对航空运营商的监测计划的提交、航空业监测方法学、小排量运营商、不确定度的来源、吨公里的确定等方面作出了专门的规定。

在数据控制和管理方面，规定了数据流活动、控制体系、质量保证、信息技术、数据的内部审核、纠正和纠正措施、外包、数据缺失的处理以及记录等相关内容；在数据报告方面，规定了报告的时间和义务、信息的获取、数据的四舍五入以及与其他报告的一致性等内容。

2. 报告（R）制度

报送流程

欧盟报送制度由各个成员国具体制定详细的规定，以英国为例，报送过程可分为如下几个关键时间点。

1 月 1 日，企业开始根据经备案的监测计划监测相关数据。排放跟踪系统（Emissions Trading Scheme Workflow Automation Project，ETSWAP）将发邮件提醒企业开始进行监测；2 月 28 日，企业将上一年度排放报告输入 ETSWAP 系统，并指定第三方进行核查，核查机构将出具核查意见；3 月 31 日，企业将经核查的上一年度排放量输入注册登记系统，随后核查机构将在注册登记系统中进行确认（https：//ets-registry.webgate.ec.europa.eu/euregistry/GB/index.xhtml）；4 月 30 日，企业在系统中清缴等同于上一年度排放量的配额；12 月 31 日，如果监测计划有变动，企业需上报成员国主管部门。

3. 核查（V）制度

欧盟在 AVR（Accreditation and Verification Regulation）中表示排放报告的核查过程是一种有效而且可靠的质量保证和质量控制的工具，经过核查的报告对用户而言是可靠的。

核查流程

AVR 对核查机构的工作程序进行了详细的规定，包括签约、时间分配、运营商提供信息、战略分析、风险分析、编写核查计划、实施核查活动、关闭误述和不符合、得出核查结论、独立审查、保存内部核查文档、提交核查报告。

核查内容

对二氧化碳监测计划进行认证，确保碳排放数据是通过正规的监测程序收集的。核查企业所持有的排放权足以抵消实际排放量的证据。

核查机构资质

任何法人或其他法律实体均可按（欧共体）第 765/2008 号条例第 5 （1）条和 AVR 规定申请认可。采用符合（欧共同）第 765/2008 号条例的协调标准，其中涉及认可机构对一致性评估机构进行认可时所采用的一般要求。申请机构在认可申请开始评估前，除向国家级认可机构提供其所要求的信息之外，还应建立、记录、实施和维护与运营商及其他相关方沟通的程序、信息保密、申诉和投诉处理程序、核查报告修订程序、核查活动外包程序、参与核查活动的人员能力要求、公正性和独立性保持程序以及内审程序等。

核查员资质

欧盟要求核查员至少具备以下知识、经验和能力：

• 了解指令 2003/87/EC、MRR、AVR 等相关标准和其他相关法律、适用的指南以及核查者开展核查工作时所在成员国颁布的相关指南和法律；

• 了解数据和信息审计方法学，包括重要性水平的应用以及对误述的重要性水平的评估；

• 分析固有和控制风险的能力；

• 了解与数据采样相关的采样技术以及对控制活动的检查；

• 了解评估数据和信息系统、IT 系统、数据流活动、控制活动、控制系统和控制活动的程序；

• 执行《AVR 第 II 章核查》要求的运营商或航空运营商报告的核查相关活动的能力；

• 相关的行业特定技术监测和报告方面的知识和经验。

三、美国加州 MRV 制度

MRV 的总体要求和时间周期

加州空气资源委员会（ARB）是排放限额与交易制度（Cap and Trade）的主管机构，在 MRV 体系的制定方面，ARB 制定了《温室气体强制报告法规》（The Regulation for the Mandatory Reporting of Greenhouse Gas Emissions，以下简称法规），该文件详细地规定了温室气体排放报告的一般要求、特定类型的设施（facility）、供应商（supplier）以及实体（entity）的温室气体报告强制性的要求、数据的缺失以及连续测量系统（CEMS）的处理、温室气体报告和核查的要求、第三方核查机构的资格要求等。[1]

1. 监测（M）制度

监测计划、温室气体清单计划[2]

为保证连续监测和数据质量，报告制度不仅要求企业提交监测计划，详细记录并说明温室气体排放监测相关信息，为主管单位核查提供书面资料，而且对监测设备精度校准和安装维护制定规则，并要求报告主体对相关资料文件留存至少三年。

每年5月，ARB定期发布从2000年起的最新年度加州温室气体清单报告，跟踪排放量及其变化趋势。温室气体清单编制及更新是加州努力实现AB 32下2020年控制目标的一项重要工作，也是评估加州减排进展、制定气候和能源政策的重要依据。

监测方法学[3][4]

排放源的监测有两种方式：①在线排放监测系统。②基于加工、燃料、排放因子和环保署认定方程式的分类温室气体计算。要求已经拥有在线监测设备的企业必须使用第一种方法，即通过监测CO_2浓度计算排放量。这种在线监测设备并不局限于CO_2在线监测设备，凡是拥有SO_2、NO_2等废气污染物在线监测系统的企业都需要对其设备进行升级，加入对CO_2浓度的监测。

---

① U. S. Environmental Protection Agency, *Regulatory Impact Analysis for the Mandatory Reporting of Greenhouse Gas Emissions Final Rule*, 2009.

② 刘保晓等：《美国温室气体清单编制及排放数据管理机制调研报告》，2014（http://www.ncsc. org. cn/article/yxcg/dybg/201412/20141200001349. shtml）。

③ 周颖等：《欧盟和美国温室气体排放监测对中国的借鉴意义》，《中国环境监测》2013年第5期，第1—5页。

④ 董文福等：《美国温室气体强制报告制度综述》，《中国环境监测》2011年第2期，第18—22页。

图 2 欧美日韩及中国碳排放交易体系下的监测、报告和核查机制对比

2. 报告（R）制度

报送流程

法规规定（1）根据 CFR40 要求需要报告排放的电力生产、水泥生产、石灰生产、硝酸生产，石油炼化，二氧化碳地质封存等行业主体；（2）排放量超过 1 万吨的未纳入 CFR40 要求报告的固定燃料燃烧设施主体、玻璃生产、制氢、钢铁生产、纸浆及造纸、石油及天然气系统、热电、制铅设施主体。每年 4 月 10 日之前，必须按照规定流程向 ARB 提交温室气体排放报告，报告必须采用该法规提供的方法学并覆盖上述所有排放种类，并对燃料和二氧化碳供应商、电力实体、石油及天然气系统等类别的报告范围做了额外规定。

除排放数据之外，法规规定了排放报告中还须包括报告实体（Reporting Entity）基本信息、具体负责人信息、母公司信息、设施层级的能源输入及输出信息、排放变化情况说明等内容，并要求报告实体按照相关标准保存所有记录。

法规同时规定排放量在 25000 吨以下的设施在满足一定条件下可简化报告内容。

3. 核查（V）制度

法规要求以下排放报告必须进行第三方核查。（1）排放量超过 25000 吨的报告实体；（2）在该机制下有控排义务的报告实体。核查必须由满足法规要求的第三方核查机构实施，并由第三方核查机构在每年 9 月 1 日之前向 ARB 递交当年核查报告及声明。

核查流程

核查的具体执行由 ARB 下设的执行官（Executive Officer）进行管理，主要包括核查双方签约、向执行官提交核查服务通知、核查实施、出具核查结论、ARB 审核等过程。

1）双方签约

法规规定核查主体可自由选择第三方核查机构，但是与同一家核查机构连续签约时间不得超过 6 年，并不得在更换后 3 年内选择之前的核查机构。

2）发送核查服务通知（Notice of Verification Services）

核查机构向执行官发送核查请示，在收到执行官的决议，确认双方的潜在利益冲突在可接受的范围之内、核查可开始之后，核查机构需向 ARB 发送核

查服务通知，包含审核组成员信息、核查主体信息及核查时间表。

3）实施核查

核查机构需制定详细的核查计划，通知核查具体实施细节，之后进行现场考察。

4）出具核查结论

核查工作结束后，核查机构需完成核查报告及核查，对报告及相关文件进行独立评审，最终出具终版核查报告及核查声明。当核查声明提交 ARB 之后，排放数据报告的工作正式结束，核查结果不得修改或者撤销。

5）ARB 审核

ARB 会对核查报告及声明进行评审。若执行官发现报告主体与核查机构存在高利益冲突风险，或者 ARB 审核报告的结论与第三方机构不同，执行官可撤销第三方核查机构的核查结论并指派其他机构在 90 天内重新进行核查。

若执行官要求，报告主体需在 20 天内向其提供核查过程中所有用到的支持性文件及信息。第三方核查机构需在 20 天内向其提供核查过程中所有向报告主体提供的文件及信息。若执行官下达书面通知，第三方核查机构及其相关人员需接受 ARB 的审核。

核查内容

查验报告主体运行情况、产品数据以及排放及其他信息、查验电力销售、购入记录、制定和实施抽样计划，进行数据校验，建立核查数据目录，记录核查发现的问题，向报告主体提供核查发现，确认缺失数据的替代方案是否合理，判断是否存在重大误述。

核查机构资质

核查机构在申请资质时，须提供如下材料：

1）提供所有核查人员名单及其职责及资质，包括 ARB 认可的在职核查员；核查机构至少保有两名 ARB 认可的主任审核员，至少保有五名全职员工；

2）提供核查机构过去 5 年内法律纠纷及行政事务及其详细解释；

3）提供 400 万美元以上职业责任保证的证明；

4）提供利益冲突管理机制及政策的证明；

5）提供员工接受专业培训，包括 ARB 培训的证明；

图 2　欧美日韩及中国碳排放交易体系下的监测、报告和核查机制对比

6）当核查机构不再满足 ARB 规定的核查机构认可条款时，可在 30 天内通知执行官申请额外的时间以便核查机构聘请人员来达到要求。

核查员资质

1）科学、工程、商业、统计、数学、环境政策、经济或者财务专业本科及以上学历。提供足够证据证明具有核查所需的良好的沟通能力、技术分析能力；提供足够证据证明具有 2 年以上全职排放数据管理、排放技术或排放清单、环境审计或其他工程经验；

2）作为 ARB 认可审核员连续满 2 年，并在主任审核员监督下完成至少 3 个核查项目，并拥有良好的 ARB 审核记录；

3）在核查培训时，有四年以上项目经理或负责人经验。

4）必须接受 ARB 批准的核查培训并通过考试；

5）各专业审核员还须拥有两年以上该专业工作经验。

四、日本 MRV 制度[1][2]

日本国内目前尚无全国性的温室气体排放交易市场，但于 2010 年 4 月启动了东京都总量控制与交易体系，成为欧盟 EUETS 和美国 RGGI 之后全球第三个总量控制与交易体系。此外，在温室气体排放管理方面，日本在国家层面上制定了"温室气体排放强制计算、报告和披露系统"，要求一定数量以上的温室气体排放大户进行强制申报。

（一）东京都总量控制与交易体系

东京都总量控制与交易体系是全球第一个为商业行业设定减排目标的总量控制与交易体系，也是亚洲第一个强制性总量控制与交易体系，更是全球第一个以城市为覆盖范围的碳排放交易体系。东京都体系的履约期为 5 年，目前设

---

① 中国质量认证中心等：《企业碳排放管理国际经验与中国实践》，北京，中国质检出版社，中国标准出版社 2015 年版。

② 孙天晴等：《国外碳排放 MRV 体系分析及对我国的借鉴研究》，《中国人口·资源与环境》2016 年第 5 期，第 17—21 页。

两个履约期，分别是 2010—2014 年和 2015—2019 年。第一个履约期的减排目标为在基准年的基础上减排 6%（工厂和接受区域性供暖制冷工厂直接功能的建筑物）或 8%（其他建筑物），第二履约期的目标为减排 17%。行业覆盖范围为工业和商业领域，这两个领域约占东京都总排放的 40%。对象覆盖范围为年消耗燃料、热和电力至少 1500kL 原油当量的大型设施（建筑或工厂），包括约 1400 个设施，其中商业设施 1100 个，工业设施 300 个。

MRV 的总体要求和时间周期

2009 年 7 月，东京都政府制定了《温室气体计算指南》《温室气体核查指南》和《核证机构注册申请程序》规范温室气体计算、核证和核证机构的注册登记行为。上一年度的石油当量超过 1500kL 以上的事业所以及接受指定全球变暖措施机构指定的事业所在每年度都要计算上一年度的能源使用量及特定温室气体排量，该计算结果需要接受审定机构的审定。

1. 监测（M）制度

监测计划

在本制度中，具有减排义务的对象是事业所的温室气体排量中属于能源产生的二氧化碳（伴随燃料、热、电力的使用而排出的二氧化碳）排量，我们称之为"特定温室气体"。只要是特定温室气体排量，就有义务将注册机构的"审定结果"作为附件添加后向东京都提交报告。而若为非能源产生的二氧化碳及除二氧化碳以外的温室气体，则在本制度中称为"其他气体"，事业所有义务对其排量做到基本掌握及报告。

本制度的对象是使用的能源油当量每年达到 1500kL 以上的大规模事业所。这些对象事业所根据不同分类，具有计算（审定）特定温室气体排量及减排的义务。分类方面包括以下所示"指定全球变暖措施事业所"及"特定全球变暖措施机构"两大类（如表 1 所示）。

表1 受控对象标准

分 类	主要条件
指定全球变暖措施机构	燃料、热、电力使用量的油当量年度总计超过 1500kL 以上的事业所
特定全球变暖措施机构	连续三个年度燃料、热、电力使用量总计超过油当量年度总计 1500kL 以上的事业所

石油当量若超过每年 1500kL 以上时，就要接受指定全球变暖措施机构的指定，接受指定的事业所需计算每年度的特定温室气体排量，接受审定并报告给东京都。在年度内开始使用的年度除外，石油当量若连续三年超过 1500kL 以上时，需要接受特定全球变暖措施机构的指定。特定全球变暖措施机构除了要对排量进行计算、审定外，还具有减排义务。"指定全球变暖措施机构"及"特定全球变暖措施机构"被赋予义务实施的主要事项如表2所示：

表2 对象事业者的主要实施事项

分 类	定 位	实施事项
指定全球变暖措施事业所	需要特别推进全球变暖措施的事业所	上一年度的石油当量、特定温室气体排量的计算（需要审定）
		计算上一年度的其他气体排量（无须审定）
		设定减排目标与减排计划
		统括管理者、技术管理者的选任
		与租赁者等事业者的推进合作体制
		提交并发布公布了上述内容的计划书
特定全球变暖措施事业所	有特定温室气体减排义务的事业所	上述"指定全球变暖措施事业所"的实施事项
		特定温室气体的减排义务
		申请基准排量
		实施减排措施
		减排义务量不足部分可通过交易进行筹措（可再生能源的有效利用、其他事业所减排量的筹措等）

监测方法学

关于各燃料等使用量监测点方面，要在计算报告格式的"事业所区域以及燃料等使用量监测点"中所示的燃料等使用量监测点对应的监测点位置栏处明确记载。

2. 报告（R）制度

报送流程

具体申报及提交时期如下：

1）指定全球变暖措施机构的指定相关确认书：2009 年度以后，提交时限为首次在上一年度石油当量超过 1500kL 以上的那一年度的 10 月末前；

2）全球变暖措施计划书：从接受"指定全球变暖措施机构"制定的年度开始，在每年 11 月末前提出。此外，在 1）的申报中，已经计算、审定完的年度排量等无须重新接受审定；

3）基准排放量决定申请书：减排义务开始年度的 9 月末前提出。此外，在 1）和 2）的申报中，已经计算、审定完的年度排量等无须重新接受审定。

3. 核查（V）制度

在五年履约期内，建筑物或设施必须每年向东京都政府报告前一年的温室气体排放情况，并经第三方核证机构核证。

核查流程

根据《温室气体核查指南》，东京都强制总量控制与交易体系中规定的审核作业流程包括审核计划、实施审核以及审核结果的总结和汇报三个阶段，如图 1 所示：

核查内容

根据《温室气体核查指南》，本制度中对温室气体排放量的审核，是指由第三方机构对组织实施的温室气体排放量计算是否符合《温室气体排放量化指南》规定，量化结果是否正确进行确认、判断。在《温室气体排放计算指南》中规定，温室气体排放的量化需要按以下顺序实施：

- 明确组织边界；
- 明确温室气体排放活动、燃料等使用量监测点；
- 掌握燃料等的使用量；

审核计划

确认是否回避了利害关系
实施审核业务的人员
掌握情况
选择适合燃料等使用量的检验方法
制定审核计划

实施审核

实施前进行介绍
按照审核项目明细进行确认
按照温室气体排放量审核实施报告书进行确认
审核机构的问询

审核结果的总结、汇报

审核结果总结
确定审核结果的质量管理及审核报告书
提交审核结果报告书

图 1　东京都强制总量控制与交易体系核查流程

- 计算温室气体排放量以及原油使用当量。

核查机构需要按照温室气体排放计算指南及核查指南的第 2 部分规定的内容判断组织是否按规定标准计算温室气体排放量。在《温室气体核查指南》第 2 部分中，详细规定了温室气体排放量审核的具体方法和审核重点，包括组织边界的确定方法、排放活动及燃料使用量、燃料使用量的计算、温室气体排放量及换算原油能源使用量的计算以及其他温室气体排放量的计算方法等内容。

核查机构资质

第三方核证机构必须在东京都政府登记注册。不遵守该报告及披露义务的建筑物或设施将受到惩罚。2009 年 7 月，东京都政府组织了核证人员研讨会，培训核证人员。2009 年 8 月，东京都政府开始接受核证机构申请，到 8 月底已经有 30 家核证机构注册登记。

（二）温室气体排放强制计算、报告和披露系统

2005 年《京都议定书》正式生效，同年 4 月日本内阁批准了《京都议定书目标达成计划》，同时按照修订后的《全球气候变暖对策推进法》（1998 年 117 号）的要求，日本政府决定引入针对排放大户的"温室气体排放强制计算、报告和披露系统"，并于 2006 年 4 月正式执行。

制度目标：日本引入温室气体排放强制计算、报告和披露系统的目的是，通过企业计算和报告排放量，作为进一步开展温室气体减排工作和制定相关政策的基础，同时通过公开披露企业温室气体排放相关信息，促进日本国民及企业形成主动减排的观念。

法律支撑："全球气候变暖对策推进法"（以下简称"温对法"）和"节约能源法"（以下简称"节能法"）共同作用并相互补充，形成了日本温室气体排放管理制度的法律基础。同时，日本政府还配套了关于报告方式、计算标准等一系列法规。

MRV 的总体要求和时间周期

该管理制度要求，温室气体排放达到一定规模以上的单位（企业）须承担计算温室气体排放量并向国家报告的义务，国家对所有报告的数据进行汇总并予以公布。根据规定，由于从事公共事务活动而排出较多温室气体、并由政府管理的"特定排放源"，每年度必须向上级部门（事业所管大臣）报告温室气体排放量，并进一步将报告内容和汇总结果报告环境大臣及经济产业大臣。在适当保护"特定排放源"权益的同时，报告的数据信息由国家统一发布。环境大臣及经济产业大臣，使用文档记录所有报告事项，集中计算、公布相应内容。

1. 监测（M）制度

监测计划

温室气体排放强制计算、报告、披露系统管制的温室气体共有 6 种，包括

CO_2、CH_4、N_2O、HFCs、PFCs、SF_6。满足以下条件的企业和机构必须上报其温室气体排放量：（1）节能法规定的能源消耗超过 1500kL 原油当量/年的企业、大学、地方政府、运输公司等机构（能源消耗引起的 CO_2 排放）；（2）员工超过 21 人且所有办公室年排放超过 $3000tCO_2$ 的机构（其他温室气体排放）。详细的受管制机构的信息如下表所示：

表 3 日本"温室气体排放强制计算、报告、披露系统"管制机构信息

温室气体种类	对象企业（＊）
能源消耗带来的 CO_2（燃烧燃料、使用外部供给电或热时排放的 CO_2）	【特定事业所排放企业】 所有事业所的能源使用总量超过 1500kL 原油当量/年的企业（节能法规定的特定企业） ★以原油进行折算且能源使用量在 1500kL 原油当量/年以上的事业所（节能法规定的能源管理特定工厂等）时，该事业所的排放量也应上报。
	【特定运输排放企业】 节能法所规定的以下企业： ·特定货运企业（列车 300 车厢、卡车 200 辆、船舶 2 万 t 以上） ·特定客运企业（列车 300 车厢、公交车 200 辆、出租车 350 辆、船舶 2 万 t 以上） ·特定航空运输企业（最大总起飞重量 9000t 以上） ·特定货主（3000 万 tkm 以上）
其他温室气体：非能源类 CO_2、甲烷（CH_4）、一氧化二氮（N_2O）、氢氟碳化合物（HFCs）、四氟甲烷（PFCs）、六氟化硫（SF6）	【特定事业所排放企业】 满足以下①及②条件的： ①整个企业的 6 种温室气体排放总量超过 $3000tCO_2$ 当量 ②企业员工人数超过 21 人 ★所有温室气体折算为 CO_2 当量后排放量在 3000t 以上的事业单位时，其排放量也应作为上报内容。

注：即使是满足条件的特许经营连锁企业，所加盟的全部事业所的事业活动也应视为特许经营连锁企业的事业活动，由本部进行上报。

监测方法学

对于受控机构的温室气体排放的计算，机构可选择日本环境省公布的"计算、报告、披露系统温室气体计算方法和排放系数"自行进行计算，活动水平与排放系数的乘积即为温室气体排放量。

2. 报告（R）制度

报送流程

2008年3月日本政府第一次公布了该方面的数据（2006财年），此后每年7月30日前报告上一年排放数据。对于特定运输排放企业，每年度6月底进行上报。报告的内容除了企业实际温室气体排放量之外，还需要提供排放量变化情况、每种温室气体排放增减状况、温室气体减排措施实施情况、温室气体排放量的计算方法等信息。报告数据的披露由日本环境省和经济产业省共同负责。如果受控机构未进行报告或提供错误报告，处20万日元以下的过失罚款（对于违反"节能法"的报告义务的受控机构，处50万日元以下的罚金）。

3. 核查（V）制度

参加强制申报系统的企业需要向日本环境省和经产省报告其温室气体排放量，并接受监督。根据目前政策，受控机构的温室气体排放量并不需要通过第三方机构的核查。

五、韩国 MRV 制度[①]

为积极应对气候变化，建立绿色低碳增长模式，2008年韩国开始制定了《低碳、绿色增长基本法》（以下简称"基本法"）。基本法是韩国有关能源和气候变化的最高法案。该法案于2010年4月获得批准实施。法案主要内容包括制定绿色增长国家战略、绿色经济产业、气候变化、能源等项目以及各机构各单位具体的实行计划。此外，还包括实行气候变化和能源目标管理制、设定温室气体中长期的减排目标、构筑温室气体综合信息管理体制以及建立低碳交

---

① 侯士彬等：《温室气体排放管理制度国际经验及对我国的启示》，《中国能源》2013年第3期，第16—22页。

图 2 欧美日韩及中国碳排放交易体系下的监测、报告和核查机制对比

通体系等有关内容。明确要求建立温室气体报告管理制度，对于温室气体一定排放规模以上的企业强制确定其排放配额，同时促进排放权的交易；对于大量排放的企业（包括公共企业）强制要求其向政府报告。基本法第 42 条"应对气候变化及能源目标管理"要求建立温室气体报告制度，列入韩国温室气体受控名录的机构须建立企业温室气体清单，报告其温室气体排放情况并进行减排管理。

根据基本法及相关法规的要求，2011 年 3 月韩国环境部颁布了《关于实施温室气体和能源目标管理指南》，对韩国"能源及温室气体目标管理制度"提出了具体细则和指导方案，并自 2011 年起由韩国环境部开始组织实施。韩国建立能源及温室气体目标管理制度的目的是，推动国内有效实现减排目标。根据相关法案规定，能源消费和温室气体排放的主要企业、公共机构、大型建筑等单位应与政府进行双边协商，设定减排目标；政府部门使用激励机制和惩罚措施来推动各排放单位完成减排目标；受控单位制定减排实施规划和管理系统来确保目标的完成。韩国环境部是能源及温室气体目标管理制度的协调管理机构，食品、农业、林业、渔业、知识经济部、国土资源部、运输及海事部，为各个领域的具体管理机构。

MRV 的总体要求和时间周期

2011 年前企业单位的温室气体排放超过 12.5 万 t 或能耗超过 500TJ、公共机构的温室气体排放超过 2.5 万 t 或能耗超过 100TJ，将进入企业温室气体管理受控名录，此后受控标准会逐年不断趋于严格。韩国"能源及温室气体目标管理制度"将温室气体的排放分为六个领域共计 33 项排放活动，这六个领域分别为：1）利用固定燃烧设施能量排放温室气体；2）在移动设施通过使用的能量排放温室气体；3）逸散性温室气体排放（自 2013 年 1 月 1 日起计算报告）；4）产品的生产过程及使用过程中温室气体的排放；5）废弃物处理过程中温室气体的排放；6）从外部供给的电气、热、蒸汽等产生的间接排放温室气体。

报告对象排放设施中，年排放量不足 $10tCO_2$ 当量的小规模排放设施，经部门主管确认，可以含在营业场所单位总排放量中进行报告。但是，小规模排放设施排放量之和不得超过营业场所总排放量的 5%。

1. 监测（M）制度

在温室气体排放计算方法上，韩国同样采用了由世界资源研究所与世界可持续发展委员会共同拟制的"温室气体协定"，将受控机构温室气体排放划分为直接排放（第一类排放）和间接排放（第二类排放）之后进行计算和报告，其他间接排放（第三类排放）则不包括在内。对于排放量的计算，可分为计算和直接测量两种方法。对于计算的方法，排放系数分为政府间气候变化专门委员会（IPCC）基本系数、国家规定系数和设备系数三种，根据活动所处的不同等级，进行排放因子取值。对于根据测量方法得出排放量的方法，需要安装测量仪器用于持续排放监测。

2. 报告（R）制度

企业需要报告的内容主要为温室气体排放活动、排放设施及其排放数量。以年为单位企业进行管理，所有企业必须在每年的 3 月 31 日之前提交前年的碳排放清单。6 月份由政府制定减排目标，12 月份由企业提交减排计划及减排目标，为下一年政府制定该企业减排目标作决定。

3. 核查（V）制度

根据韩国"能源及温室气体目标管理制度"的要求，对于计算结果，将组织第三方机构进行核查。核查小组由两个或两个以上验证核查师组成，其中包括一个或多个相应的专业领域的验证核查师。审定机构可以指定一个技术专家，为核查小组提供专业指导。核查报告是为了验证概况，验证内容、研究成果，验证结果、内部审议结果以及其他内容。关于验证报告的质量管理，内部审议小组包括一个不参加今年核查程序是否被遵守的再检验的验证核查员将复审核查结果。为确保负责核查的机构的独立性，确保 5 个及以上的全职核查员。至 2011 年 5 月，韩国已有 13 个验证机构和 133 个评审员。具体核查要求和方法参照韩国环境省发布的《关于实施温室气体能源目标管理指南》中核查部分执行。

核查流程

根据韩国环境部颁布的《关于实施温室气体和能源目标管理指南》，韩国"能源及温室气体目标管理制度"对温室气体排放量的核查程序如表 2 所示：

1）掌握核查概要：掌握被核查公司的运转情况、工序全程及温室气体排放源情况；告知被核查公司核查目的、标准及范围，协商核查的具体日程；收集核查时需要的相关文件资料；

2）文件审核：通过精确分析排放活动的相关信息、被核查方的温室气体计算标准及明细表/履行业绩和履行计划，查找在温室气体数据及信息管理中可能出现漏洞的情况，从而掌握出现误差的可能性及不确定程度等；

3）风险分析：以文件审核结果为基础，找出温室气体排放设施相关数据管理方面的不足，对因数据不准确或误差引起前后矛盾的可能性进行评估，从而确定适当的应对程序，核查组评估由被核查方引起的风险时，需要根据风险程序制定核查计划，将整体风险降至较低水平；

表 2　"能源及温室气体目标管理制度"温室气体排放量的核查程序

程序		概要	执行主体
第1阶段	掌握核查概要	掌握被核查方的情况； 确认核查范围； 协商现场核查日程； 排放量计算标准； 确认数据管理系统	核查组 + 被核查方
第2阶段	文件审核	研究履行计划及明细表/履行业绩； 根据排放量计算标准评估温室气体排放量的适宜性； 评估重要数据和信息； 评估数据管理和报告系统； 确认与上一年度相比变更的事项； 按文件审核结果，采取更正措施	核查组 + 被核查方
	风险分析	评估出现重要误差的可能性及与履行计划相关的误差风险	核查组
	制定数据抽样计划	反映风险的重要采样对象数据及方法等	核查组
	制定数据计划	核查执行对象及方法； 谈话对象及核查日程等	核查组
第3阶段	现场核查	核查数据及信息； 测定仪校验管理； 确认数据及信息系统管理情况； 确认之前核查的结果及变更事项等	核查组 + 被核查方
	核查结果的整理及评估	整理文件审核及现场核查结果； 误差的评估； 确定需要处理的事项，并要求被核查方更正； 审核确认更正结果的妥当性	核查组

4）数据抽样计划的制定：为了在实施现场核查之前拿出核查意见，应针

对须现场确认的数据（活动资料、参数计算中使用的资料及应当走访的厂房）种类、数据抽样方法及核查方法制定计划（数据抽样计划），因核查时间限制及资料过多而难以确认所有资料时，抽样有代表性的数据；

5）核查计划的制定：核查组长应以文件审核及风险分析结果为基础，决定现场确认的数据及核查对象、适用的核查方法、所需时间及数据抽样计划，核查组长至少应提前1周向被核查方通报核查计划，以便有效进行审核和现场核查，核查组长在核查过程中发现业务进展及新的事实等与最初情况不一致的情况时，可修改核查计划；

6）现场核查：核查组为了确认被核查方在明细表等文件上填写的内容和相关数据的准确性，应按事前制定的核查计划进行现场核查，需要重点确认风险分析结果中认为可能发生重大误差的部分，从而在规定期限内保证核查的可靠性，现场核查过程中发现的事项，在掌握客观证据后记录在核查检查表中；

7）核查结果的整理和评估：核查组在文件审核及现场审核结束后，对收集的证据是否足以表明核查意见进行评估，若不足则应进一步收集证据。

核查内容

对于受控机构编制的报告书，必须经由环境部指定和公布的第三方核查机构核查后出具核查报告，才可向主管部门机构提交温室气体排放量报告。核查重点及内容如表4所示：

表4　核查重点及内容

核查对象	重点	概　要
排放源	适当性	是否包含温室气体排放量计算、报告方法中规定范围内的排放设施
	完整性	是否包含所有排放设施
计算公式	适当性	各排放设施是否使用适当的计算公式
活动数据	适当性	是否应用适当的计算公式及等级
	准确性	测定、统计及数据处理是否准确
	完整性	是否包含所有活动数据
系数	适当性	相应计算公式及等级中是否应用适当的系数
计算	准确性	计算是否准确

图 2　欧美日韩及中国碳排放交易体系下的监测、报告和核查机制对比

核查机构资质

1) 一般事项

- 核查机构应为法人。在法人章程或登记簿上的项目内容中应注明《低碳绿色增长基本法》规定的核查业务。

- 关于核查活动，应就可能发生的风险准备财政补偿等对策（加入责任保险等）。

2) 人力及组织

- 核查机构应有 5 名以上的常设核查审核员。

- 核查机构所属的核查审核员只能执行其专业领域的核查业务。但常设核查人员具有多个专业领域知识的，同样认可。

- 核查机构为了公平、独立地开展核查业务，负责核查的组织与提供行政支援的组织应明确区分。

3) 核查业务的运行体系

- 法人的最高负责人为使核查业务的公平性和独立性不受到破坏，应采取必要的措施。

- 核查机构为了保持职业资格，提高核查业务的效率，防止利害冲突，应具有相关业务评估、反馈功能及力量强化手册。

- 核查机构应具有本方针规定的核查程序需要的具体运行手册。

- 核查机构应具有在业务执行过程中收集被核查方的意见及消除异议的方案程序。

- 为防止核查过程中取得的信息被用作其他用途及对外泄漏，应当有相关设施及内部管理程序。

- 核查机构为了保障核查业务的公平性和独立性，应明确区分内部处理规定及责任分工。

- 与核查机构运行体系相关的所有程序和手册等，应在获得法人最高责任人的批准后制作成文件形式。

核查员资质

1) 学历及工作经历标准

- 拥有专门学士以上学位或同等学历且有三年以上工作经历者。

- 高中毕业且具有五年以上工作经历者。

- 在中央行政机关等单位从事与环境或能源审核相关工作七年以上者。

- 拥有《工程师法》《国家技术资格法》规定的工业工程师以上资格且有三年以上工作经历者。

2）工作经历认定范围

- 从事过清洁发展机制（CDM）项目相关可行性评估工作或从事过联合国气候变化框架公约（UNFCCC）登记的清洁发展机制项目核查工作的。

- 直接开发清洁发展机制测量方法或参与开发，但是仅限于联合国（UN）清洁发展机制认定委员会认定的方法。

- 从事过《能源利用合理化法》第32条规定的能源审核相关工作的。

- 发明《环境技术发明及支援相关法律》第7条之新技术的，或者从事过新技术检验工作的。

- 从事过《环境技术发明及支援相关法律》第2条之防护设施法等环境产业工作的，或者从事过第18条之环境标志认证相关工作的。

- 担任《水质及水生态界保全相关法律》《大气环境保全法》或者《废弃物管理法》之环境管理人（仅限于水质及大气排放厂房分类标志规定的1种到3种厂房）从事过相关工作的。

- 作为《国家技术资格法》规定的工程师、工业工程师、技术资格拥有人或者国家专门资格持有人（仅限交通、航空、海运、船舶领域）依法在相关领域任职从事过相关工作的，或者虽未依法获得职位但从事过相关工作的，但是信息处理领域及工业设计领域等除外。

- 在中央行政机关等部门从事过环境（包括气候、海洋、农畜产、山林环境等）或能源审核相关工作的。

- 从事过《促进产业向环境友好型结构转换相关法律》第10条之环境领域质量认证工作或第16条之绿色经营认证工作的。

- 拥有排放权交易制度试验项目及温室气体减排业绩登记项目合理性评估及核查业绩的。

- 根据国际化标准组织ISO 14604的规定，拥有编制企业温室气体排放量清单或核查业绩的。

图 2　欧美日韩及中国碳排放交易体系下的监测、报告和核查机制对比

六、中国试点地区 MRV 制度
及全国碳排放权交易 MRV 制度设计

1. 试点期间的 MRV 制度

自 2010 年以来，北京、天津、上海、重庆、湖北、广东以及深圳七个试点省市结合当地的产业结构和行业特点，将不同的行业领域纳入试点碳交易体系，针对监测、报告和核查制定了各自的管理办法或技术指南（见表 5）。

在监测和报告方面，七个试点省市分别制定了各自的行业温室气体排放核算方法。除深圳外，其他六个试点省市均明确规定重点排放单位要制定年度监测计划，但未要求监测计划备案。七个试点省市均建立了重点排放单位碳排放报送电子系统，要求企业在网上提交电子版排放量核算结果，同时要提交盖章纸质版排放报告，用于存档。

在核查方面，七个试点省市均建立了第三方核查制度，其中北京、上海、湖北、深圳四省市分别出台了第三方机构管理暂行办法，采用备案的方式遴选核查机构，再以政府采购招标的方式确定第三方机构的核查任务；其他三个试点省市在核查任务招标文件中规定了第三方机构的条件要求。在历史排放核查中，七个试点省市均由地方财政支付核查费用，在履约年度排放核查中，天津、上海、重庆、湖北、广东仍然由地方财政支付核查费用，而北京和深圳则由企业支付核查费用。为确保核查工作的质量，所有试点省市均采取了复查的方式。北京和广东采取了专家评审—抽查—专家再评审的方式。深圳委托外地的第三方机构进行抽查。所有复查费用均由地方财政支付。

2. 全国 ETS 历史期的 MRV 制度设计

全国碳排放权交易 MRV 体系的在设计过程中吸取了国际先进经验和国内试点工作中的成功经验。

在组织机构方面，国家发展和改革委作为国务院碳交易主管部门，对重点排放单位温室气体报告工作进行管理和监督，各省级碳交易主管部门负责本行政辖区内重点排放单位的监测计划备案和温室气体排放报告工作的管理和监督。

表 5　试点 ETS 核查机制及经验

试点省市	组织机构	监测和报告制度			报送系统		制度模式	核查和复查制度	
		纳入行业及标准	核算指南	监测计划	系统名称及政策文件	报送要求		机构选择及支付方式	核查机构及核查员管理
北京	市发改委	电力、供热、水泥、石化、其他工业、第三产业和交通 7 个行业内年能源消费 2000 吨（含）以上的单位	分行业碳排放核算和报告指南	要求企业制定监测计划，但未要求监测计划备案	"北京市节能降耗及应对气候变化数据填报系统" 《北京市温室气体排放报告报送程序》	重点排放单位于每年 3 月 31 日前通过填报系统在线提交上年度排放报告，4 月 30 日前向市主管部门提交加盖公章的纸质版排放报告和核查报告	"专家评审—抽查—专家再评审"的工作制度	2009—2013 年历史排放报告的核查和抽查工作由市发改委公开招投标确定核查机构并支付核查费用；履约年份排放报告的核查由重点排放单位自行选择核查机构并支付核查费用	核查机构管理：《北京市碳排放权交易机构管理办法（试行）》规定了核查机构的备案条件、监督管理等。截至目前，北京市遴选出 26 家第三方核查机构并予以备案 核查员管理：北京市发改委对备案的核查机构的核查员实施备案的管理方式，每年受理新的备案，每年对备案的核查员进行培训，每年受理新的核查员的备案申请

续表

试点省市	组织机构	监测和报告制度				报送系统			核查和复查制度		
		纳入行业及标准	核算指南	监测计划		系统名称及政策文件	报送要求	制度模式	机构选择及支付方式	核查机构及核查员管理
天津	市发改委	钢铁、化工、电力、热力、石化、油气开采等重点排放行业和民用建筑领域中2009年以来排放二氧化碳2万吨以上的企业或单位	分行业碳排放核算指南	企业11月30日前将下年度监测计划报市发改委，并严格依据监测计划实施监测		"天津市碳排放权交易企业报送系统"《天津市碳排放权交易管理暂行办法》	4月15日（每年有变化）之前送天津市发改委	2013—2015年：核查机构互查对所有核查报告进行复查；2016年：政府采购招标确认核查报告审核机构实施所有核查报告的复审工作	2013年：政府采购选定4家核查机构并确定核查任务；2014—2015年：单一来源政府采购选定4家核查机构开展核查工作；2016年：政府采购选定7家核查机构开展核查工作	《天津市企业碳排放核查指南（修订）》

049

清洁能源蓝皮书：
温室气体减排与碳市场发展报告（2016）

续表

试点省市	组织机构	监测和报告制度			报送系统		核查和复查制度		
		纳入行业及标准	核算指南	监测计划	系统名称及政策文件	报送要求	制度模式	机构选择及支付方式	核查机构及核查员管理
上海	市发改委	钢铁、石化、化工、有色、电力、建材、纺织、造纸、橡胶、化纤等10个工业行业年综合能耗一万吨标准煤以上（或年二氧化碳排放量两万吨以上）；交通领域中航空、港口行业年综合能耗一万吨标准煤以上（或年二氧化碳排放量一万吨以上）、水运行业年综合能耗五万吨标准煤以上（或年二氧化碳排放量五万吨以上）；建筑领域（含酒店、商业）年综合能耗五千吨标准煤以上（或年二氧化碳排放量一万吨以上）的单位	分行业碳排放核算和报告指南	提出监测的要求，但是企业没有执行，核查机构也不核查	"上海市碳排放报告直报系统"《上海市碳排放管理试行办法》	3月31日前通过在线填报系统交上年度排放报告，4月30日前向市主管部门提交加盖公章的纸版排放报告和核查报告	"审核—复查"的工作制度	重点企业2009—2012年历史年份核查及履约年核查，均由上海市发改委通过公开招投标的方式从核查机构中选择核查机构并支付核查费用。通过公开招标的方式确定审核机构对所有核查报告复核并对符合复查情形的企业进行复查，并支付复查费用	《上海市碳排放核查第三方机构管理暂行办法》遴选出10家第三方核查机构并予以备案

续表

试点省市	组织机构	监测和报告制度					核查和复查制度		
		纳入行业及标准	核算指南	监测计划	报送系统名称及政策文件	报送要求	制度模式	核查机构选择及支付方式	核查机构及核查员管理
重庆	市发改委	2008—2012年任一年度排放量达到2万吨二氧化碳当量的工业企业	《重庆市工业企业碳排放核算报告细则（试行）》、《重庆市工业企业碳排放核算和报告指南（试行）》	未要求配额管控单位提交文碳排放监测计划	"重庆市企业碳排放报告系统"	2月20日前通过报告系统在线提交上年度排放和减排信息，同时向市发改委报送书面的年度碳排放报告和工程减排量报告	每年抽取20%的配额排放单位进行现场复查	2008—2012年历史排放报告的核查、2013年度、2014年度和2015年度履约年度的核查由重庆市发改委通过分配核查任务的方式确定核查机构并支付核查费用	**核查机构管理：**《重庆市工业企业碳排放报告和核查工作规范（试行）》及《重庆市工业企业碳排放核查细则（试行）》等；遴选出11家第三方核查机构并予以备案 **核查员管理：**重庆市低碳协会组织的核查员培训，取得培训证书后方可参与核查工作

续表

试点省市	组织机构	监测和报告制度			报送系统		核查和复查制度		
		纳入行业及标准	核算指南	监测计划	系统名称及政策文件	报送要求	制度模式	核查机构选择及支付方式	核查机构及核查员管理
湖北	省发改委	电力、钢铁、水泥、化工等12个工业行业2010年、2011年任一年综合能耗6万吨标准煤及以上	《湖北省温室气体排放核算指南（试行）》	要求制定年度监测计划，对监测计划进行核查		2月最后一个工作日前提交上年度排放报告，4月最后一个工作日前提交核查报告	专家评审（以前有，今年无）。没有参与过核查的机构未进行抽查复查	政府专项资金，连续两年不得为同一个企业提供核查服务	《湖北省温室气体排放核查指南（试行）》；政府备案第三方机构，指定任务
广东	省发改委	电力、水泥、钢铁、石化等行业2011年以来任一年二氧化碳排放2万吨二氧化碳当量及以上的企业	《广东省发展改革委关于企业碳排放信息报告与核查的实施细则》和《广东省企业二氧化碳排放信息报告指南》	监测计划在控排企业开展历史碳排放信息盘查时同时建立，并通过核查机构核查	"广东省企业碳排放信息报告与核查系统"	控排企业于每年3月15日前提交上一年度碳排放报告，经核查机构核查后，于5月5日前通过信息系统提交经核查的碳排放信息报告，并同时提交书面报告	采用专家评审的方式对核查报告进行专家评议。省发改委委托核查机构对少量的企业进行复查或核查，或抽查复查的报告也需再次经过专家评议	政府通过市场化招投标的方式确定了核查机构的名单（共29家），于每年核查时从中选择核查机构分配核查任务	《广东省企业碳排放核查规范（2014版）》等。核查机构管理：每年主管部门请清理核查机构提供最新的核查员名单以及能承担核查的专业类别，然后统一制作核查员工作证并发放给各核查机构，于现场核查时使用

图2 欧美日韩及中国碳排放交易体系下的监测、报告和核查机制对比

续表

试点省市	组织机构	监测和报告制度			报送系统		核查和复查制度		
		纳入行业及标准	核算指南	监测计划	系统名称及政策文件	报送要求	制度模式	机构选择及支付方式	核查机构及核查员管理
深圳	市场监督管理局	排放量大于3000吨的工业企业	通用的监测、报告与核查标准，并编制了发电、交通、建筑等行业核算标准	未制定独立的监测计划，在履约年份核查报告中体现了与监测相关计划相关的内容	"排放信息管理系统"	管控单位应于每年3月31日前向主管部门提交量化报告，并于4月30日前提交核查报告	复查：采用政府招标的方式确定复查机构，对有关核查报告进行复查。复查由于在深圳备案的核查员的备案未完成	管控单位历年份核查，通过公开招标定向采购的方式采购并支付核查费用，履约碳排放核查单位的核查由主管单位在备案机构中自行选择并支付核查费用	核查机构管理：《深圳市碳排放权交易管理暂行办法》；遴选出28家第三方核查机构予以备案 核查员管理：主管部门每年底集中受理核查员的备案申请，组织核查员培训与考试，并通过官网公布备案核查员名单。核查员在备案期限内，须向主管部门提供年度工作报告

在政策框架方面，《国家发展改革委关于组织开展重点企（事）业单位温室气体排放报告工作的通知》（发改气候〔2014〕63号）规定了温室气体排放报告制度，《国家发展改革委办公厅关于切实做好全国碳排放权交易市场启动重点工作的通知》（发改办气候〔2016〕57号）提出了历史数据的MRV要求[1][2]。国家发改委于2013—2015年统一发布了共3个批次、24个行业的《企业温室气体排放核算方法与报告指南》，用于指导重点排放单位监测和报告；针对第三方核查，采用国家发改委统一发布的《全国碳排放权交易第三方核查指南》指导第三方核查工作的实施；核查制度的具体要求将以《全国碳排放权交易第三方核查机构管理暂行办法》的形式确定。

全国MRV制度的基本思路和主要内容如下：

监测和报告制度

重点排放单位应于纳入碳排放权交易体系后当年10月31日之前将经第三方核查机构核查后的监测计划报注册所在地省市级碳交易主管部门备案。监测计划备案后，重点排放单位应严格按照其内容实施监测和核算工作，如果修改监测计划，在修改后的20个工作日内提交注册所在地省市级碳交易主管部门再备案。

重点排放单位应于每年2月28日前将上一年度的温室气体排放报告委托第三方核查机构实施核查，并于4月30日之前将上一年度经核查的温室气体排放报告和第三方核查报告报送至注册所在地省市级碳交易主管部门。

省市级碳交易主管部门应于5月31日前委托有资质的第三方核查机构对重点排放单位的年度排放报告和核查报告进行复查，复查的对象包括年度排放量变化异常的、不认可第三方核查结果的重点排放单位，以及国家发展和改革委以及省市级碳交易主管部门要求复查的其他重点排放单位。复查的相关费用由同级财政予以安排。

省市级碳交易主管部门每年对其行政辖区内所有重点排放单位的排放量予

---

① 国家发改委：《国家发展改革委关于组织开展重点企（事）业单位温室气体排放报告工作的通知（发改气候〔2014〕63号）》，2014年。

② 国家发改委：《国家发展改革委办公厅关于切实做好全国碳排放权交易市场启动重点工作的通知》（发改办气候〔2016〕57号），2015年。

以确认。对于实施复查的排放报告，当核查结果和复查结果存在差异时，省市级碳交易主管部门应组织专家讨论确认年度排放量。对于未提交排放报告、排放报告不合格或者未经过核查的重点排放单位，省市级碳交易主管部门应委托核查机构测算其排放量并予以确认，测算方法不应导致配额的过量发放。

省市级碳交易主管部门于每年 6 月 30 日前将本行政辖区内上年度所有重点排放单位的温室气体排放报告和核查报告上报国家发展和改革委。

重点排放单位应建立、实施并保持内部数据质量控制体系，以确保年度排放报告符合监测计划、内部管理程序和本管理办法的规定。内部质量控制体系包括指定专门人员负责温室气体排放核算和报告工作、制定并实施温室气体排放监测计划、建立健全温室气体排放记录和归档管理以及温室气体报告内部审核制度等。

报送系统

报送系统涉及三类用户：主管部门、第三方核查机构和报告企业。为了提高重点排放单位数据的报送和管理效率，避免报送环节的不必要差错，需要建立针对重点排放单位数据报送的专门电子系统，主要包括企业名单管理、排放报告管理、机构委托管理和排放数据分析等功能。

企业名单管理。省级主管部门确定报告主体报送门槛，地市主管部门根据要求，梳理落实辖区符合要求企业将确定的报告企业名单提交省级主管部门，省级主管部门汇总后发布排放报告通知及企业名单，地市主管部门通知相关企业准备材料，企业法人委托相关人员准备材料，分别由地市级、省级主管部门进行确认，确认后将企业名单及信息汇总成表格，将表格导入系统。主管机构导入企业名单成功后，则系统自动生成报告主体的用户名和密码，用户名为企业的组织机构代码，密码为初始默认密码，企业可登入系统后自行修改。

排放报告与核查管理。该流程涉及主管部门、报告主体和核查机构。该流程主要内容为：排放数据填报、排放报告核查及排放报告审批。排放数据填报主要内容为：省级主管部门发布排放报告通知，组织培训，地市主管部门督促填报；报告主体按照模板在线填报、提交排放数据；省级主管部门查看排放报告进度，省级主管部门根据相关要求确定报告主体是纳入审批还是纳入核查。

排放报告核查管理。省级主管部门确定需要核查的企业后，为企业选择第三方核查机构；核查机构下载排放报告，并在线下开展核查工作，发送核查意见，上传核查报告；报告主体根据核查意见修改排放信息，再次提交排放报告，直到核查通过；核查通过，并且核查机构将核查报告提交后，省级主管部门进行审核，通过后进行验收归档；纸质排放报告和核查报告线下经由市级主管部门汇总后提交省级主管部门。其中，线上功能点为：排放报告填报、选择第三方核查机构、核查机构查看和下载排放报告、核查意见发送、核查报告上传、审批和验收核查报告。

第三方核查制度

核查是确保碳排放交易体系正常运行的必要环节，只有经过第三方核查的数据才能确保其真实性、准确性和可靠性。为确保数据的质量，全国碳排放权交易体系下计划采用严格的第三方核查制度。具体要求将以《全国碳排放权交易第三方核查机构管理暂行办法》和《全国碳排放权交易第三方核查指南》的形式确定。

MRV技术文件规定了企业温室气体排放核算、报告、核查等重要内容，其中《企业温室气体排放核算方法与报告指南》包括了核算边界、核算方法、质量保证和文件存档、报告格式和格式规范、相关参数的缺省值等内容；《全国碳排放权交易第三方核查指南》规定了核查原则、核查流程、核查内容要求、复查的程序和内容要求、核查报告和复查报告的格式等内容；《补充数据表》具体内容包括：生产数据，分工序、设施或者分厂的排放数据、排放强度数值以及既有设施排放量和新增设施排放量的汇总值。

由于核查工作专业性较强，将要求第三方机构满足专业知识、技能和经验等方面要求；同时，第三方机构必须对其所核查的数据负责，并承担法律和财务等方面的责任，因此也将要求第三方机构必须具有财务和法律责任风险承担能力。碳核查员的工作是一项专业性较强的工作，应要求核查员满足一定的知识、技能和经验的要求。此外，还将对第三方机构实施前置资质审批和后续监督管理。

MRV体系从试点过渡到全国的措施

试点体系与全国碳排放权交易体系在MRV规则上存在一定的差异。按照目前的思路，纳入全国 ETS 的重点排放单位将不再采用试点地区的 MRV 规则，直接采用全国的 MRV 相关文件和流程进行监测、报告和核查工作。

对于未纳入全国体系的企业，如果试点地区计划扩大全国体系的覆盖范围，则可以提出核算方法和报告指南以及补充报表的初稿，由我委组织相关专家确认后，在全国范围内适用。

七、结论

无论是欧盟、美国加州、日本、韩国碳交易体系还是国内碳交易试点省市，监测、报告和核查都是碳交易体系设计和运行中的重要组成部分。针对监测和报告，均制定了详细的法规层面的文件以及配套的技术指南，确保数据及时、准确、一致地报送；针对核查，均采用了第三方核查的模式，并针对第三方核查机构的资质条件和工作程序进行了详细的规定。

我国将于 2017 年开始全面启动碳市场。目前预计首批纳入企业数量在7000—8000 家，2016 年 10 月国家发改委将启动全国碳市场的碳排放配额分配，到 2017 年的一季度或者二季度，完成所有配额的分配。参考欧盟、美国等发达国家 MRV 体系建设的先进经验和我国试点省市碳交易市场建设的经验，我国已制定了初步的全国 MRV 体系。如何确保全国 MRV 体系合理、科学、适合中国国情，是需要进一步论证研究的问题，以保证全国碳市场顺利启动。

B 3

国际碳市场的发展：经验和启示

段红霞①

摘　要：

2017 年即将启动的中国碳市场，将基于市场的"成本有效的减排措施"履行 2030 年碳强度在 2005 年基础上降低 60%—65% 的目标。虽然过去三年国内启动了七个区域碳市场试点并积累了经验，然而中国利用基于市场的气候政策的经验还比较有限，如何建立国内统一的碳市场，让其成为中国减排和应对气候变化主要的工具，还需要不断学习，借鉴国际碳市场的成功经验，特别是失败的教训。

这篇综述试图在回顾国际碳市场发展现状的基础上，尝试分析国际碳市场的经验对未来中国建立碳市场的影响和启示，使全国性碳市场在政策设计、交易机制、包括可测量、可报告、可审核的体系等方面既符合国情又能够反映国际主流的发展趋势，通过基于市场的机制，让市场发挥有效的作用，实现中国的减排目标，促进中国经济向低碳转型，向绿色可持续发展的方向迈进，以最低的成本实现我们的减排目标。

关键词：

碳市场　减排　应对气候变化　经验和教训

---

① 段红霞，国际可持续发展院高级顾问，主要从事能源、气候以及低碳相关的政策研究。

一、国际碳市场和应对气候变化

2015 年联合国气候大会形成的《巴黎协议》，为全球应对气候变化掀开了新的篇章。不管是发展中国家还是发达国家除了签署这一有法律约束性的文件外，都已经开始积极寻求有效的策略落实《巴黎协定》。2016 年 4 月《联合国气候变化框架公约》（UNFCCC）《巴黎协定》的签署表明了世界各国应对气候变化带来的风险和灾害的政治意愿。2016 年 9 月 4 日在 20 国杭州峰会前夕，中国和美国政府正式批准了《巴黎协议》，为促进这个具有历史性意义的国际性条约早日生效起到了积极的促进作用。中美的这一行动旨在呼吁国际社会尽早行动，使协议生效，并携手应对气候变化，减缓和应对气候变化带来的风险。近日，欧盟委员会通过了批准巴黎协定的提议，至此，《巴黎协议》生效的两个基本条件都已经满足，并于 2016 年 11 月 4 日正式生效。

在解决气候问题的实践中，理论和实践都证实，基于市场的减排机制是成本最有效的方式，可以帮助各个国家以最低的成本达减排目标，减少温室气体排放，减缓气候变化，实现控制全球增温不超过工业化前 2℃的目标。在UNFCCC 的框架，各个国家递交的国家自主减排贡献方案（NDC）都将碳交易、碳税以及其他的碳价方案列入了建议书，特别是覆盖了全球一半以上温室气体（GHG）排放的国家，都在考虑利用国家内部的或者是国际的市场机制，希望通过国际碳市场寻求技术和财政支持。

中国政府从政策和资金等方面采取了一揽子具体措施和政策工具，其中包括 2017 年即将启动的碳市场，通过基于市场的"成本有效的减排措施"履行2030 年碳强度在 2005 年基础上降低 60%—65%的目标。虽然过去三年国内启动的七个区域碳市场试点积累了一定的经验，然而中国应用基于市场的气候政策的经验还比较有限，如何建立国内统一的碳市场，让碳市场成为中国减排和应对气候变化主要的工具，还需要不断学习，借鉴国际碳市场的成功经验，特别是失败的教训。

基于上述考虑，这篇综述试图在回顾国际碳市场发展现状的基础上，尝试分析国际碳市场的经验对未来中国建立碳市场的影响和启示，使得中国全国性碳市场的机制在政策设计、交易机制、包括可测量、可报告、可审核的体系等方面的设计既符合国情又能够反映国际主流的发展趋势，通过基于市场的机制，让市场发挥有效的作用，实现中国的减排目标，促进中国经济向低碳转型，向绿色可持续发展的方向迈进，以最低的成本实现我们的减排目标。

二、国际碳市场的现状

国际碳市场的发展，经历了几个不同的阶段。从 1992 年到 2005 年，这期间碳市场的发展非常缓慢，基本上处于探讨的阶段，大多还在辩论是实施碳市场还是碳税政策的问题。在刚刚开始实施 UNFCCC 框架下的《京都议定书》阶段，主要是清洁发展机制等基于项目的碳市场以及引入碳税。2005 年以后，开始实施《京都议定书》的阶段且温室气体（GHG）覆盖的力度增速非常快，特别是欧盟的 EU-ETS 的实施，起到了关键的促进作用。2012 年以后至今，情况有很大的变化，《京都议定书》下的基于项目的碳市场逐渐衰落和减少，伴随的是国际、省级、地区，以及城市 ETS 交易的迅速扩张，碳市场在发展中国家和发达国家的发展都非常快。

截至 2016 年 5 月，全球有 39 个国家以及 23 个省级区域通过碳市场交易和碳税等价格政策给碳排放定价。这些碳定价机制的实施覆盖了全球将近 7Gt CO_2e 的排放，占全球年度总碳排放的 12%，总体呈现出利用碳价这个政策工具实施减排不断增长的趋势。[1][2] 目前，国际有 17 个碳交易体系分布在四个大洲，35 个国家以及 13 个省级和 7 个城市级别运行，这些运行的碳交易体系覆盖了 9%的碳排放，预计 2017 年将覆盖 16%的碳排放。

过去十多年碳市场的发展，最为突出的特点就是碳价的变化幅度非常大，每吨二氧化碳当量的价格从 1 美元到 130 美元。虽然多数的预测和情景分析都

---

[1]　International Carbon Action Partnership（ICAP），2016b，Emissions Trading Worldwide：Status Report 2016. Berlin，2016.

[2]　World Bank，2015a，State and Trends of Carbon Pricing 2015，Sept. 2015.

图 3　国际碳市场的发展：经验和启示

表明，全球的碳价在 US＄80/t CO_2e—US＄120/t CO_2e 之间才能和 2030 年全球控制增温 2℃的目标保持一致。事实上，大多数碳交易市场的碳价近期基本维持在 US＄30/t CO_2e 上下[1]。需要指出的是，碳价偏低并不意味着碳市场运行的失败。

2.1 国际主要碳市场的现状及其特征

表 1 总结了目前国际和国内碳市场政策设计的要素和基本特点。随着国际和国内减排形势以及气候政策的变化，国际碳市场的格局也在演化之中（见表 1）。

欧盟的碳排放交易机制（EUETS）的发展

欧盟的碳排放交易机制（EU-ETS，以下简称为"欧盟的 ETS"）是第一家由多国的企业参与的限额排放交易体系。欧盟的 ETS 其特色在于是世界上最大的交易体系，在尺度和市场价值方面远远超过现在运行的其他碳市场。

欧盟的 ETS 实施分为四个阶段，而且每个阶段对 ETS 体系自身都会有调整，显示了系统设计的动态性特征。欧盟的减排市场第一个阶段（2005—2007）是干中学的阶段，覆盖了欧盟 50％的 CO_2 的排放量和 45％的温室气体排放。来自 31 个国家的 5000 多家公司旗下 11500 家企业被纳入了碳市场体系，主要管制 CO_2。第二阶段（2008—2012）交易体系的范围扩展到增加了航空行业，冰岛、卢森堡以及挪威 2012 年加入欧盟排放体系。第三个阶段（2013—2020）范围扩展到 17 个工业活动，新增加 N_2O 以及 PFCs，克罗地亚加入了欧盟的排放体系。目前，欧盟委员会正在谈判中，试图将欧盟的 ETS 和瑞士的 ETS 连接。第四个阶段（2021—2028）的各项规章制度还在讨论中。

---

[1]　World Bank Group，ECOFYS. 2016. Carbon Pricing Watch 2016. Washington，DC：World Bank. https：//openknowledge. worldbank. org/handle/10986/24288 License：CC BY 3. 0 IGO.

清洁能源蓝皮书：
温室气体减排与碳市场发展报告（2016）

表1 当前国际主要碳交易体系及其特征

ETS	涵盖的行业									交易气体	配额分配	启动和阶段	市场连接	抵消/信用
	工业	能源	建筑	交通	航空	废物	森林	农业	其他					
欧盟	✓	✓			✓	✓			✓	CO₂/N₂O/PFCs	免费/拍卖	I:2005—2007;II:2008—2012;III:2013—2020;IV:2021—2030	正与瑞士谈判	限制国际CDM抵消
RGGI	✓	✓				✓			✓	CO₂	拍卖	I:2009—2011;II:2012—204;III:2015—2017	无	国内抵消
瑞士	✓	✓				✓		✓	✓	六种GHG	免费/拍卖	2008—2012年自愿阶段 2013—2030年强制阶段	正与EU谈判	国内抵消
新西兰	✓	✓		✓		✓	✓	✓		六种GHG	拍卖/免费	2008年启动,多数行业一年履约期	无	取消国际信用,仅国内抵消
韩国	✓	✓		✓	✓	✓		✓		六种GHG	免费/拍卖	I:2015—2017;II:2018—2020;III:2021—2025	无	国内抵消
哈萨克斯坦	✓	✓				✓		✓		CO₂	免费	I:2013试点;II:2014—2015;III:2016—2020	无	国内抵消
加州	✓	✓	✓	✓		✓		✓		多种GHG	免费/拍卖	I:2013—2014;II:2015—2017;III:2018—2020	2014年和魁北克链接	国内抵消
魁北克	✓	✓	✓	✓		✓		✓		六种GHG	免费/拍卖	I:2013—2014;II:2015—2017;III:2018—2020	2014年和加州链接	国内抵消

续表

ETS	涵盖的行业									交易气体	配额分配	启动和阶段	市场连接	抵消/信用
	工业	能源	建筑	交通	航空	废物	森林	农业	其他					
京都	√	√	√	√					√	CO_2	免费	I：2010~2014；II：2015~2019	与崎玉链接	国内抵消
崎玉	√	√	√	√						CO_2	免费	I：2012~2016；II：2015~2021	与京都链接	国内抵消
北京	√	√								CO_2	免费	2013—2015年均为碳交易试点阶段，为全国碳市场做准备	2017年将并入全国碳交易市场	国内抵消
天津	√	√	√							CO_2	免费			
上海	√	√		√	√					CO_2	免费/拍卖			
深圳	√	√	√							CO_2	免费/拍卖			
重庆	√	√	√	√						六种GHG	免费			
广东	√	√	√	√						CO_2	免费/拍卖			
湖北	√	√								CO_2	免费/拍卖			

资料来源：IEAC（2016）；World Bank（2016；2015）。

欧盟 ETS 的动态性还表现在配额分配方法的不断更新。在第一和第二阶段，欧盟的成员国决定总体配额的数量，也就是排放的限额，由欧盟委员会批准后，然后将排放配额在各成员国之间被纳入交易体系的对象之间分配。第三个阶段对配额有实质性的调整，建立了欧盟成员国统一的排放限额，并且免费配额根据统一的原则分配。欧盟的碳市场 2016 设计的减排目标为 1926846721吨 CO_2e[①]，欧盟 ETS 容许履约的参与者利用国际碳减排的信用额度（CER_s 和 ERUs）抵消其排放限额。

美国中西部碳市场：RGGI

区域温室气体倡议（RGGI）是唯一的限额排放交易体系中主要利用拍卖分配配额，而不是免费分配大多数的配额给覆盖的企业。RGGI 仅仅涵盖了公共电力行业的排放。是省级为个体组成的 CO_2 排放交易体系，碳交易市场中拍卖配额的收益投入能效和可再生能源。

RGGI 由独立的州一级的 CO_2 交易体系组成，容许配额在成员州之间相互交易。2006 年 RGGI 开始建立"典型规则"（model rule），容许各成员州建立他们自己的交易体系框架。基于这个规则确定各个州内针对电厂 CO_2 排放的限额、发放 CO_2 排放配额以及建立州内参与区域 CO_2 配额拍卖。

RGGI 由三年一个履约周期组成，第一个阶段（2009—2011）总体的减排预算设立在 17000 百万 t CO_2；第二个履约阶段（2012—2014）的排放预算调整为 15000 百万 t CO_2，考虑到新泽西州退出交易体系。第三个阶段的履约（2015—2017）期，2015 年的减排上线设立为 8049 百万 t CO_2，然后调整到6063 百万 t CO_2，经过调整第一和第二阶段过渡时期存储的配额（EDF，CDC，和 IETA，2015b）。

目前，RGGI 正在进行评估，聚焦在 2020 年以后排放限额的设定、灵活机制设立以及更为广泛的区域减排市场。例如，RGGI 的纽约州和其他州正在商议将 RGGI 和加州、魁北克，以及筹划的安大略的碳排放交易体系链接。

国家级碳市场的发展和动态

---

① EDF, CDC, and IETA, 2015a, European Union, The World's Carbon Markets: A Case Study Guide to Emissions Trading.

国家级的碳市场个体的差别比较大，近期也处变化之中。哈萨克斯坦的ETS 始于 2014 年，不过第一年的交易额度非常低，只有 35 项交易，合计 1.3 Mt CO_2e，而且配额的价格非常低，平均只有 2 美元/吨 CO_2e。虽然 2013 年完成了 ETS 的试验阶段，但是哈萨克斯坦依然面临温室气体排放 MRV 的挑战，特别是审核过程。哈萨克斯坦政府正在为监测温室气体排放设计清晰的指南、报告格式和模板。

从 2015 年起，新西兰的碳市场不再接受京都议定书下的 CDM 等的减排额度了，但是新西兰原有的分配的额度则可以参与履约义务。这项决策考虑国际碳减排制度的变化以及京都议定书的市场产生的减排额度过剩的情况。新西兰将重新评估这项决策，这将会给新西兰的减排市场设立长期的方向并有助于实现其 2020 年的减排目标。

瑞士 2014 年 5 月进行了第一次配额的拍卖，价格为 42 美元/t CO_2e。截至 2015 年 8 月份，共计进行了四次拍卖，几次价格变化的幅度比较大。瑞士和欧盟关于碳市场的链接问题还在进一步谈判中。

韩国的 ETS2015 年启动，但交易的额度非常有限。韩国碳市场对碳抵消的信用额度需求在过去几年中比较旺盛，而且碳抵消的信用额度的价格和 ETS 的配额基本相当。

澳大利亚政府从 2015 年 4 月开始使用减排基金，政府通过拍卖的方式购买批准的、自愿性减排项目的减排信用额度。为了防止国内排放的增加，从 2016 起减排基金增加了一项防护措施，建立了 ETS，要求年度排放超过 100000 吨 CO_2e 的企业将排放限制在其绝对基准的水平，超过排放基准的企业可以购买澳大利亚减排基金信用额度以完成其履约。澳洲政府计划 2017 年审核 ETS 机制下的减排基金和保障机制。

乌克兰政府 2015 年建立了 ETS 法律的概念体系。这项法案的目标是从 2017 年开始建立和欧盟 ETS 相一致的交易体系，并在 2019 年加入欧盟的 ETS。2016 年将完成完整的 ETS 交易政策体系的建立。

省级碳市场和城市碳市场

省级碳市场和市级碳市场的概况各有千秋。除了中国的七个省级 ETS 试点准备在 2017 年并入全国性的 ETS 外，2016 年加拿大英属哥伦比亚启动了

ETS，覆盖目前在建的液化天然气（LNG）设施。其中，温室气体工业报告和控制方案（Greenhouse Gas Industrial Reporting and Control Act，GGIRCA）包含的企业将要求实施强度减排目标，通过购买碳抵消额度或者是以每吨碳排放19美元投入技术基金完成减排目标，同时这些被交易体系涵盖的企业也需要履行缴纳碳税的义务。

此外，城市级别的京都碳交易市场很有特色。这个交易体系是为了京都城市地区减排而设立的，主要特征是从能源消费而不是生产的角度实施减排，因而设立的规则针对下游的使用者，履约的参与者主要是商业和工业能源的消费者，能源的生产者例如建在市区外的发电厂则没有直接被纳入交易体系。交易体系从不同的角度促进履约参与者通过能源效率的提高实现减排目标。

三、国际碳市场的发展趋势和动向

3.1 碳市场进一步扩张

碳市场的发展呈现多元化的趋势。不但表现为碳市场在区域、国家、省级以及城市等不同级别的分布和发展，还表现在ETS覆盖的行业的多样性，既有涵盖更多行业的减排市场，也有针对某一个行业设计的碳交易。从控制的温室气体来看，覆盖的气体种类也在增加，管制的GHG已经从单纯的CO_2扩展到UNFCCC框架下的六种GHG气体。

在多元化的背后，潜在的是亚洲崛起成为碳交易新的热点地区。在过去三年间，亚洲总共推出九个碳排放交易体系，其中包括2015年年初韩国推出的碳排放交易体系以及中国的七个碳交易试点。中国2017年启动全国碳排放交易体系后，亚洲碳排放权交易强劲增长的势头将延续。另外，巴西、俄国、日本、土耳其和墨西哥等国家碳市场的建立已经纳入了日程，一些基本的MRV和前期工作都在开展，其中一些国家的省级和市级的碳市场也在规划之中。

许多人相信《巴黎协议》的签署会使得现有的碳市场规模进一步扩大，而且国家级或者省级的排放交易体系将会是碳市场扩张的主要动力，UNFCCC

图 3　国际碳市场的发展：经验和启示

被视为是这些交易体系发展的指导方向。调查显示，人们预期国际碳市场的价格在 30 欧元到 40 欧元之间，才能够实现巴黎协议的目标，这个预期的价格要比目前主要碳市场的交易价格高了很多。[①]

3.2　碳市场的链接成为新趋势

2014 年加州和魁北克成功链接其 ETS，将覆盖的 GHG 排放扩展到了交通燃料。2015 年 4 月，安大略省宣布将其 ETS 与加州和魁北克的碳排放交易排放体系链接，并同时和魁北克签署了在市场机制和统一的 GHG 排放报告合作备忘录。

两个或者多个碳市场的链接，最大的优势是降低了链接市场的减排成本。碳市场的链接提供了不同的减排选择，链接的效率也就是经济性取决于从不同的减排选择中选择成本最低的减排方案。同时，链接的碳市场更具有流动性，而且在一定程度上配额买卖不会影响碳市场的价格，降低了市场的风险，因而增强了促进碳减排的信心。模型表明，从 2013 年到 2020 年，加州和魁北克碳市场的链接将减少三分之一的履约成本。UNFCCC 的估算结果表明，通过欧盟 ETS 链接的 CDM 市场，ETS 框架下的履约成本从 2008 年到 2011 年降低了 12 亿欧元。[②] 通过碳市场的链接以比较低的减排成本获得环境效益，已经成为碳市场链接的主要动因之一。

碳市场链接的重要问题就是统一性。覆盖的行业范围以及减排目标的设置，是由链接的区域之间决定的，其中关键是要避免明显的碳市场的价格差异。此外，不管哪一类排放体系将被链接，都必须要有合适的技术工具和方法实施报告、监测和审核排放。加州和魁北克的市场链接为未来碳市场的链接提供了有意义的经验和教训。在两个市场链接之前，因为加州和魁北克都是西部气候倡议的成员（Western Climate Initiative），其碳市场的政策设计很相似。在这两个区域，碳价政策只是有效的补充气候政策的支持性措施，目的是容许政府保留对于气候标准的控制。此外，还有几个保障措施也引入了两个链接体

---

① International Emissions Trading Association（IETA），2016b，GHG Market Sentiment Survey 2016.

② Aki Kachi，Charlotte Unger，Niels Böhm，Kateryna Stelmakh，Constanze Haug，Michel Frerk，2016，*Linking Emissions Trading Systems：A Summary of Current Research*，January 2015，Berlin，Germany.

系，包括拍卖的地板价格以保证最低的碳价，控制配额数量以限制参与者存储未来使用的超额配额的数量。[①] 通过连接碳市场，扩展碳市场的范围将带来流动性，将会开拓更多的减排机会，正在考虑的欧盟和瑞士碳市场的链接表明技术之间的相容性是一个重要的考虑。

四、国际碳市场的影响

4.1 碳泄漏和竞争力

许多企业和政府都担心，采用碳价政策会对竞争力产生影响。证据表明，利用碳价的方法帮助减排 GHG，对经济或者是竞争力的影响很小。如果碳价上升的话，对竞争力的担忧可以通过政治的介入或者是有针对性的政策解决，而且这些担心会随着碳价在地域空间的广泛分布逐渐消失。实证性的研究表明碳价的实施促进了减排，但是很少有证据表明碳价对竞争性有负面的影响。[②] 对欧盟碳市场的研究也发现，欧盟的碳交易对企业的产出、利润以及贸易结果的影响都很小，对就业机会减少的影响不是特别的明显，但是主要集中在非金属的矿产行业。[③]

不过，碳市场的建立或许会扭曲不同碳市场管辖之内的企业之间的竞争。由于不同地区有不同的碳价政策或者是减排市场和减排成本，会引起碳泄漏的风险，即温室气体在一个地区的减排会被其他地区的排放抵消。由于高额的碳排放成本使得被碳市场影响的企业失去市场份额给那些没有被碳价覆盖的企业，导致碳泄漏，这种情况只有在企业失去的份额被没有碳价覆盖的企业所取代才发生。如果失去市场份额的企业也被碳价管制的企业所取代，由于这些企

① Carbon Market Watch, 2015, Towards A Global Carbon Market, Prospects For Linking The EU ETA To Other Carbon Markets, Carbon Market Watch Report. May 2015.

② World Bank, 2015b, *Carbon Leakage, Theory, Evidence and Policy Design*, *Technical Note* 11, October 2015.

③ Arlinghaus, J., 2015, *Impacts of Carbon Prices on Indicators of Competitiveness: A Review of Empirical Findings*, OECD Environment Working Papers, No. 87, OECD Publishing, Paris. http://dx.doi.org/10.1787/5js37p21grzq-en.

业具有相对低的碳强度，因此在实施碳价的地区碳排放将不会增加，因而碳泄漏的问题也不会出现。如果不同的国家或者全地区实施不同的碳价政策，有可能促使投资向低碳价或者是没有实施碳价的地区倾斜，导致碳泄漏。此外，由于碳价实施区域造成的化石能源价格上涨减少了化石能源的使用，将会导致国际市场上化石能源交易价格的下降，有可能会促进更多的化石能源利用在其他地区的利用。

在碳市场的政策设计过程中，决策者已经考虑到碳泄漏的问题，而且通过不同的政策工具试图减少碳泄漏风险带来的负面影响。例如，采用排放配额的免费发放策略，还有一些来自碳市场外部的支持性政策，包括通过现金转移支付补贴企业的部分减排成本、直接支持减排的项目，以及能效措施等。而且随着国际碳市场覆盖度的增加以及更多区域碳价政策的统一，会有效地减少碳市场带来的碳泄漏风险。

4.2 碳市场的收益

实施 ETS 政府可以采取配额免费分配、拍卖，或者是两种结合的方式。政府采取拍卖的方式可以得到公共税收以投入那些早期就开展应对气候变化行动的企业。企业的减排越多，需要购买的配额就越少。目前，多数 ETS 已经或者打算拍卖部分配额，收入的多少实际上取决于拍卖的配额的数量和碳价。2015 年 ETS 覆盖的地区将近有 260 亿美元的收入通过拍卖获得[①]。表 2 列出了部分碳市场实施拍卖配额以来，碳市场产生的税收（截至 2016 年 8 月 31 日）。除了经济收入以外，碳市场的收益还包括社会效益。例如，RGGI 碳市场在2012—2014 年第二个阶段除了产生 13 亿美元的经济效益，还创造了 14200 个就业机会。研究也发现 RGGI 带来了明显的健康的收益。由于 RGGI 州开始转向清洁燃料，能源转型挽救了数以几百计的生命，防止了数千人由于大气污染导致的健康问题，减少了医疗费用超过以 10 亿美元。

---

① International Carbon Action Partnership（ICAP），2016，ETS brief：NO5 Sept. 2016，*From Carbon Market to Climate Finance：Emissions Trading Revenue.*

表 2　碳市场配额拍卖的税收　　　　　　　　（单位：亿美元）

碳市场	RGGI	EU ETS	美国加州	加拿大魁北克
时间段	2008—2016 年	2012—2016 年	2012—2016 年	2013—2016 年
产生的税收	25	183（除去航空）	41	10

数据来源：International Carbon Action Partnership（ICAP），2016，ETS brief：NO5 Sept. 2016，*From Carbon Market to Climate Finance：Emissions Trading Revenue*。

　　不同的碳交易体系管辖的范围内，配额拍卖的收入用途有不同，但是共同特点是进一步用来支持减排行动。2008 年到 2013 年间，RGGI 投入了超过 10 亿美元，或者是 70%的税收，用于能源效率提高、可再生能源以及温室气体减排、支持家庭能源开销等。[1] 此外，参与 RGGI 的几个州正在尝试创新方法来支持和发展清洁能源，例如美国的康涅狄格州成功的运作了国家的第一个绿色银行，2014 年绿色银行安排了近 200 亿美元的基金，批准了近 500 万个项目，开发了 3.5MW 的清洁能源，达到了 61000 吨 CO_2 的减排效益[2]。

　　加拿大阿尔伯特省通过气候变化和排放管理基金在 2007 年到 2014 年间收入了 44300 百万美元，主要来自温室气体排放者支付的排放费用。这些收入被用来减排特定的温室气体或者是提高省级应对气候变化的能力。

　　除了进一步发展减排和气候项目外，欧盟 ETS 的成员国在 2013 年将 80% 拍卖配额的收入用于支持气候变化和能源相关的项目。除此之外，欧盟还利用其部分配额的收入建立了 23 亿美元的基金以支持低碳创新技术项目。[3]

4.3 碳市场和减排

　　在碳市场的设计和实施过程中，虽然没有放之四海而皆准的原则或者是方法建立统一的碳市场，各个国家的碳市场有不同的特征和方法，但是其产生的减排效益是一致的。欧盟的 ETS 促进了 GHG 排放目标的实施，总体上 ETS 实

---

　　[1]　World Bank Group, ECOFYS. 2016. *Carbon Pricing Watch* 2016. Washington, DC：World Bank. https：//openknowledge. worldbank. org/handle/10986/24288 License：CC BY 3.0 IGO.

　　[2]　EDF, CDC, and IETA, 2015b, Regional Greenhouse Gas Initiative（RGGI）：The World's Carbon Markets, An Emissions Trading Case Study.

　　[3]　World Bank, 2015a, *State and Trends of Carbon Pricing* 2015, Sept. 2015.

现了 3% 的减排，在企业层面则有 10%—28% 的减排效益，特别是 ETS 实施的第二个阶段（2009—2010）。从 2008 年到 2012 年，RGGI 大约减少了 50% 的排放。如果没有 ETS 体系，其排放会增加 24%。[①]

此外，在实施 ETS 的区域，有迹象表明排放和经济增长开始脱钩。在实施 ETS 的区域，已经显现出了碳强度降低的趋势，当然这个结果不能完全直接归功于 ETS 的贡献。来自加州的数据表明，在 ETS 运行的第一年，加州 ETS 体系内的排放减少了 0.6%，但是整个州的 GDP 增加了 2% 以上。2005—2013 年间，RGGI 各个州电力行业的 CO_2 的减排都高于 40%，同时区域的经济增长了 8%。在第一个三年的运作里，RGGI 项目还增加了 16000 个就业岗位[②]。

碳价的存在使得低碳或者无碳技术的投资更具有吸引力，而且使得化石能源的利用更加有效率。被 ETS 覆盖的地区，ETS 促进了企业通过技术创新实施减排，促进推广和创新低碳技术并促使其进入市场。例如，京都的碳市场使得能效和低碳技术在建筑领域特别是 LED 灯具以及节能空调机组得到了广泛的应用。[③] 技术突破如何进行、在哪些地方突破以及什么时间都是不可预测的，因此最好是让市场来做最擅长的事情，将最好的资金和资源在合适的环境中放在最好的技术上以最低的成本达到减排目标。[④]

五、国际碳市场发展的经验和教训

5.1 碳市场简单易操作，配额分配合理

在不影响交易体系可信度的前提下，建立简单易于操作的碳市场能够降低管理市场参与者的管理负担，同时也将降低政府实施碳市场的负担。欧盟 ETS

① Alexander Eden, Charlotte Unger, William Acworth, Kristian Wilkening, Constanze Haug, 2016, Benefits of Emissions Trading, July 2016, Berlin, Germany, International Carbon Action Partnership (ICAP).
② Ibid. .
③ EDF, CDC, and IETA, 2015a, *European Union：The World's Carbon Markets：A Case Study Guide to Emissions Trading*.
④ International Emissions Trading Association (IETA), 2016a, *Make Waves：Greenhouse Gas Market*, 2015/16.

过去 10 年运行经验得出的结论是：建立简单容易操作的体系可以得到长期的效益。简单的体系可以让排放交易延伸到其他拥有大量较小规模排放者的行业；简单的体系设计，还可以让交易体系很快和国际上其他的交易体系结合，也可以增强公开和透明度，有助于建立交易体系的支持系统。①

从国际 ETS 的经验可以看出，如何避免根本性的排放配额的过渡发放，防止碳价过低，是非常重要的问题。为了避免这类情况发生，一些 ETS 交易体系在拍卖配额的时候设立地板价格，还有的设立了保障机制以预防出现大量累积的超额配额。② 为了应对和避免短期的碳价波动和影响，ETS 交易政策和其他政策和规章制度之间的互动是必要的，这样能够增强 ETS 体系的自身抵御性以应对非常情况的发生。

5.2 政策稳定性、兼容性、灵活性

实施市场减排机制，碳市场政策的长期性和确定性是根本。根据政治意愿而不断变化的政策，对长期的商业规划不具有建设性，只有长期的政策计划和维度才能有确定性，让企业有信心投资未来。③ 此外，碳排放机制是整个气候政策实施的一个有效工具，而不是其他政策的替代，还必须和其他政策的目标保持一致性和兼容性，而不应该让碳交易体系削弱其他气候政策。

碳市场机制的改革还应该把目标放在提高整个体系的功能方面，建立适应变化的灵活机制。从欧盟的 ETS 看，从 2005 年开始就不断进行改进，从实践中不断总结教训，而且在未来几年中 ETS 还将会有根本性的变化。随着最终的结构性改革以及欧盟的市场稳定性保护政策落地，欧盟正在寻求 2030 年的减排目标以及 ETS 如何能够帮助整个区域实现这个目标。在整个过程中，很重要的一点是必须进行改革，因为合理性的改革能够提高 ETS 体系的运作能力。

---

① International Carbon Action Partnership（ICAP），2016b，*Emissions Trading Worldwide：Status Report 2016. Berlin*，2016.

② Carbon Market Watch，2015，Towards A Global Carbon Market, Prospects For Linking The EU ETA To Other Carbon Markets，*Carbon Market Watch Report*. May 2015.

③ EDF, CDC, and IETA，2015a，*European Union：The World's Carbon Markets：A Case Study Guide to Emissions Trading*.

欧盟的经验表明，容许灵活的机制存在帮助管理履约成本。存储和借贷条款减少了潜在的起源于过渡分配的问题。基于项目的机制使得碳价扩展到经济体的其他部门，减少了参与者的履约成本。基于市场的方法对于不断变化的环境能够做出迅速的反应，这是规章制度或者是支持性的政策不能做到。碳排放机制的灵活性还表现在不同 ETS 的设计应该具有自己的特色，机制和体制的建设必须适应当地的情况。例如 RGGI 仅覆盖了电力行业，新西兰的 ETS 直接将森林行业纳入交易体系。因此，不同的机制在配额、GHG 气体的覆盖以及价格控制，还有抵消机制等方面的规定都会变化和不同。

5.3 可靠和稳定的数据

欧盟的 ETS 最有价值的教训就是必须要有可靠的排放数据。在开始任何市场机制之前，保障有可靠的排放数据，才能建立可靠的排放核算体系，这是确保市场机制下环境完整性的重要前提条件。建立测量、报告、审核排放的标准是保障交易体系最核心的内容，而且能够帮助跟踪整个市场实施和排放过程。常规的审核作为巴黎协议的一个组成部分，将会强化碳市场的角色，反过来会促进减排额度的增加和加快。统一的监测报告和审核机制以及配额的分配制度是成本和时间有效的交易体系的重要内容。[1] 同时，还需要以健全的法制基础支撑排放体系，包括收集可靠的排放数据，稳定的测量、报告和审核标准等纳入规范的法制体系。

5.4 合作的重要性

应对全球气候变化，任何一个国家或者地区都不是单独作战的。建立健康的碳市场提供了非常好的机会让大家一起应对自己不能应对的挑战。加州和魁北克联合碳市场的建立给我们的启示是：发展和利用清洁的可再生能源，减少或者是取消对化石能源的依赖是可能的。这两个碳市场联手联合拍卖，第一次实现了由省级碳市场相互间协调和链接其碳排放交易市场并成功交易，而且两

---

[1] EDF，CDC，and IETA，2015a，European Union：The World's Carbon Markets：A Case Study Guide to Emissions Trading.

个体系中经济效益和环境效益方面都有收获。随着碳市场在北美和其他地方的进一步成熟发展，这两个碳市场的联合将给未来的碳市场结合奠定了基础和提供了成功的经验，更强调了 ETS 合作的重要性。[①]

除了市场的合作，国际碳市场的经验还表明公共和私有之间的合作对于新兴的碳市场从政治上和运行上都很关键。人们已经认识到利用碳市场实施减排机制不再是经济增长或者是减排之间的选择了，需要的是尽快落实行动。设计碳市场，政府需要咨询企业的减排方案，帮助企业建立对排放体系的支持，让企业介入和参与未来市场的规则制定。目前，世界银行已经开始建立比较好的商业伙伴市场预备模式，准备为建立下一代的碳市场做准备。企业的参与可以增加系统的透明度，因为透明和公开的机制是碳排放交易制度的关键，关系到利益相关参与碳市场的过程。

六、国际碳市场的启示

目前，中国政府正在积极准备于 2017 年正式启动全国性的碳市场。为了准备全国性的碳市场，国家发改委要求到 2016 年 6 月底将被纳入 ETS 管制的行业开始准备报告和审核其 2013 年到 2015 年间的温室气体排放的历史数据。对于这些被纳入 ETS 交易的行业，例如电力、水泥、钢铁、化工、建筑以及 18 个次一级的行业，省级部门正在编制 2013—2015 年期间年度能源消费超过 10000 吨标准煤的企业名单，这些企业将被纳入 ETS 体系。届时，全国七个省级碳交易试点将被合并到国家级的排放交易体系，实行统一的 ETS 规章制度和管理。

国际碳市场近十年的发展、中国参与 CDM 市场的经验，以及七个碳市场试点运行三年的积累都与对未来中国碳市场的政策设计、市场管理和运作以及配套政策的支持等提供了重要的参考。综合国际碳市场的经验和中国的国情，中国碳市场的建立还需要在以下几个方面加强建设。

---

① Partnership for market readiness（PMR），2014, Lessons Learned from Linking Emissions Trading Systems: General Principles and Applications, Technical note 7, Feb 2014.

6.1 碳市场的能力建设问题

首先，截至目前，国家发改委已批复成立七家全国碳市场能力建设中心，包括深圳、湖北、重庆、北京、广东、上海和成都。依托部分试点省市，设立全国碳交易能力建设培训中心。需要注意的是这些培训中心在能力建设方面承担的功能为碳市场的运行提供人员保障，重点能力建设对象包括和碳市场建设运行相关工作的政府主管部门、重点排放企业、第三方核查机以及为企业提供咨询服务的部门和人员。同时，政府通过能力中心的平台碳市场的主管部门以及其他机构能够和多方利益相关者不断进行有效的沟通和交流，政府部门的官员有机会不断地学习其他区域的碳市场的发展、动向和经验等，以便不断提高碳市场的管理和运行的水平和积累经验。

其次，对参与碳市场的企业以及没有参与市场的企业都应该进行能力建设。对履约企业给予针对性的反馈，帮助企业建立 MRV 管理体系，提高他们参与市场的实战能力。发改委以及地方的主管部门应该定期主办研讨会以及演讲等，让履约的企业参与进来，不断学习碳市场新的动向和理论体系、更好地理解碳交易。此外，应该定期主办经验交流会，组织履约企业以及地方的碳交易中心，分享最佳的实践经验，尤其是各个企业采取的具体措施实施减排目标，通过相互学习和交流，边学边实践的过程，提高企业参与碳市场的积极性和能力。

第三，公众的能力建设问题也是必不可少的内容。碳市场的建设和运行需要有良好的社会环境，除了企业的参与，在几个试点区域也容许个体参与碳市场，但个体公众参与者为数相当少，原因是大对数公众对于碳市场的理解和了解非常有限。所以公众碳市场的能力建设，对于拥有 13 多亿的人口大国来说意义非同寻常，不但会有效的促进公众参与 GHG 减排，提高对气候变化问题认识以及应对气候变化的能力，而且也会在吸收社会资本参与应对气候变化投资积累很好的实践经验。

6.2 关于中国碳市场的连接问题

中国统一碳市场的建立，意味着七个区域的试点将要纳入一致的规章制度和管理，实质上也是不同碳市场的链接过程。当然，中国七个试点并入全国性碳市场比较容易，原因是试点区域的碳市场设计和政策是在统一指导下进行的，不同于来自不同国家和体系的链接，而且七个碳市场的共性远远超过不同。此外，不少的市级碳市场也在讨论之中，这些次一级碳市场的链接问题要在体系设计之初考虑清楚了，为以后的链接创造条件。

碳市场的链接是发展的趋势，因此中国启动的全国碳市场设计就要具有高度的前瞻性，使得 ETS 的设计有灵活性和可兼容性，准备和国际碳市场链接。比较可能的是中国和亚洲碳市场例如韩国的链接，以及中国和新西兰以及澳大利亚的链接。目前中美气候变化合作已经是两个国家的重点项目之一，不排除中国和美国区域性减排市场链接的可能性。此外，从碳市场规模和管辖的区域来看，欧盟和中国的碳市场具有相似性管辖多个区域规模而且碳市场管辖地区的经济发展也有比较大差异，再加上中国碳市场的建立一直都在借鉴和研究欧盟的经验，所以未来欧盟和中国碳市场链接的可能性非常大。设计 2017 年中国碳市场的政策，需要考虑这些链接的可能性和存在的问题，至少应该在研究国际碳市场的经验和教训的基础上，为未来碳市场的链接创造条件或者做好链接的预留准备。此外，中国碳市场的设计需要具有灵活性的特点，能够随着国情以及国际减排动态的变化，不断调整和优化机制，融入或者成为主流的减排市场。

6.3 建立强有力的 MRV 体系

中国的国家减排目标是到 2030 年按照经济碳强度比 2005 年减少 60%—65%，这个目标和欧盟 ETS 以及其他 ETS 设立的绝对排放的额度不大相同。有可能出现相对减排目标的设立对鼓励企业减少排放没有很大的约束和影响，因此国家发改委应该强化强度指标，使得 ETS 能够有效地运行。在强度指标的体系下，配额分配的调整是在事后进行的，或许会导致国家级的 ETS 配额过度分配。

虽然中国七个试点已经建立了稳固的 MRV 体系，但是全国性的 ETS 庞大规模远远超过七个试点。参与 ETS 的企业的数量以及来不同行业的复杂程度，都将会给 MRV 在全国范围内的扩展带来挑战。此外，如果今后的发展趋势是由免费的配额分配向拍卖过渡，现有的 MRV 体系有可能经过几年的建设过程才能达到拍卖需要的可靠和稳定体系，这种情况有可能延迟和其他 ETS 链接的讨论以及政策的推进。

此外，所有现在区域排放数据的 MRV 对于将其纳入国家碳市场、配额在区域之间分配，以及交易进行都是必需的前提条件，只有这样才能保障国家级碳市场的运行，也是和国际其他碳市场链接的必要条件。因此，国家的碳交易政策需要在市场设计方面提供统一的指南和方法以及市场运行和强制性的 MRV 规范[①]（Zhang，2015）。

在碳市场政策的设计当中，建立强有力履约和强制性的政策，强化对纳入 ETS 规制的企业有效实施减排措施的监督，包括对不履约企业的惩罚措施，有力的监督和强制性执行政策是要让企业懂得实施减排行动是有回报的，而不认真履行规章制度实施减排行动将会受到严厉的惩罚，而且会承担法律上的责任，违法成本非常高，企业付出的代价是高昂的。

6.4 相互支撑的气候政策体系

中国的气候政策是由一揽子的政策体系组成的，包括应对气候变化、低碳政策、能源政策，以及节能减排政策等，即将启动的全国性的碳交易体系只是以上政策的一个组成部分，并非是专门的减排温室气体的政策。因此，政策之间的重叠是需要关注的问题。中国的碳交易市场政策和其他政策之间的重叠存在的风险是，ETS 一旦实施，有可能削弱其他政策的有效性，可能会抑制全国性碳交易 ETS 市场的有效性。中国的能源、低碳、环境以及气候政策的内容都是气候政策体系的重要内容，因此在碳市场政策设计时，要充分研究以上政策的特点，强调碳市场政策的特点，并与其他政策协调，形成良好的补充和支持。

[①] Zhang, ZhongXiang, 2015, Carbon Emissions Trading in China: The Evolution from Pilots to a Nationwide Scheme, *CCEP Working Paper* 1503, April 2015. School of Economics, Fudan University.

七、结论

国际碳市场的发展，为中国碳市场的建立提供了宝贵的经验，特别是一些教训对中国碳市场的建立、包括制度的设计、碳市场的管理以及碳市场的正常运行等都有重要的帮助，避免了不必要的弯路和不必要的损失。在中国碳市场的试点过程中，包括世界银行、欧盟委员会以及其他有碳市场经验的国家通过建立研究项目等方式，将国际上碳市场的经验介绍到中国，并立足于国情，开展中国的碳市场研究，这些国际合作和经验都成为中国碳市场启动不可缺少的内容。

中国碳市场的建立，不但扩展了国际碳市场的减排内容，而且将成为最大的碳市场和减排的贡献者。中国碳市场对国际碳市场的影响，虽然从碳价方面评论为时尚早，但是肯定为发展中国家的减排提供了经验和可借鉴的模式。特别重要的是，国际碳市场也在积极准备，考虑和中国碳市场的链接问题，将中国的碳市场纳入了世界的减排格局并和其他碳市场共同实施应对气候变化行动。

国际减排机制发展历程，已经从《京都议定书》"自上而下"的政策机制，即给发达国家规定减排目标，转向"自下而上"的政策格局，即通过的《巴黎协议》中有各个国家公布的"自主减排贡献"来决定减排目标。目前运行的国家、区域以及省级和市级的减排市场或许对今后形成国际性的链接市场提出挑战，但无论国际碳市场如何演化，是通过双边还是多边的形式链接，作为世界上最大的温室气体排放国和最大的碳排放交易市场，中国的参与都将非常重要。[1]

---

[1] Swartz, Jeff, 2016, China's National Emissions Trading System: Implications for Carbon Markets and Trade; *Issue Paper No.* 6; International Centre for Trade and Sustainable Development, Geneva, Switzerland, www.ictsd.org.

B 4

日本企业温室气体自愿减排的
机制、成效与问题

周　杰①

摘　要：

当前全球气候变暖已成为世界各国关注的焦点，各国应对气候变化政策目标是共同的，即削减温室气体排放，实现可持续发展社会。但各国减排政策措施和手段方法则多种多样，减排成效也各式各样。其中企业自愿减排模式成为日本应对气候变化政策的最大特色，日本积极推动企业实行自愿减排，形成了政企和官民合作共同应对气候变化的良性互动，并取得了积极的减排成效。这一机制采取"自下而上"的自愿减排模式，它是适合日本国情的政策创新。但同时也带来了政府监管政策弱化，全国统一碳排放交易市场建立举步维艰的后果。

关键词：

温室气体　自愿减排　碳排放权交易　日本　气候变化政策

---

① 周杰，博士，国际清洁能源论坛（澳门）秘书长，研究方向为公共政策和制度比较研究。

巴黎气候大会之后，各国都在加紧制定和落实应对气候变化的政策和措施。除了行政管制的限排减排政策外，征收环境税、实行碳排放交易制度等利用市场机制实现减排目标的政策手段越来越普及，而且通过宣传推广、标准认证等对消费者和投资者进行教育，促进企业自愿减排，加大对低碳技术和产品的开发和投资，鼓励企业更好体现环境社会责任的应对政策措施越来越受到青睐。欧洲应对气候变化政策是以环境税和碳排放交易为中心，而日本最大特色就是实行企业自愿减排行动。自愿减排行动是企业根据自身生产经营活动特点自主设定温室气体减排目标，自觉采取保护环境行动的一项措施。日本经济团体联合会所主导的企业界自愿减排行动从1997年开始推广以来，至今已走过了近20年的历程。先后倡导和推出了"环境自主行动计划"（1997—2012）、"低碳社会实行计划Ⅰ（2013—2020）""低碳社会实行计划Ⅱ（2020—2030）"等计划，在日本应对气候变化的减排政策中发挥了积极的作用，而且这种"自下而上"的企业减排模式在《巴黎协定》也得到了运用，正是这种"自下而上"的国家自主贡献模式才为全球气候合作框架成功奠定了基础。那么，颇受争议的企业自愿减排行动如何评价？本文通过考察日本应对气候变化减排政策的变化和企业自主减排行动的发展历程，研究日本自愿减排机制如何发挥作用，分析其所取得的成效以及需克服及其完善的问题，并从中总结出对我有益的借鉴经验。

一、从"积极"到"消极"的温室气体减排政策与机制

日本是继中、美、印、俄之后的世界第五排放大国，占全世界总排放量的3.8%左右。如图1所示，2014年度日本温室气体总排量为136400万 $t-CO_2$，由于电力消费减少和电力排放系数改善，比2013年度《巴黎协定》基准年减少了3.1%，比1990年度《京都议定书》基准年增加了7.3%。其中工业部门排放量为42600万 $t-CO_2$，比1990年减少了13.1%；交通运输排放量为21700万 $t-CO_2$，比1990年度增加了5.9%；商业服务排放量为26100万 $t-CO_2$，比1990年度增加了50.9%；居民家庭排放量为19200万 $t-CO_2$，比1990年度增

图 4　日本企业温室气体自愿减排的机制、成效与问题

加了 48.1%[①]。以 2011 年福岛核事故为分水岭，日本应对气候变化的政策由"积极主动"走向"消极被动"，政府主导气候政策的环境省、经济产业省和代表产业界、经济界利益的经团联三方博弈决定了日本国家温室气体减排政策的走向。

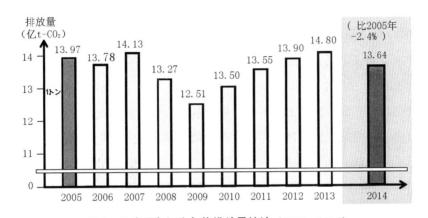

图 1　日本历年温室气体排放量统计（2005—2014）

资料来源：2014 年度（平成 26 年度）の温室効果ガス排出量（確報値）について（2016）。

1. 《京都议定书》前后应对气候变化政策走在世界前列

温室气体排放所导致的全球气候变暖趋势越来越明显，对人类社会的可持续发展构成了严重的威胁。为此，1988 年 11 月世界气象组织和联合国环境规划署成立了一个政府间气候变化委员会（IPCC），负责组织全世界的科学家编制全球气候变化评估报告，截至到目前 IPCC 已发布了 5 次评估报告。在此背景下，1990 年 5 月，日本政府设立了"保护地球环境相关阁僚会议"，并制定了《防止全球变暖行动计划》，其目标是到 2000 年日本人均二氧化碳排放量将控制在 1990 年排放水平，这是日本开启应对气候变化减排政策的出发点。而政府内部主管环境和主管工业部门一开始就步调不一，当时环境厅提出总排放量保持在 1990 年水平，而通产省则坚持人均排放量保持在 1990 年的排放水

---

① 環境省「2014 年度（平成 26 年度）の温室効果ガス排出量（確報値）について」、2016 年 4 月 15 日。

平。这是通产省基于日本人口尚保持增长趋势背景下的利益考量。

1992 年 5 月 22 日，在里约热内卢举行的地球高峰会上，155 个国家签署了《联合国气候变化框架公约》。日本于 1993 年 5 月批准了该公约。同年 11 月，日本通过了"环境基本法"，明确表示要在国际合作的框架下积极推动保护地球环境。《联合国气候变化框架公约》于 1994 年 3 月正式生效。

1997 年 12 月，第 3 次联合国气候变化框架公约缔约国会议（COP3）上通过了《京都议定书》，工业化国家必须承诺在 2008 年至 2012 年温室气体比 1990 年减排 5.2%，欧盟和美国分别减排 8% 和 7%，日本则承诺减排 6%，在气候变化政策上日本曾试图发挥国际社会的引领作用。与此同时，日本内阁成立了由内阁总理大臣亲自挂帅的"全球变暖对策推进本部"。1998 年 6 月，政府制定了《全球变暖对策推进大纲》，取代了原有的《防止全球变暖行动计划》，作为政府应对气候变化的政策和行动方针。[1] 1998 年 10 月，日本颁布了《全球变暖对策推进法》确立了政府、地方、企业和国民共同应对气候变化的法律框架。[2] 这是日本第一部应对气候变化的专门法律，也是全世界第一部应对气候专门法律，足见日本在气候政策上的积极态度。

2002 年 3 月，日本修订了《全球变暖对策推进大纲》，提出了 100 多项应对措施，并决定在《京都议定书》生效之际制定"京都议定书目标达成计划"（Kyoto Protocol Target Achievement Plan，KTAP）[3]。6 月，在日本批准《京都议定书》之际，日本修订了《全球变暖对策推进法》（2002），确定了制定 KTAP 的法律要件。

2005 年 2 月 16 日，日本国会批准了《京都议定书》，《京都议定书》正式生效。同年 4 月，根据《全球变暖对策推进法》，日本内阁通过了《京都议定书目标达成计划》取代了原有的《全球变暖对策推进大纲》，计划内容基本与大纲相似，政府制定了温室气体减排的各项目标，提出工业部门要比 1990 年削减 8.6% 的目标，民生部门和运输部门排放增量指标分别不得超过 10.7% 和

---

① 地球温暖化対策推進本部「地球温暖化対策推進大綱—2010 年に向けた地球温暖化対策について」、1998 年 6 月 19 日。

② 「地球温暖化対策の推進に関する法律」（1998 年 10 月 9 日法律第 117 号）。

③ 地球温暖化対策推進本部「地球温暖化対策推進大綱」、2002 年 3 月 19 日。

15.1%。植树造林吸收量目标为 4767t-CO_2，相当于基准年总排放量的 3.9%。不足部分（约占基准年总排放量的 1.6%），将利用京都机制碳交易解决[1]。

《京都议定书》生效后，由于温室气体排放量比基准年大幅增加，同年 6 月修订的《全球变暖对策推进法》（2005）决定实行温室气体报告制度，从 2006 年 4 月起，温室气体排放企业有义务定期向政府主管大臣报告年度温室气体排放量。京都市场机制启动前，再次修订后的《全球变暖对策推进法》（2006）又规定了有关利用京都机制碳排放信用额度的国内机制安排。

针对日本的中长期减排目标，2007 年 5 月，安倍晋三首相就 2013 年以后国际减排框架设想，提出到 2050 年全球温室气体排放要减少一半的目标。[2] 2008 年 6 月，福田首相发表演讲，指出日本 2050 年的长期目标是削减 60%—80% 的排放，实现低碳社会的宏伟蓝图。[3] 但福田并没有明确表明日本政府的中期减排目标。因此，2009 年 6 月，继任的麻生首相提出了日本到 2020 年比 2005 年减少 15% 的中期目标。[4] 这一目标比 1990 基准年减少 8%，而且不包含从海外购入的碳排放权和林业碳汇，号称是一个没有"水分"的目标。2009 年 7 月，八国首脑峰会召开，会议宣言提出发达国家到 2050 年温室气体排放要削减 80%。为此，环境省于同年 8 月制定公布了《2050 年削减温室气体排放 80% 愿景》。[5]

2008 年是《京都议定书》开局之年。政府认为仅靠现行政策难以完成《京都议定书》第一承诺期的减排目标，根据政府有关部门的测算，在现行政策下，距离完成比 1990 年减排 6% 的目标仍有 2000 万—3400 万 t-CO_2 当量的差距。因此，2 月政府又重新修订了《京都议定书目标达成计划》，2010 年日本温室气体排放量将比 1990 年减少 0.8%—1.8%（表 1），另外通过森林吸收（3.9%）和从其他国家购买排放权（1.6%）合计完成 5.4% 的减排。与此同时，修订后的《全球变暖对策推进法》（2008）又新增加了地方公共团体参与

① 「京都議定書目標達成計画」、2005 年 4 月 28 日。
② 「美しい星 50（クールアース 50）」、2007 年（平成 19）年 5 月 24 日。
③ 「『低炭素社会・日本』をめざして」、2008 年 6 月 9 日。
④ 麻生内閣総理大臣記者会見「未来を救った世代になろう」、2009 年 6 月 10 日。
⑤ 「温室効果ガス2050 年 80% 削減のためのビジョン」、2009 年 8 月 14 日。

计划的规定，同时要求制定企业排放指南，规定企业根据节能减排技术进步及其形势变化，必须采用尽可能减少温室气体排放的生产设备，并增加了相应的处罚条例。根据新法，2008 年 12 月政府制定公布了《企业减排指南》，并于 2012 年 2 月和 2013 年 4 月两次进行修订。

表 1　能源生产消费领域各部门削减温室气体排放 2010 年目标

（单位百万 t-CO_2）

	1990 年基准年排放量	2010 年减排目标	与基准年相比的增减率
能源生产消费领域 CO_2 排放	1059	1076～1089	+1.3%～+2.3%
工业部门	482	424～428	−12.1%～−11.3%
商业服务	164	208～210	+26.5%～+27.9%
居民家庭	127	138～141	+8.5%～+10.9%
交通运输	217	240～243	+10.3%～+11.9%
能源转换	68	66	−2.3%

资料来源：「京都議定書目標達成計画」(2008)。

2009 年 9 月，民主党上台执政，鸠山首相提出到 2020 年日本温室气体排放量要比 1990 年减少 25% 的目标。11 月鸠山进一步将 2050 年的长期目标从 60%—80% 明确提升至 80%[①]。2010 年 3 月 12 日，日本内阁通过了"全球变暖对策基本法"法案并提交国会审议。中期目标确定为削减 25% 的目标，但其前提条件是建立所有主要国家参加的公平且有效的国际合作框架以及达成有意愿的减排目标。到 2050 年的长期目标确定为比 1990 年减少 80%，而且到 2020 年可再生能源占一次能源供给达到 10%，但前提条件是所有国家达成全球温室气体排放量到 2050 年至少减少一半的共识。[②] 为此，政府将采取三大应对气候变化的措施：其一是创设国内碳排放权交易制度；其二是征收应对气候变化的环境税；其三是实行可再生能源全量固定价格收购制度。但这一气候法案直拖到民主党下台也未能在国会通过。

[①] 「第 173 回国会参議院予算委員会会議録」第 2 号 26 頁、2009 年 11 月 6 日。
[②] 「地球温暖化対策基本法案」、2010 年 10 月 8 日。

关于可再生能源全量固定价格收购制度，在 2011 年 8 月所制定的《可再生能源电力特别措置法》中得到落实，该法规定了电力公司有义务购买个人和企业利用太阳能等可再生能源发电所产生的电力，并从 2012 年 7 月起生效；关于全球变暖对策税，在 2012 年 10 月生效的《租税特别措施法》得到落实，该法规定日本将提高原油、成品油、液化石油气、天然气和煤炭五种能源的进口税率与生产税率，提高石油、煤炭等化石燃料使用税，并将加征的这部分税种定义为资源环境税，该税主要用于节能环保产品补助、可再生能源普及等。气候法三大措施中唯有国内碳排放交易制度至今未能完全落实。

2. 福岛核事故是日本从积极走向消极的转折点

2011 年 3 月 11 日，东日本大地震所引发的福岛核事故导致日本关闭所有核电站。6 月 7 日，日本政府设立了"能源环境会议"，负责制定新的能源环境战略和 2013 年以后应对气候变化的政策措施。6 月 29 日，"能源环境会议"公布了核电占比分别为 0，15%，20%—25% 三个选项。经过广泛地征求意见和公众讨论，于 2012 年 9 月 14 日确定了《革新能源环境战略》。该战略提出了不依赖核电的三原则：第一，严格执行核电机组服役期不得超过 40 年的限制条款；第二，核电重启必须得到原子能规制委员会的安全许可；第三，不再新建或增设核电机组，并确定到 2030 年将全面废除核电。在应对全球气候变化政策上，该战略提出到 2020 年温室气体排放要比 1990 年削减 5%—9%，到 2030 年比 1990 年减少 20% 左右。[①] 原来依靠发展核电实现减排期望落空后，日本不得不修正减排目标，比起原有削减 25% 的目标已大大后退了。

2012 年 12 月 16 日，自民党大选获胜后重新执政。重新当选的安倍首相立即表示要否决前民主党政府的革新能源环境战略，撤回了 25% 减排目标的政府承诺。日本由于不再参加 2013 年至 2020 年《京都议定书》第二承诺期的国际减排框架，因此必须在新年度前制定新的应对气候变化减排计划以取代已到期的 KTAP。

2013 年 3 月 15 日，全球变暖对策推进本部公布了当前应对全球变暖的方

---

① 「革新的エネルギー・環境戦略」、2012 年 9 月 14 日。

针，要求各地方、各企业以及国民在政府出台全球变暖对策计划前，应不低于京都计划目标水平继续推动节能减排措施。[1] 实际上，日本退出《京都议定书》第二承诺期后，应对气候变化出现空白期，福岛核事故更拖延了新应对气候变化减排政策的出台。同年5月修订的《全球变暖对策推进法》（2013）终于在国会通过。原推进法主要与《京都议定书》对应，《京都议定书》第一承诺期结束后，规定必须重新立法规定政府须制定新的全球变暖对策计划，而且在温室气体排放种类中增加了三氟化氮（NF_3）。日本表示将根据坎昆会议精神，2013年以后将继续努力采取积极措施应对气候变化。

KTAP到2013年3月底执行完毕。如图2所示，日本2012年度温室气体排放总量为134300万t-CO_2，较1990年增加了6.5%。增加原因主要是因福岛核电站事故导致日本更加依赖火力发电。2008年至2012年的5年间的年平均排放量为127800万-CO_2，较基准年增加了1.4%。实际上，最终通过林业

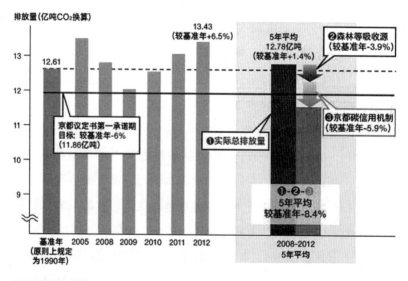

图2　日本温室气体排放量与《京都议定书》第一承诺期完成情况

---

① 「当面の地球温暖化対策に関する方針」、2013年3月15日。

碳汇（3.9%）和从国外购入碳排放权（5.9%）才实现了《京都议定书》所规定削减6%的目标，比基准年减少了8.4%。原计划利用碳排放权削减1.8%，而实际利用碳排放权削减5.9%，比原计划增加了2.5倍，最终碳交易成为了实现减排目标的主力军。

2013年11月15日，全球变暖对策推进本部正式调低了25%的减排目标，在不含核电减排效果的基础上，到2020年的减排目标确定为3.8%。实际上，这一目标反而比1990年增加排放3.1%。日本应对气候变化立场和减排政策的倒退遭到了国际社会的广泛批评。于是，11月28日日本表示今后将按照"坎昆协议"，两年提交一次"隔年报告"，并实行无惩罚条例约束的自主减排政策。之后，日本政府通过"第四次能源基本计划"的政策调整和"长期能源供需展望"等电力结构计划的制定，将这一目标固定了下来。

在国际上，《联合国气候变化框架公约》缔约方会议围绕《京都议定书》第二承诺期的国际合作框架如火如荼展开谈判。积极领头的欧洲和消极拖延的美国、日本与发展中国家形成相互对立的局面。2009年哥本哈根会议（COP15）称得上是全球气候谈判历程中的节点。全球迫切需要尽快安排2013年后应对气候变化的谈判，但最后仅仅达成了一份不具有法律约束力的《哥本哈根协议》。2010年坎昆会议（COP16），日本以美中等主要排放国不参加，无法实现全球规模的减排为由，表明了不参加第二承诺期的态度。2011年德班会议（COP17）通过了"德班一揽子决定"，同意《京都议定书》第二承诺期在2013年生效。但日本明确表示不参加《京都议定书》第二承诺期。2012年多哈会议（COP18）正式敲定了比1990年削减18%的《京都议定书》第二承诺期国际减排框架，日本与美国、加拿大、俄罗斯等国正式宣布退出京都减排机制。2013年华沙会议（COP19）要求各国在COP21会议前提交2020年后的国家自主减排方案。于是，2015年7月17日，全球气候变暖对策推进本部决定了日本2030年温室效应气体排放量比2013年削减26%的政府承诺草案。当日该草案作为日本政府国家自主贡献的削减计划提交给联合国气候变化框架条约秘书处。

3. 巴黎气候大会后的徘徊对策

2015 年 12 月巴黎大会（COP21）对 2020 年以后全球应对气候变化的总体机制做了制度性的安排。会议所达成的巴黎气候协定目标将全球平均气温较工业化前水平升高的幅度控制在 2℃之内，并承诺"尽一切努力"使其不超过1.5℃。为了应对全球气候变暖，减少温室气体排放，落实巴黎气候大会上承诺的国家自主减排目标，日本政府相继出台了应对全球气候变化战略性文件。2016 年 3 月，日本对应《巴黎协定》重新修订了《全球变暖对策推进法》。5月 13 日，内阁府、环境省和经济产业省联合制定了《全球变暖对策计划》，这是一份日本政府全面落实《巴黎协定》的综合性计划。计划提出温室气体排放减排的长期目标到 2050 年要削减 80%，中期目标到 2030 年要比 2013 年削减 26%，近期目标到 2020 年要比 2005 年削减 3.8%。[①]

计划的重点是要落实中期目标，中期目标才是日本向国际社会承诺的国家自主减排目标，但被指与欧美国家相比偏低太多。据计算，日本到 2030 年的目标以 1990 年为基准年是-14%，而欧盟和美国则分别为-27%、-40%，日本到 2025 年的目标以 2005 年为基准年是-9%，而欧盟和美国分别为-27%、-24%；日本到 2030 年的目标以 2013 年为基准年是-26%，而欧盟和美国分别为-39%、-28%，尽管以 2013 年为基准年计算表面上似乎差距有所缩小，但其前提条件不同，从 1990 年到 2013 年期间，日本增加了 11%排放，美国增加了 6%排放，欧盟则减少了 21%排放。[②] 因此，有的学者提出，日本减排若以控制气温上升 2℃为目标，本着充分和公平的原则，从 2014 年起到 2020 年应比 1990 年削减 22%—27%，到 2030 年应比 1990 年削减 54%—66%。[③]

这份计划还确定了能源生产消费领域 CO_2 排放量要削减 21.9%，其他温室气体排放削减 1.5%，林业碳汇吸收 2.6%的总目标，但与 KTAP 不同没有涉及

---

① 「地球温暖化対策計画」（2016 年 5 月 13 日閣議決定）。
② 倉持壮「2013 年比 26%削減」は本当に「国際的のに遜色ない水準」か？ 2015 年 6 月 22 日。http://www.iges.or.jp/jp/climate/climate_ update/201506_ kuramochi.html.
③ 明日香壽川，倉持壮，Fekete Hanna，田村堅太郎，HohneNiklas（2014）「カーボン・バジェット・アプローチに基づく日本の中長期的な温室効果ガス排出経路」IGES Working Paper 2014-02。

图 4　日本企业温室气体自愿减排的机制、成效与问题

利用碳交易的减排量目标。然后，根据总目标再分解为各个行业的减排计划。如表 2 所示，商业服务行业削减 39.7%，居民家庭生活削减 39.2%，交通运输行业削减 27.5%，工业部门削减 6.5%。最后各个行业的减排计划又有具体的减排应对措施和数值目标。日本中期目标是以核电重启及其核电站服役期限延长为前提的，但现实核电重启面临重重困难，完成目标已面临巨大压力。高位的长期目标更是画饼充饥，遥遥无期。对是否将长期目标列入计划之中，经团联和关西经济联会等日本财界明确表示反对，经产省和环境省意见不一，最终环境省以承认低位的 2020 年目标换取了高位 2050 年目标为妥协，最终勉强列入政府计划目标。但长期目标并未明示基准年，只能根据以往政府制定的计划推测为 1990 年。由此可见计划仅仅是宣誓一下长期减排目标的雄心而已，并无真正的减排意愿。

从 2013 年度能源生产消费领域的 CO_2 排放实际情况来看，温室气体排放不但未降，反而比 2005 年增加了 0.8%。其中商业服务业和居民家庭生活的 CO_2 排放增加了 10% 以上。主要原因是福岛核事故后日本火力发电比例大增，发电排放系数增大所致。与此同时，工业和交通运输部门与 2005 年相比减少了 6%。因此节能减排重点将放在了商业服务和居民家庭生活上。计划还提出当前采取的主要应对措施是积极推进节能政策，推广普及可再生能源以及加大创新技术开发和利用的力度。同时积极利用作为低碳能源的核电，并推动碳税和国内碳排放交易制度的建设。

表 2　能源生产消费各部门削减温室气体排放 2030 年目标

（单位：百万 $t\text{-}CO_2$）

	2005 年	2013 年	2030 年减排目标
能源生产消费 CO_2 排放	1291	1235	927
工业部门	457	429	401
商业服务	239	279	168
居民家庭	180	201	122
交通运输	240	225	163
能源转换	104	101	73

资料来源：「地球温暖化対策計画」(2016)。

尽管巴黎机制下的国家贡献减排目标是由各国自主决定的，但各国具有采取国内减排措施的法定义务，从基准年开始计算的减排总量、单位 GDP 排放量、人均排放量这些作为衡量各国减排力度和公平性的指标是可以进行客观比较的。2030 年目标并非一个很长的时间，剩下的时间并不多，不提出切实可信的减排政策措施，无疑会让日本再失去国际气候谈判桌上话语权。因此，日本政府将减排的宝压在了技术创新上。经济产业省于 4 月 18 日颁布了《能源革新战略》，内阁府"综合科技创新会议"于 4 月 19 日颁布了《能源环境技术创新战略》。前者是面向 2030 年为实现能源结构优化的政府施策方针，后者则是面向 2050 年为大幅削减温室气体排放的技术创新路线图，与《全球气候变暖对策计划》一起，这三份文件构成了日本巴黎气候大会之后应对全球气候变化的三位一体的应对气候变化政策的新战略方向和主要内容。

表 3　日本应对全球气候变化的体制、机制和政策框架

名称	京都议定书时期（第一承诺期）	后京都议定书时期（第二承诺期）	巴黎协定时期
期限	2008—2012 年	2013—2020 年	2021—2030 年
国际框架	COP3 京都议定书（1997）具有法律拘束力	COP16 坎昆协议（2010）不具法律拘束力	COP21 巴黎协议（2015）具有法律拘束力
目标	比 1990 年削减 6%	比 2005 年削减 3.8%	比 2013 年削减 26%
法律框架	全球变暖对策推进法（1998）（2002 修订）（2005 修订）（2006 修订）（2008 修订）	全球变暖对策推进法（2013 修订）	全球变暖对策推进法（2016 修订）
政策框架	京都议定书目标达成计划（2005）（2008 修订）	当前全球变暖对策方针（2013）	全球变暖对策计划（2016）
民间机制	环境自主行动计划	低碳社会实行计划（第一期）	低碳社会实行计划（第二期）

名称	京都议定书时期 （第一承诺期）	后京都议定书时期 （第二承诺期）	巴黎协定时期
碳交易机制	国际机制：京都机制 国内机制： 环境省（J-VER、JVEST） 经产省（JEETS、DSC） 地方机制（东京都、埼玉县等）	国际机制：双边共同额度机制（JCM） 国内机制：环境省、经产省、农林省（J-credit） 地方机制（东京都、埼玉县等）	

资料来源：作者自行绘制。

　　综上所述，表3汇总了日本应对气候变化减排政策以《京都议定书》、福岛核事故、《巴黎协定》为标志的三个时期的减排框架，也反映了日本从积极、消极到目前徘徊转变的过程。但客观地来说，日本应对气候变化政策是比较务实的。在法制框架上，日本已构建了以《全球气候变暖对策推进法》为中心，以《能源利用合理化法》《电力事业者利用新能源等的特别措施法》《促进新能源利用特别措施法》等相关配套法规为内容的应对气候变化法律体系。在组织体制上，设置了全球气候变暖对策推进本部，全面统一政府机构的职责；在政策措施上，推广节能、发展核电、政府补贴和自愿减排是日本应对气候变化减排政策的四大法宝，巴黎气候大会后，日本将政策重点将放在技术贡献上，预计技术创新将成为未来的第五大法宝。但我们也应该看到，从政府推动的各项减排计划来看，工业领域的减排目标是最低的，其背后显然有试图维持现有产业结构不变的巨大势力阻挠。可见淘汰落后产能对日本来说也是很艰难的。

二、从"环境自主行动计划"到
"低碳社会实行计划"的自愿减排机制

　　"日本经济团体联合会"简称"经团联"，一向被视为日本财界和企业界

的司令部, 由日本大企业、各行业的全国性和地方性团体所组成。经团联对强制性应对气候变化的减排政策一向持反对立场。对于国内碳排放交易制度的总量管制和交易规则, 经团联认为"对企业活动会产生不利影响", 对于可再生能源全量固定价格收购制度以及征收应对全球变暖对策税, 经团联认为"对国民生活和企业生产经营产生不利影响, 并阻碍企业的技术创新"。因此, 经团联主张, 政府应当支持产业界推行自主减排行动计划, 通过规制改革、制定技术节能标准、扩大绿色采购和促进技术研发税率, 与新兴国家和发展中国家建立双边的碳抵消机制, 来改善企业经营环境。因此, 日本实行总量管制的碳排放交易制度至今举步维艰。

1. "环境自主行动计划"

早在 1991 年 4 月, 经团联就公布了《地球环境宪章》。宪章提出了经营活动的行动指南, 其目的是为了实现可持续发展的环境友好型社会, 构建新的社会经济体系。对于全球气候变暖, 经团联认为这是一个科学上尚未完全有明确答案的环境问题。因此, 对于气候变化原因和影响的科学研究以及各种应对措施的经济分析必须加强各方合作, 要积极推进对于节约能源和节约资源方面有效且合理的措施。[1]

1996 年 7 月, 经团联又发布了《环境宣言》, 针对当前气候变化等环境问题表示要采取自主、积极和负责的措施, 具体措施其中包括以提高能效为目的的各个产业自主减排行动计划, 并要求定期对计划执行情况进行检查。[2]

1997 年 6 月 17 日, 经团联公布了"环境自主行动计划"。计划有四个特点:

其一, 自愿性。各行业不受任何强制完全自主判断是否参加计划, 但是采取的措施必须是最优选的方式, 最优的可行技术 (Best-Available-Technology, BAT)。工业部门节能减排就包括采取节能高效设备更新、工业余热回收、可再生能源利用、工艺改良等措施。

---

① 「経団連地球環境憲章」、1991 年 4 月 23 日。
② 「経団連環境アピール」、1996 年 7 月。

图 4　日本企业温室气体自愿减排的机制、成效与问题

其二，广泛性。计划涉及制造、能源、流通、运输、金融、建设和贸易等36 个行业，137 家团体参加，非制造业企业参与自愿减排行动是日本自愿减排行动的一大特色。1997 年度参加计划的行业为 37 个，2008 年度以后扩大至 61个。其中工业部门 31 个，能源转换部门 3 个，民生部门 14 个，运输部门 13个。在工业和能源领域的参加行业中，1997 年为 28 个，相当于 1990 年工业和能源领域排放量的 76.0%，2008 年扩大至 34 个，相当于 1990 年工业和能源领域排放量的 82.9%。[①] 1990 年日本全国总排放量为 127100 万 t-CO_2。因此，34 个行业的覆盖率就相当于达到了全国的 44% 左右。之后，加盟行业又逐步增加，到 2012 年实际上有 114 个行业参加，涵盖了日本的一半企业，占产业部门和能源转换部门排放量的八成（见图 3）。到 2013 年参加低碳社会实行计划的行业占工业领域的 83.3%，能源转换领域的 88.3%，商业服务业的5.8%，交通运输部门的 25.4%。[②]

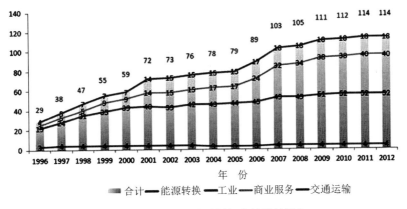

图 3　参加自主行动计划行业数目的增加

资料来源：日本经产省资料。

其三，目标性。经团联的目标基准年设定为 2010 年，统一目标是到 2010年各产业部门和能源转换部门必须努力控制二氧化碳排放量不超过 1990 年的排放水平。[③] 参加计划的各个行业都须制定明确的量化目标，18 个行业提出了

---

① 「2013 年度環境自主行動計画第三者評価委員会評価報告書」、2014 年 3 月 31 日。
② 「低炭素社会実行計画第三者評価委員会評価報告書」、2016 年 3 月 15 日。
③ 「経団連環境自主行動計画」、1997 年 6 月 17 日。

降低单位产品能源排放强度的指标，14 个行业提出了控制能耗或削减温室气体排放总量的目标，8 个行业提出使用节能服务或节能产品的目标。表 4 所列举的是九大代表性行业自愿减排指标、目标及其实际成效。

表 4 参加自主行动计划主要行业减排指标和目标（1990 年为基准年）

行业团体	选用指标	目标水平	实际成效	目标完成率
电力行业联合会	能源强度	−20%	−2.6%	14.3%
日本钢铁联盟	能源消费量	−10%	−10.7%	107.0%
日本化学工业协会	能源强度	−20%（−13%）	−15%	75%（115.4%）
石油联盟	能源强度	−13%	−15%	118.9%
日本造纸联合会	能源强度	−20%	−24.8%	123.8%
	CO_2排放强度	−16%	−21.7	135.6%
水泥联合会	能源强度	−3.8%	−4.4	117.0%
电机电子四团体	CO_2排放强度	−35%	−48	138.1%
日本汽车工业会 日本车体工业会	CO_2排放量	−25%	−40	159.9%
日本天然气协会	CO_2排放强度	−89%	−89%	100.3%
	CO_2排放量	−74%	−76%	102.8%

注：目标水平为 2008—2012 年平均值，括号内为原目标。

资料来源：2013 年度自主行動計画評価·検証結果及び今後の課題等（2014）。

其四，定期检查。要保证自愿减排行动计划取得实效落实检查是关键。参加计划的行业每年必须公布结果，通过定期检查改善减排效果。1997 年 12 月，通产省产业结构审议会决定对自主行动计划落实情况进行跟踪检查，并从 1998 年开始，政府相关部门每年对自主行动计划实施情况进行评估和审查。1998 年 6 月，《全球变暖对策推进大纲》对自主行动计划明确提出了要求：政府相关部门必须对计划执行情况进行审核以确保计划的实效性，对于未参加行动计划的行业，在 1998 年中期要提出具体的减排目标和行动计划。[①] 修订的《全球变暖对策推进大纲》（2002）再次要求提高自主行动计划的透明性和可

---

① 地球温暖化対策推進本部「地球温暖化対策推進大綱」、（1998 年 6 月决定）。

图 4　日本企业温室气体自愿减排的机制、成效与问题

靠性。为此，2002 年 7 月，经团联又自行设置了第三方评价委员会，开始评估和检查计划的执行和落实情况。《〈京都议定书〉目标达成计划》（2005）指出：迄今为止自主行动计划已取得了很大的成果，在工业和能源领域发挥了应对气候变化节能减排的中心作用。由于自主行动计划目标和内容完全是自主的，因此政府相关部门必须定期进行审核，以提高计划的透明性、可靠性和实现目标的准确性。① 《京都议定书》批准生效后，经团联表示自主行动计划目标要与《京都议定书》政府所承诺的目标保持一致，自主行动计划目标期限也因此变更为 2008—2012 年度。政府相关部门也与此衔接，对计划执行情况进行审议。

此计划在《京都议定书》第一承诺期结束后宣布结束。日本政府对经团联自愿减排行动计划的地位和作用予以高度评价。

《全球变暖对策推进大纲》（2002）指出："作为全球变暖对策的经济界主力，经团联制定了环境自主行动计划，并展开了积极行动，迄今为止取得了丰硕的成果。自愿行动计划是由各个经济主体自愿且广泛参与的，可自主创新选择其最优化的方法，并根据形势变化灵活快速地采取应对措施，与大纲兼顾环境保护和经济发展的核心理念是完全一致的。特别是自主行动所计划的节能量占据大纲所制定节能计划的三分之一，因此，它将在今后节能政策中发挥核心作用"。②

《〈京都议定书〉目标达成计划》（2008）指出：自愿行动计划在经济界发挥了应对全球变暖措施的核心作用。自愿减排有很多优点。各个主体可以选择更有创意的对策，可以更高的目标为导向，对政府和企业双方来说程序简化，成本节约，期待企业通过参与自愿行动计划进一步发扬光大。自愿行动计划在工业领域应对气候变化中发挥了主导作用，尚未制定计划的行业要加快制定，目标须有量化标准，政府部门将通过严格的评估和检验，对超过目标完成计划的行业进行奖励。同时为了提高自愿行动计划的透明性、可信性和目标达成的准确性，政府部门将继续定期进行审核。③

---

① 地球温暖化对策推进本部「京都议定书目标达成计画」、（2005 年 4 月决定）。
② 地球温暖化对策推进本部「地球温暖化对策推进大纲」、（2002 年 3 月 19 日改订）。
③ 地球温暖化对策推进本部「京都议定书目标达成计画」、（2008 年 3 月 28 日改订）。

2014 年 4 月，经产省在《"环境自主行动计划"总结评价研究会报告》中指出：第一，很多行业提出了严格的减排目标，接受了政府审计，并通过采取有效措施达成了目标，同时分享了各行业节能减排经验，增加了参与计划企业的数量等，总体上来说确实提高了计划的实效性。第二，采取应对措施不仅局限于短期投资回报，更着眼于中长期投资回收，提升了企业的竞争力；第三，通过技术开发等不懈的努力维持了世界最高的能效水平，取得了卓越的成果，应予以高度评价。因此，自主减排形式处于我国应对气候变化的中心地位。面对中长期目标，经团联应继续率先制定 2020 年以后的目标。①

2014 年 7 月，政府在《〈京都议定书〉目标达成计划进展情况》中指出，日本完成了《京都议定书》所承诺的目标，这与自愿行动计划在应对气候变化上发挥的主导作用是分不开的，计划确保了日本保持世界最高的能效水平，取得了丰硕的成果。②

2. "低碳社会实行计划"

由于经团联等经济产业界的阻挠，日本决定不参加《京都议定书》的第二承诺期。KTAP 到期后，政府也未能如期出台新的全球变暖对策计划。2009年 12 月 15 日，针对 2013 年后自愿减排行动计划，经团联宣布将采取新的减排行动计划方针，即在"环境自主减排行动计划"之后将推出"低碳社会实行计划"。并表示为实现到 2050 年全球温室气体排放削减 50%的共同目标，日本产业界将在技术领域发挥核心作用。③

2013 年 1 月，由 36 个行业参与的"低碳社会实行计划"正式公布。参加低碳行动计划的行业和企业宣誓将采用世界上最先进的低碳技术，并不断提高能效，主要采取四大措施：1. 制定到 2020 年的减排目标；2. 各个主体间开展合作，开发和普及低碳产品；3. 推动向海外转移低碳技术；4. 开发创新低碳技术。到 2016 年 4 月 13 日已确定参加计划并完成计划制定的行业已达到 59

---

① 经济产业省「自主行動計画の総括的な評価に係る検討会とりまとめ」、2014 年 4 月。
② 地球温暖化対策推進本部「京都議定書目標達成計画の進捗状況」、2014 年 7 月。
③ 経団連「低炭素社会実行計画」、2009 年 12 月 15 日。

个。[①] 表 5 所列举的是九大代表性行业截至 2015 年 9 月的减排统计数据。

表 5　参加低碳社会行动计划 I 主要行业减排指标和目标

行业团体	基准年	选用指标	目标水平
电力行业联合会	BAU	CO_2 排放量	700 万 t-CO_2
日本钢铁联盟	BAU	CO_2 排放量	−500 万 t-CO_2
日本化学工业协会	BAU	CO_2 排放量	−150 万 t-CO_2
日本造纸联合会	BAU	CO_2 排放量	−139 万 t-CO_2
电机电子四团体	2012	能源强度	−7.73%以上
水泥业联合会	2010	能源强度	39MJ/t-cem（−1.1%）
日本汽车工业会 日本车体工业会	1990	CO_2 排放量	−28%
石油联盟	2010	节能量	−53 万 KL
日本天然气协会	1990	CO_2 排放强度 能源强度	9.9g-CO_2/m^3 0.26MJ/m^3

资料来源：「2014 年度低炭素社会実行計画評価·検証結果及び今後の課題等」(2015)。

根据"环境自主行动计划"实施的经验和教训，经团联更加重视"低碳社会实行计划"的计划、实施、检查和行动四个环节，推行 PDCA 模式，即：Plan（计划）：各行业自主制定减排计划，选择减排指标和设定量化目标，确定减排具体措施；Do（实施）：根据自主行动目标实施减排计划，推动民生和运输行业的减排，并利用好京都市场机制；Check（检查）：自行报告计划的实施情况，通过第三方评价委员会和政府审议会对计划执行情况进行评估审查，向社会公布审议结果。Action（行动）：总结各行业计划执行成果，纠正第三方评价委员会所提到的问题；重新修正和制定相关措施。2013 年 3 月，日本政府在"当面应对全球变暖的方针"中也指出，根据以往盘点自主行动

---

① 経団連「低炭素社会実行計画」、2013 年 1 月 17 日。

计划的经验，将继续对低碳社会实行计划的成果进行评估和审核。

2014 年 7 月 7 日，经团联发表《应对全球变暖的贡献：日本产业界将面向更高的挑战》，提出要进一步扩大低碳社会实行计划的内容，在制定 2020 年目标的基础上要增加到 2030 年的减排目标。根据自愿减排方式，要求各行业继续制定到 2030 年的目标。[①]

2015 年 4 月，经团联正式公布"低碳社会实行计划Ⅱ"。到 2016 年 6 月 3 日，已有 57 个行业参加了该计划，并制定了新目标。[②] 表 6 所列举的是九大代表性行业自愿减排指标及其到 2030 年的减排目标。

表 6 参加低碳社会行动计划Ⅱ主要行业减排指标和目标（截至 2015 年 9 月的统计数据）

行业团体	基准年	选用指标	目标水平
电力行业联合会	BAU	CO_2排放系数 CO_2排放量	0.37kg-CO_2kWh -1100 万 t-CO_2
日本钢铁联盟	BAU	CO_2排放量	-900 万 t-CO_2
日本化学工业协会	BAU	CO_2排放量	-200 万 t-CO_2
日本造纸联合会	BAU	CO_2排放量	-286 万 t-CO_2
电机电子四团体	2012	能源强度	-16.55%
水泥业联合会	2010	能源强度	-49MJ/t-cem（-1.4%）
日本汽车工业会 日本车体工业会	1990	CO_2排放量	-33%
石油联盟	BAU	节能量	-100 万 KL
日本天然气协会	1990	CO_2排放强度 能源强度	10.4g-CO_2/m³ 0.27MJ/M³

资料来源：「2014 年度低炭素社会实行计画评价・検证结果及び今後の课题等」（2015）。

对计划的减排目标是否能完成最大的外部影响因素就是电力排放系数和国

---

① 经团连「地球规模の温暖化对策への贡献~日本产业界のさらなる挑战~」、2014 年 7 月 7 日。
② 经团连「2030 年に向けた经团连低炭素社会实行计画（フェーズⅡ）-经济界のさらなる挑战-」、2015 年 4 月 6 日（2016 年 6 月 3 日改订）。

圖 4　日本企业温室气体自愿减排的机制、成效与问题

民经济的景气指数。福岛核事故造成电力排放系数提高，导致 2012 年总排放量比 1990 年增加了 6.5%；2008 年全球金融危机引起日本经济衰退，2009 年总排放量比 1990 年反而减少了 4.4%。因此，2015 年 7 月，日本向联合国气候变化框架公约秘书处提交了其国家自主贡献文件之后，电力行业联合会就立即积极响应，提出了"电力行业低碳社会实行计划"，计划提出到 2020 年目标削减 700 万吨，到 2030 年目标削减 1100 万吨，并为此而成立了"电力行业低碳社会联合会"[①]。

3. 自愿减排行动计划与碳排放交易机制

碳排放交易机制作为应对气候变化的一种经济手段，充分发挥市场机制的作用，是以最小的社会成本实现减少碳排放的最有效方式之一。但日本以经团联为代表的经济产业界在应对气候变化的政策上，坚持推行"环境自主行动计划"，采取自愿减排的方式。虽然表示积极支持《京都议定书》的 CDM 和 JI 碳交易机制，但反对国内推行强制性的碳排放交易机制，经团联御手洗富士夫会长就表示："总量管制与交易方式的碳排放交易制度由于强制性的限定排放总量将极大伤害日本产业结构。"[②]

实际上，早在 2000 年，日本环境厅就成立了"碳排放权交易制度设计研究会"，开始探讨建立国内碳排放权交易制度。在《京都议定书》正式生效前，日本环境省和经产省在 2003—2004 年期间就分别开启了为期一年的实验性"温室气体排放模拟交易制度"和"碳排放权交易和转移试验事业"。这两项实验主要目的是为利用京都市场机制，建立国内排放交易制度探索实战经验。在排放权交易制度上，环境省与经产省意见不一，环境省坚持采用总量管制与交易方式，经产省则站在大企业立场，支持自下而上的自愿减排方式，强调碳交易制度与自愿减排行动的整合性，双方就有关初期额度分配和制度框架等设计原则争论不休。因此，碳交易体系在国家层面就形成了环境省系统和经产省系统两大系统，而且两大系统各有排放权交易机制和碳信用认证抵消机

---

① 「電気事業低炭素社会協議会」の設立について、2016 年 2 月 8 日。
② 日本経済新聞、2008 年 6 月 8 日。

制，相互独立，同时并存。

2005 年日本环境省首先开启了一个试行的自愿减排交易体系（Japan Voluntary Emission Trading Scheme，JVETS），JVETS 体系是一个自愿总量管制与交易系统，参与企业采用总量控制而非强度控制，并从政府那里领取根据其达标年份的排放水平分配的排放配额（JPAs）。政府为温室气体减排措施提供三分之一的补贴用于减排设备更新。若未能完成减排任务，企业可以在 JVETS 市场购买排放权配额，也可在国际市场上购买 CER 和 ERU 碳信用，冲抵企业未完成的减排任务。如果出现没有完成目标的情况，补贴则必须退还给政府。JVETS 起初目的是支持未参加环境自主行动计划的企业开展温室气体减排活动。但由于经团联从中作梗，实际参加自愿减排交易的企业多为中小企业。

2008 年 6 月 9 日，日本首相福田康夫发表了有关全球变暖对策的 "福田蓝图"，宣布从当年秋天试行企业的温室气体排放量交易制度，并希望 "有尽可能多的行业和企业参加国内统一排放权交易市场"[①]。7 月 29 日，日本内阁通过了根据 "福田蓝图" 制定的 "低碳社会行动计划"。计划提出：日本企业间的温室气体排放权交易将从 2008 年 10 月起试运行。为此，当前要加强制度顶层设计，要考虑与《京都议定书》目标达成计划以及自愿行动计划的整合性，参加企业须设定排放量或排放强度作为减排目标，要充分运用现存制度或规划中的制度，开展各类排放权或碳信用额度的交易活动，有关减排目标设定办法、交易对象、碳信用种类及碳排放的监测、报告等课题，各有关省厅要在 9 月中旬研究拿出试行方案。通过试行积累经验，要进一步明确正式推出排放权交易之前所必需的基本条件和制度设计。[②] 在此背景下，环境省和经产省争先恐后推出了碳排放交易制度和碳信用认证制度。

2008 年环境省创设了碳减排核证系统（Japan Verified Emission Reduction，J-VER），该系统是通过项目方式进行减排信用额度的发行、认证与交易活动，J-VER 实际上是一种碳抵销机制，对参与企业不设任何门槛，每个项目下经核查的碳信用可以在 J-VER 市场上挂牌出售，供需要进行抵销业务的企业

---

① 福田前総理演説「低炭素社会・日本」をめざして（2008 年 6 月 9 日）。
② 「低炭素社会づくり行動計画」（2008 年 7 月 29 日閣議決定）。

购买。

2008 年 10 月，经产省启动了国内碳信用交易系统（Domestic Credit System，DCS），DCS 系统根据《〈京都议定书〉目标达成计划》规定是专门为中小企业打造的碳信用交易机制，参加自愿减排行动的大企业提供技术和资金，而未能参加自愿减排行动中小企业通过实施节能减排项目后，可以将减排信用出售给大企业而获得相应的减排资金和技术，大企业所获得经核证的碳信用可用于抵销自愿减排行动目标的排放量，因此被称为日本国内版的 CDM 机制。

与此同时，经产省作为排放权交易系统又主导推出了排放权交易国内统一市场试行制度（Japan Experimental Emissions Trading Scheme，JEETS），JEETS 主要面向大型控排企业，目的是将碳排放交易与自主减排行动整合在一起。参加经团联自主行动计划的大企业自行设定减排目标，并可任选排放总量或排放强度作为指标，如果没有达到减排目标的企业，可以从其他企业那里购买多余的减排量，减排量可以在国内企业之间自由流转。达成既定减排目标时，不仅可获得国内统一市场交易制度下的碳信用，而且可与环境省 JVEST 机制下签发的碳信用，京都市场机制下签发的 CDM 碳信用，经产省 DCS 机制下中小企业减排所取得的碳信用互相通用。但由于参与企业随意性很大，约束力不强，未达标又无须受罚，而且可不经第三方核查来确定排放情况，允许企业透支排放权，因此运作与市场需求不佳。

日本民主党政府上台后下决心推动日本建立强制性碳交易市场。由于现有的《全球变暖对策推进法》并未明确要求各经济主体强制性采取削减温室气体排放措施。因此，2010 年 3 月，民主党内阁制定并通过了"全球变暖对策基本法"法案。法案明确规定要创设国内碳排放权交易制度和征收环境税。日本政府在经过几年的讨论后，根据日本自愿排放交易计划中获得的经验，2010 年 11 月环境省在全国范围内提出了一项全国性的总量管制与交易制度建议，但遭到利益相关者的强烈反对。据日本经团联对 64 个行业的调查，有 61 个行业明确对此表示反对。[①] 因此，排放权交易制度的法制化迟迟难以实现。

①　日本经济团体连合会「排出量取引制度環境省案に関するアンケートの集計结果」、2010 年 9 月 16 日。

2010 年 12 月，民主党政府正式宣布推迟实行国家碳排放交易计划。

由于环境省的 J-VER 制度和经产省的 DCS 制度方法学重复，且种类繁多，碳信用利用市场和方式雷同，为此，2013 年日本政府决定将两项制度整合为一项制度，合并为"应对全球变暖国内温室气体排放削减量和吸收量认证制度"（J-credit Scheme）。J-credit 是日本国内企业通过采用节能设备等措施削减温室气体排放量，或通过植树造林等措施增加林业碳汇所获得碳信用，由政府进行统一认证的制度。由经产省、环境省和农林水产省共同运营，实施期间为2013 年至 2020 年。这一制度下所获得的碳信用可用于实现企业自愿减排行动计划目标，也可用于其他各类碳补偿。但 J-credit 并非一项强制性的碳排放权交易制度。对于今后日本的碳排放权交易发展，最新刚刚出台的《全球变暖对策计划》仍表示："要考虑对我国产业发展造成的负担以及对雇用的影响，审视海外碳排放交易制度的动向和效果，评估国内业已实施的产业界自主减排行动计划等全球变暖政策，在此基础上慎重研究。"[①] 由此可见，面对《巴黎协定》签署后的新形势，日本建立全国统一碳市场计划仍遥遥无期。

与国内市场发展的情形完全不同，日本对国际碳排放交易的新市场机制则表现出高度的热情。日本退出《京都议定书》第二承诺期后，等于放弃了利用 CDM 机制。为此，日本独自创设了双边共同额度机制（Joint Crediting Mechanism，JCM）。JCM 是日本与合作伙伴国直接达成双边协议，共同实施减排的一项国际合作机制。日本通过向伙伴国提供减排技术、产品、系统、服务、基础设施以及资金等方式削减温室气体排放，其减排量则作为日本的减排贡献。这一制度从 2013 年启动以来迄今为止，日本已同亚洲、非洲和中南美洲 16 个国家签订了双边协议。[②] 根据《巴黎协定》第 6 条第 3 款规定：使用国际转让的减缓成果来实现本协议下的国家自主贡献，应是自愿的，并得到参加的缔约方的允许的。日本利用这一条款来备书其 JCM 制度的合法性和合规性。在巴黎气候大会上，安倍指出：先进的低碳技术对于广大发展中国家来说难以预料何时能收回投资成本，日本将通过实施 JCM 机制来减轻发展中国家

---

① 「地球温暖化对策计画」（2016 年 5 月 13 日阁议决定）。

② 按缔约顺序为：蒙古、孟加拉国、埃塞俄比亚、肯尼亚、马尔代夫、越南、老挝、印度尼西亚、哥斯达黎加、帕劳、柬埔寨、墨西哥、沙特、智利、缅甸、泰国等 16 个国家。

图4　日本企业温室气体自愿减排的机制、成效与问题

负担，帮助发展中国家普及利用低碳技术。[1] 日本政府表示，JCM 不会作为日本实现温室气体减排目标的基础，但其所取得的减排量或吸收量应当作为日本的减排贡献。[2] 日本计划通过实施政府的 JCM 项目，到 2030 年可实现减排5000 万至 1 亿 t-CO_2。[3] 同时，将充分发挥民间的积极性，到 2020 年累计可创造 1 万亿日元的市场规模。[4] 因此，日本的真实意图在于以环境技术"减排贡献"取代"减排目标"，并希望借此机制让日本低碳技术和产品输出至合作伙伴国家，更可让日本有效地通过国际机制实现减排目标。

总体上来说，日本在减排措施上的思路主要依靠政策法令、技术体系、自愿行动等，运用市场机制的成分颇为有限。因此，温室气体排放权交易制度采用以"企业自愿"与"政府补贴"为主，而不采取强制性的管制机制，在政府补贴引导下，更多鼓励企业自愿开展减排行动，并参与国内外温室气体排放权交易。

三、企业自愿减排机制的成效、问题与评价

自愿减排行动（Voluntary Approach）是一项超越法律约束而承诺采取行为改善环境的措施。自愿减排行动在理论上可以划分为三种类型：其一谈判协定（Negotiated Agreements）。是指政府与企业或行业团体间通过谈判达成协议，由企业自愿参加政府主导的减排行动来实现减排目标的一种方式；其二公共项目（Public Voluntary Schemes）。是指政府机构发出倡议或制定标准，要求相关企业参加，并对减排落实情况进行检查和评估；其三单方行动（Unilateral Commitments）。企业和团体自发发起的自愿减排行动，由于减排目标和规则全部自主确定，一般由第三方评价机构对减排情况进行审议。日本经团联的自愿减排行动计划从形式上来看应当属于第三类，但从内容上来看则兼有第一类和第二类的部分属性，因此它是一种混合型的自愿减排模式。

---

① COP21 首脑会合安倍総理スピーチ（2015 年 11 月 30 日）。
② 「日本の約束草案」（2015 年 7 月 17 日地球温暖化対策推進本部決定）。
③ 「地球温暖化対策計画」（2016 年 5 月 13 日閣議決定）。
④ 「日本再興戦略 2016 」（2016 年 6 月 2 日閣議決定）。

1. 主要成效

企业自愿减排行动并非日本特有的机制，欧洲在 20 世纪 90 年代曾盛行一时。法国、意大利、英国等均存在着各类形式的自愿减排机制，其中荷兰、比利时、丹麦、瑞典等国家的企业自愿减排行动最为活跃。欧盟委员会对于自愿减排行动的成效评价方法有以下几个方面：①经济性：政策直接管理的行政费用和企业自愿行动的对比；②代表性：参加自愿减排行动的行业或企业的覆盖率；③减排目标：必须明确量化目标和实施期限；④公开性：相关信息必须公开；⑤透明性：审核系统是否由第三方认证或政府参与；⑥可持续性：目标是否与经济社会发展的可持续目标一致；⑦政策的一致性：现有的法规或税收等相关政策是否与实施自愿减排行动有抵触。[①] 日本自愿减排机制所取得的成效主要有以下几个方面：

第一，从实际减排成效来看，如图 4 所示，2008 年至 2012 年《京都议定

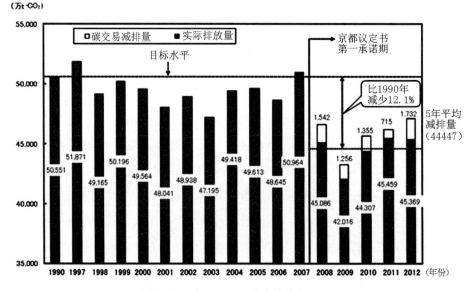

图 4　工业和能源 34 个行业 CO_2 减排量的变化（1990—2012）

---

① COMMISSION OF THE EUROPEAN COMMUNITIES, Environmental Agreements at Community Level Within the Framework of the Action Plan on the Simplification and Improvement of the Regulatory Environment, COM（2002）412 final, 17. 7. 2002.

书》第一承诺期内，工业和能源领域的 34 个行业自愿减排行动计划取得了减少 6104 万 t-CO$_2$的成果，年平均排放量为 44447 万 t-CO$_2$（含碳抵消），比 1990 年的 50551 万 t-CO$_2$减少了 12.1%（含碳抵消），不含碳抵消实现减排 9.5%。[1] 34 个行业中 22 个行业都比 1990 年度减少了排放，大大超过了经团联的统一目标。据经团联最新的 2015 年度低碳社会实行计划审查报告，2014 年度各行业排放结果如下：31 个工业部门排放量为 39110 万 t-CO$_2$，3 个能源转换部门排放量为 8241 万 t-CO$_2$，11 个商业服务行业排放量为 1594 万 t-CO$_2$，5 个交通运输行业为 12038 万 t-CO$_2$，分别比 2013 年度减少了 1.3%，7.3%、1.2%和 1.6%。[2]

第二，从节能成效来看。为应对石油危机，日本大力推行节能政策，如图 5 所示，从 1973 年至 1997 年，日本单位 GDP 能耗提高了 33%，从 1997 年到 2012 年单位 GDP 能耗又提高了 20%左右，成为世界能效最高水平的国家之一。如表 7 所示，以 1997 年能源强度以及二氧化碳排放为基准，2008—2012 年度各行业的能源强度、能源消费量、CO$_2$排放强度、CO$_2$排放量四项指标见

（换算为石油，百万吨/万亿日元）

图 5　日本单位 GDP 一次能源能耗（1973—2012）

资料来源：日本综合能源统计。

① 「環境自主行動計画〈温暖化対策編〉総括評価報告」、2013 年 11 月 19 日。
② 「低炭素社会実行計画 2015 年度フォローアップ結果総括編」、2016 年 3 月 15 日。

表 2，其中产业和能源转换部门的 34 个行业的平均目标是下降 10%（0.9），而实际则下降了 17%（0.83）。

表 7　各行业代表能源强度、能源消费量、CO_2 排放强度、CO_2 排放量（2008—2012）

	能源强度	能源消费量	CO_2 排放强度	CO_2 排放量
电力行业联合会	0.96	0.96	［0.91］ 1.05（1.04）	1.05（1.04）
石油联盟	［0.95］ 0.92	0.92	0.92（0.92）	0.92（0.92）
日本天然气协会	0.21	0.21	［0.20］ 0.21（0.19）	［0.20］ 0.21（0.19）
日本钢铁联盟	0.84	［0.85］ 0.84	0.85（0.84）	0.85（0.84）
日本化学工业协会	［0.93］ （0.90）	0.90	0.92（0.87）	0.92（0.87）
日本造纸联合会	［0.84］ （0.79）	0.79	0.83（0.81）	0.83（0.81）
日本水泥协会	［1.00］ （1.00）	1.00	1.03（1.02）	1.03（1.02）
电机电子四团体	0.71	0.71	［0.83］ 0.86（0.76）	0.86（0.76）
日本汽车工业会、日本汽车车体工业会	0.66	0.66	0.72（0.67）	［0.84］ 0.72（0.67）

作者注：［　］内为目标值，（　）内为含碳信用抵消值。

资料来源：日本地球环境产业技术研究机构（RITE）分析结果。

　　第三，从代表性来看，如图 6 所示，以 2012 年工业和能源领域排放量 50535 万 $t\text{-}CO_2$ 为基准，参加"环境自主行动计划"的工业和能源领域行业排放量为 42307 万 $t\text{-}CO_2$，占全行业排放量的 84%；参加"低碳社会实行计划 I（2020 目标）"的工业和能源领域行业排放量为 38301 万 $t\text{-}CO_2$，占全行业排放量的 76%；参加"低碳社会实行计划 II（2030 目标）"的工业和能源领域行业排放量为 42005 万 t-CO₂，占全行业排放量的 83%；商业服务行业和交通运输行业参与计划的覆盖率如图 8 所示。[①]

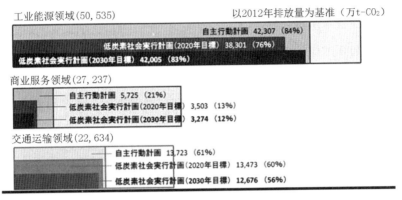

工业能源领域(50,535)　　　　　　　　以2012年排放量为基准（万t-CO₂）
自主行动计画 42,307（84%）
低炭素社会实行计画(2020年目标) 38,301（76%）
低炭素社会实行计画(2030年目标) 42,005（83%）

商业服务领域(27,237)
自主行动计画 5,725（21%）
低炭素社会实行计画(2020年目标) 3,503（13%）
低炭素社会实行计画(2030年目标) 3,274（12%）

交通运输领域(22,634)
自主行动计画 13,723（61%）
低炭素社会实行计画(2020年目标) 13,473（60%）
低炭素社会实行计画(2030年目标) 12,676（56%）

图 6　"环境自主行动计划"与"低碳社会实行计划"（Ⅰ、Ⅱ）行业覆盖率

资料来源：经产省资料（截至 2015 年 7 月 17 日）。

第四，从目标的设定和完成情况来看，可从以下几个方面观察。

①关于统一总目标：1997 年 6 月自主行动计划发表之初的经团联的统一总目标是，到 2010 年工业和能源的二氧化碳排放控制在 1990 年的水平，《京都议定书》生效后，期限从 2006 年度开始调整为与《京都议定书》第一承诺期相一致。自愿行动计划承认，依靠自身努力无法完成目标时，企业可以利用国内碳信用机制和京都市场机制实现减排目标。

②关于目标妥当性：参加计划的各企业根据其不同的行业和业态，可从 CO_2 排放量、CO_2 排放强度、能源消费量、能源消费强度四个指标中任选一个最适合自身企业特点指标作为减排目标。但必须说明采用目标指标的理由和目标设定的理由，以提高目标的透明性。

③关于目标的调整变更：自主行动计划规定，预定目标完成后须制定更高的新目标。2007 年度有 23 个行业，2008 年度有 6 个行业，2009 年度有 5 个行业，2010 年度有 5 个行业，累计 39 个行业在实施过程中提高了设定的预定目标[②]。

---

① 経産省産業技術環境局「地球環境問題対策」、2015 年 12 月。
② 「環境自主行動計画〈温暖化対策編〉2013 年度フォローアップ結果」、2013 年 11 月 19 日。

④关于目标设定的基线：设定目标须一条基准线，一般多采用 BAU 情景为基线，即采用各行业的世界平均水平。由于日本本身能效已具有世界较高水平，尤其是日本在火力发电、钢铁、水泥、化工、石化行业处于世界领先水平。因此，以日本国内各行业的数据为基础，以 1997 年为基准年划定基准线是较为客观公正的做法。还有一种是 BAT 基线法，即以最优的可行技术为前提制定目标计划，这是经团联所倡导推广的方法。

⑤关于目标完成率：如图 7 所示，参加政府审查的 114 个行业中有 84 个行业达到了既定目标，经产省所管辖的 41 个行业中有 34 个行业完成了既定目标。目标完成率 100%—150% 的行业有 52 个，其中经产省所管辖的行业有 23 个。[①] 2008—2012 年经产省所管辖的 41 个行业中，按实际排放量计算有 28 个行业完成了目标，利用京都机制碳抵消后有 34 个行业完成了目标，按电力固定排放系数计算则有 36 个行业完成了目标。[②] 2013 年经产省和环境省所管辖的 44 个行业中，有 22 个行业超过了 2020 年的削减目标。[③] 由此可见，目标设定过低是机制存在的一个通病。

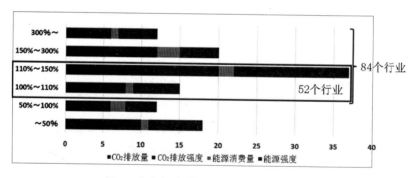

图7　自主行动计划目标和指标完成情况

资料来源：「自主行動計画の総括的な評価に係る検討会とりまとめ」(2014)。

第五，从提高计划的透明性、实效性和可靠性来看。经团联公布环境自主行动计划的第二年，即 1997 年开始每年就对实施情况进行追踪调查。从 1998 年开始政府建立了每年评估机制以审查目标完成情况，并调整相应措施以保证

---

①　「自主行動計画の総括的な評価に係る検討会とりまとめ」、2014 年 4 月。
②　「2013 年度自主行動計画評価・検証結果及び今後の課題等」、2014 年 7 月 9 日。
③　「2014 年度低炭素社会実行計画評価・検証結果及び今後の課題等」、2015 年 11 月 18 日。

目标实现。根据 2002 年新大纲的意见，7 月 23 日经团联又设立了第三方评价委员会，对实施情况进行审查。根据《〈京都议定书〉目标达成计划》(2008)，产业部门 50 个行业，业务部门 32 个行业，运输部门 17 个行业以及能源转换部门 4 个行业制定了量化目标，全部接受了政府部门对实施情况的审核。2012 年 7 月，"低碳社会实行计划"颁布后，为进一步提高计划执行的透明性和可靠性，也设立了第三方评价委员会。

2. 主要问题

OECD 组织的研究报告对自愿减排行动成效持怀疑态度，报告指出尽管很多自愿减排行动计划和目标都如期实现了，但其真正对环境做出的贡献并不多，经济效率性不高。[①] 2014 年 IPCC 第 5 次评价报告则对自愿减排行动予以高度评价，认为自愿减排行动是不仅是有效的，而且是成本较低的一种方式，通过自愿减排行动，可以取得互相学习经验和共享发展机会。但要提升这一方式的效果，政府参与审查的环节非常重要。

自愿减排行动对于改善环境的有效性主要取决于以下几个基本要素：①设定可比较的减排目标；②目标可进行量化；③审查机制的完善性；④不遵守的惩罚措施。[②] 根据这四个要素考察日本经团联主导的自愿减排行动，①、②项部分符合，减排目标可有碳排放量、碳排放强度、能源消费量、能源强度等四项指标供选择，但由于各行业可根据自己不同的产业特性和技术情况选择最为适合的目标指标，因此不具备可比性；第③项符合，设立了第三方评价委员会和政府审议会等审核机制；第④项则完全不符合。从实际情况来看，日本自愿减排行动主要存在以下几个问题：

第一，计划实效难以确保。最近频频爆料出钢铁、火电、汽车企业篡改排放数据的乱象，表明无论政府部门如何进行严格审核，还难以完全保证企业环境年报所披露数据信息的真实性。而且，尚有很多办公事务场所的燃料消费量和二氧化碳排放量未能及及时公开，难以保证计划实施的透明性和实效性。因

---

① OECD, Voluntary Approaches for Environmental Policy: Effectiveness, Efficiency and Usage in Policy Mixes, OECD, 2003, pp. 13–14.

② Ibid., p. 62.

此，如何健全和完善第三方监督机构的审查机制是保障计划成效的基础。

第二，目标水平偏低的问题。企业减排目标至多是在标准情景下进行削减，即 BAU 基准减排，如果严格执行现行节能法关于能源强度年均须低减 1% 的规定，其结果会远高于企业自愿减排行动计划的目标。再加上还有很多行业尚未制定到 2030 年的目标和计划，已经制定完毕的减排目标，实际也未能满足《巴黎协定》实现 1.5—2℃ 目标的精神。由于自愿减排方式完全自主确定温室气体减排目标，毕竟是企业的自主计划，所设定的目标往往以企业自身利益为本位，如上所述设定的减排目标多为偏低。而且又不无任何惩罚性措施。因此，如何提高目标水平，采取相关处罚措施尤其重要。

第三，目标指标不统一的问题。企业选择 BAU 情景为基线的削减目标，行业之间节能减排成效就很难进行客观比较，同时还存在着基准年的不统一，缺少时间上的连贯性，减排目标管理水分很大等问题。发电行业"直接排放"与"间接排放"统计口径不同，其结果相差甚远。目前经团联采用"间接排放"统计，发电排放量转嫁给终端用户，工业和能源领域参加计划的行业排放量若按此口径统计，1990 年基准年为 44207 万 t-CO$_2$，2010 年为 41555 万 t-CO$_2$，2010 年比基准年减少了 6.0%。但若按国际通用的"直接排放"统计，1990 年基准年为 50584 万 t-CO$_2$，2010 年则为 69500 万 t-CO$_2$，2010 年比基准年增加了 10%。[①]

第四，企业减排意愿不强的问题。自愿减排行动还有相当多行业未能完成自主设定的目标，或者说根本无法完成的。根据资源能源厅 2015 年 12 月公布的"基于能源使用合理法标准指标执行情况报告"，企业达到规定标准最高比例的行业仅为 30% 左右，最低的钢铁业则为零。由此可见，仅依靠自愿行动难以保障其采用最优化的对策和技术。而且还助长了不参加自愿减排行动的企业"搭便车"。如果"搭便车"的企业增多，不仅无法完成设定的减排目标，从公平性来说也有损自主减排行动的效果。

第五，弱化政府施政力度。自愿减排机制难以取代碳排放交易和环境税，由于经团联的以自愿减排机制为由反对政府采取行政减排管制、征收环境税、

---

① 気候ネットワーク「日本経団連環境自主行動計画の評価」、2012 年 11 月。

实行碳排放权交易制度等多管齐下的政策措施，延缓了具有法律拘束力的管制性措施和其他具有实效性政策措施的实施，自主目标未完成部分或超过完成目标部分，都无法利用其他政策手段覆盖。

尽管如此，日本政府一如既往将自愿减排行动计划纳入整个应对气候变化的国家政策，在《全球变暖对策推进大纲》《〈京都议定书〉目标达成计划》《全球变暖对策计划》等国家应对气候政策的纲领性文件中，日本都将企业自愿减排行动列为政府应对气候变化的主要措施之一。日本政府新出台的《全球变暖对策计划》提出了"要采取各项政策措施全面推进全球变暖对策"的方针，包括行政控制、经济手段、自主方式、信息公开等。而实际上，政府几乎没有直接管制企业排放的强制性政策措施，主要依赖企业的自愿减排行动。另外，经团联实施企业自愿减排机制的动机其实更多地着眼于企业自身风险的考量，为逃避政府过严的管制政策，防止政府出台对企业发展不利的减排政策法规，这一机制的实质是主动换取政府不过多强制干涉的一种对策。因此，尽管自愿减排是国家减排施策的重要组成部分，但不可以越俎代庖，本应作为控制工业和发电企业排放大户的国家减排政策完全沦为产业界自愿减排行动计划还是问题多多。

3. 借鉴和启示

尽管日本企业自愿减排行动计划改善的余地还很大，并且存在上述所列举的种种问题。但从日本的实践来看，企业自愿减排行动不失为一种减排机制的创新。众所周知，《巴黎协定》改变了《京都议定书》"自上而下"的模式，而采取"自下而上"模式促进全球减排，各国提出国家自主贡献目标，不再强制性分配温室气体减排量，并设置了每5年定期盘点机制，以总结协定的执行情况，要求各国每5年更新一次国家自主贡献，根据国情逐步提高国家自主贡献，尽最大可能地减排。自愿减排行动也采用的"自下而上"方式，由各行业自主设定减排目标，通过定期检验提高实效。所不同的一个是国际社会的国家层面，一个是国内体制下的企业层面。

因此，采用自愿减排机制还是有很多优点。通过协商加深政府与企业间对环境问题和减排共同责任的相互理解；企业可以根据自身状况选择有效的解决方案，并实现减排目标，从而减少行政管理成本；减排行动比法律规定更快速更容易实施；行业协会共同协调采取措施，容易广泛普及和实践。而且，对于政企官民合作关系紧密的国家来说政策效果更佳。像我们这样排放大户几乎为国企垄断的国家，实行企业自愿减排机制具有能更好发挥其作用和功效的条件，而且建立这一机制与即将开启的全国统一碳交易市场接轨，对于实现《巴黎协定》的国家自主贡献目标具有重要的意义。

第一，自愿减排机制首先要有一个务实的目标和计划。日本国家减排目标的依据是各个行业和各个领域量化减排目标的加总，经团联自愿减排行动计划目标的依据也是源于各个企业实施的量化减排计划，目标完全是采取自下而上的方式精算出来的。近年来，我国从中央到地方高度重视应对气候变化和节能减排工作，各类应对气候变化的政策措施、减排计划和行动方案层出不穷，但若光注重顶层设计无疑是空中楼阁不会产生任何实效，减排目标没有自下而上的量化指标支撑，就缺乏完成目标的坚实基础。因此，除了从国家到地方各层级的纵向目标外，我们应更多重视各行业的横向目标，要充分发挥行业协会在节能减排上的自律作用，根据现实性和可行性从各个企业做起，制定出科学而行之有效的减排目标和计划，并为引导各个企业参加自愿减排行动创造良好的政策环境。

第二，健全检查审核程序和机制是完成减排目标的保障。日本自愿减排行动计划的审核机制有三道墙，第一道是自检。首先企业自身要报告减排目标执行情况，经团联每年对参与企业计划的落实情况进行跟踪检查；第二道是第三方机构审核。经团联邀请业内专家学者组成第三方评价委员会对参与企业计划的执行情况进行评估和审核；第三道是政府审议。经产省和环境省等各个有关政府部门每年定期对各自管辖行业计划的执行情况进行评估和审议。计划所推行的 PDCA 模式促进了计划的透明性、公正性和实效性，有力地推动了减排目标的实现。对我国来说，要实现各层级、各行业的减排目标，首先必须定期向全社会发布和公开各行业各企业的排放数据，"三可原则"是绕不过去的，必须经由第三方机构进行公开和公正地评估和审核。因此，如何建立排放信息披露机制以及引进第三方认证审查机构检查审核减排实效是一个重要的课题。

第三，创新碳排放权交易体系是实现减排的重要杠杆。近年来碳排放交易体系先天不足的弊端已在的欧洲、北美市场中显现，但这只不过是日本经团联利用其反对碳排放交易体系的挡箭牌而已。强制性全国统一碳交易制度未能在日本推开的真正原因，还是环境省、经产省和企业界三方利益博弈的结果。纵然有排放成本过高，减排空间有限等客观理由，但更多的是防止国内财富外流，保障国内产业竞争力的考量。尽管如此，日本在国内和国际机制上一直没有放弃探索适合自身国情的交易制度和交易方式，例如，如何让自愿减排行动与碳市场交易进行良性互动，如何让技术贡献与减排量挂钩而获得国际认同，如何打通欧美国家共同建立国际区域碳市场等。同样，我国在 2017 年全面建成全国统一碳市场之际也面临诸多需要解决的课题，需要认真学习和借鉴国外碳市场发展的经验和教训，根据国情完善国内碳市场交易制度，运用巴黎协议条款创新交易规则，在"一带一路"战略的指引下，早日筹划建立国际共同碳市场。

第四，掌握未来减排主导权的关键是技术创新。日本应对气候变化的战略越来越重视技术的作用和贡献，因为仅仅依靠传统的四大法宝减排空间甚小，很难完成《巴黎协定》的自主贡献目标。因此，巴黎气候大会之后，经团联认为应对气候变化的关键是技术，提出推广利用最优可行技术（BAT），开发低碳创新技术和产品，推动低碳实用技术的国际化，推动 PDCA 模式切实完成减排目标的方针。因此，日本今后减排对策重点将聚焦在技术创新上。从目前来看，由于我国与日本相比能效水平尚有很大的差距，实现减排目标的推广节能和利用清洁能源两大政策工具仍有很大的运作空间，但迟早会出现"政策饱和"状态。从未来发展来看，哪个国家拥有最先进的节能减排技术哪个国家就在国际上具有产业竞争力，在应对气候政策上拥有话语权。因此，要实现《巴黎协定》的目标最重要的是建立适合创新的机制。

B.5

碳交易制度最佳设计分析与
台湾排放总量制定规划

李坚明①

摘 要:

全球已有超过 60 个国家或地区实施或规划实施碳价机制，显示碳价机制已成为各国重要的气候政策工具，然而，各国制度设计各异其趣，此外，实施以来，也面临不少问题，例如排放总量上限如何决定问题？碳权核配如何降低产业碳风险与碳泄漏问题？如何稳定碳价波动问题？如何公允揭示碳交易会计问题？及如何防制碳交易诈欺犯罪问题？等，即成为最佳碳交易制度设计应思考问题。因此，本文主要目的在于列举碳交易制度最佳设计的思考点，并以如何决定国家排放总量上限（cap）为例，参考《联合国气候变化框架公约》第三条之国家温室气体减量目标量化（Quantity Emissions Limitation and Reduction Objectives, QELROs）管理机制规划精神，规划符合成本有效的台湾温室气体排放总量，作为排放权核配依据。

关键词:

碳市场 碳交易制度 排放权 核配成本有效性

---

① 李坚明，台北大学自然资源与环境管理研究所副教授，新北市 23741 三峡区大学路 151 号。本研究感谢国科会补助研究经费，国科会计划编号：NSC101-3113-P-004-001。

1. 引言

世界银行（World Bank，2016）最新报告指出，全球合计有 40 个国家及有 23 个次国家实施碳定价机制（carbon pricing mechanism）[①]，合计纳管约 70 亿吨二氧化碳（CO_2），约占全球 13% 二氧化碳排放量，总市场价值约 500 亿美元。欧盟 2005 年启动碳交易制度，是目前全球最大碳交易市场，且已成功减排 8%（EU，2013），[②] 日本东京都是全球首例城市碳交易制度，自 2010 年实施两年碳交易以来，减排更惊人，达到 23%（Bureau of Environment of Tokyo Metropolitan Government，2013），[③] 已接近 25% 减排目标。[④] 展望 2017 年，中国大陆将实施全国性碳交易制度，届时，全球纳管的二氧化碳排放量将超过 100 亿吨二氧化碳排放量，约占全球总排放量的 25%，总价值将增加至 1000 亿美元。由此可知，碳定价机制（特别是碳交易制度）已成为全球因应全球暖化，控制温室气体排放的最成本有效（cost effectiveness）工具。

然而，碳市场发展亦受到诸多挑战，例如全球金融风暴及欧债问题影响，碳价由 2008 年约 30 美元/吨 CO_2e，下滑至低于 2016 年之 5 美元/吨 CO_2e，丧失碳价讯号功能，引起全球对碳交易制度的怀疑与检讨浪声。欧盟第三阶段（2013—2020）以效率标杆（benchmark）搭配拍卖（auction）核配制度，引起欧盟产业界担心碳风险（carbon risk）[⑤]　及碳泄漏（carbon

---

[①]　所谓碳价机制包括碳税与碳交易制度。

[②]　依据欧盟的最新报告（EU，2013，）纳管于交易制度的大排放源，至 2010 年已成功减排超过 8%（相较于 2005 年排放量）。

[③]　Bureau of Environment of Tokyo Metropolitan Government（2013），*The Tokyo Cap and Trade Program Achieved 23% Reduction in 2rd year.*

[④]　依据日本东京都政府的规划，至 2025 年（目标年）要减排 25%（相较于 2005 年）。

[⑤]　依据欧盟排放交易指令的定义，碳风险值等于温室气体防制成本（直接排放成本）、电力成本（间接排放成本）及排放权购买成本之和与厂商的附加价值之占比衡量之（EU，2009）。该成本减信是由 Titenberg（1985）所定义的遵行成本（compliance cost）（包括防制成本与排放权购买成本）转换而来。

leakage）① 问题，可知，适当的碳权核配机制，亦是影响碳交易制度的核心。此外，碳交易的诈欺与犯罪行为也层出不穷，已引起国际刑警组织（Interpol，2013）的注意，并提出"碳交易犯罪指引"（Guide to Carbon Trading Crime，2013），提供全球碳交易制度设计与管理之参考。由此可知，现行交易制度的设计仍存在诸多问题，如何透过"做中学"（learning by doing），从现行经验中，修正相关制度设计，即成为碳交易制度推动国家所关心的课题。

一般而言，排放交易制度运行涵盖下列五项重要机制：（1）总量管制（或减量）目标与期程的确立机制；（2）可允许排放总量的分配机制；（3）业者的行为反应机制；（4）排放交易市场机制；（5）行政管理与监测机制（黄宗煌、李坚明，2001）。其中，总量管制目标是整体碳交易制度设计的源头，不但攸关国家长期减量目标是否达成？部门温室气体减量是否成本有效性？碳价格讯号是否失灵？及是否提高减量投资的不确定性？等问题，同时，也影响其他四项机制运行与设计，从而，决定整体碳交易制度的成败。由此可知，如何建立一套适当的国家与部门温室气体总量决定及量化管理机制，即成碳交易制度最佳设计的核心课题。然而，观察全球目前在国家及部门总量上限的决定上，缺乏与国家长期减量目标连动机制，及缺乏考虑部门减量技术与潜力因子等问题，导致碳交易制度成本有效性的丧失。

综合上文，本文主要目的在于分析碳交易制度最佳设计的思考点，并以国家排放总量上限（cap）决定为例，参考《联合国气候变化框架公约》（*United Nations Framework Convention on Climate Change*，UNFCCC）第三条之国家温室气体减量目标量化（Quantity Emissions Limitation and Reduction Objectives，QELROs）管理机制规划精神，规划符合成本有效的国家温室气体排放总量，提供国家总量管制与排放权分配量规划参考依据。本文在内容安排如下：第一节为前言与背景分析；第二节为国际碳交易制度设计经验与做法；第三节为国

---

① 碳泄漏主要来自两管道：（1）竞争力管道（competitiveness channel）：具减量承诺国家（附件一国家）之能源密集产业的市场份额移转至没有减量承诺国家（非附件一国家）的产业；（2）能源管道（energy channel）：具减量承诺国家（附件一国家）节约能源，降低能源需求与能源价格，结果造成没有减量承诺国家（非附件一国家）的产业之能源消费增加，增加温室气体排放。（OECD，2010；Kuik and Hofkers，2010）并以国外温室气体排放增加占本国温室气体排放减量比值衡量之。（Directive 2009/29/EC）

家减量目标量化机制之观念与发展；第四节建立国家与部门总量上限决定机制；第四节本文结语。

2. 国际现行碳交易制度设计内容与比较

2.1 国际先进国家排放交易制度设计内容

碳交易制度已成为各国的重要温室气体减量政策工具，主要透过温室气体总量管制，创造碳权的稀少性，再借由交易市场，形成碳价讯号，进而，激励减排技术研发与创造，达到成本有效性（cost effectiveness）[①] 及节能科技发展。鉴此，归纳整体排放交易制度设计，涉及如下九大议题：

（1）建立碳交易制度法源

在法制国家，政府依法行政，因此，推动交易制度需要有法源依据。以欧盟交易制度为例，2003 年的排放交易指令（Directive 2003/87/EC），及 2004 年监测与申报指引（Monitoring and Reporting Guideline）等，作为推动欧盟第一与第二阶段碳交易制度的法源。

（2）制定排放上限（或总量目标）与遵行期（实施期程）

各国政府将依据其在国际公约（例如《京都议定书》或《巴黎协议》）承诺目标，抑或国家气候政策，订定温室气体减量（或排放上限）目标。减量目标区分绝对量与相对量两类型，前者如《京都议定书》（*Kyoto Protocol*, KP）要求所有附件一（annex 1）国家于 2012 年温室气体排放量平均减排 5.2%（相较于 1990 年），后者如中国大陆依据《巴黎协议》（*Paris Agreement*, 2015）提交之"国家自定预期减排贡献"（Intended Nationally Determined Contributions, INDCs）提交之承诺 2030 年减排温室气体密集度（intensity）60—65% 目标（相较于 2005 年）。

表 1 显示，现行实施碳交易制度国家，合计约纳入 40%—50% 的国家总温室气体排放量。而实施期程，亦配合京都议定书第一减量承诺期程，将目标年

[①] 所谓成本有效性，系指以最低成本达到既定环境目标。

设定为 2020 年，易言之，平均以十年为实施期程，且大约每五年订为一个遵行期，进行检讨与排放权重新再分配之参考依据。

（3）涵盖温室气体（或污染物）种类

依据联合国气候变化纲要公约的规定，温室气体种类包括二氧化碳（CO_2）、甲烷（CH_4）、氧化亚氮（N_2O）、六氟化硫（SF_6）、氢氟碳化物（HFC）全氟碳化物（PFC）及三氟化氮（NF_3）等七种。依据先进国家的做法，均依据七种温室气体的全球暖化潜势，再转换为每吨二氧化碳当量（tCO_2e），作为管理与交易的依据。

（4）纳管一定规模以上排放源（设备或厂商）

政府为有效管理温室气体排放，及降低执行成本，会选择一定规模以上的排放源。所谓一定规模包括设备装置容量（capacity）、能源消费量或温室气体排放量等形态。以排放量为例，先进国家主要以燃料燃烧及制程等直接排放为计算依据。基于此，先进国家之工业与能源部门的能源密集产业（包括钢铁业、水泥业、石化业、造纸业及纺织业、发电业及石油炼制上游业）等，均列为主要及优先纳管的对象。

（5）排放权核配方法选定

排放权核配是最核心与最敏感的课题，因此，均制定明确的核配办法。依据国际先进国家经验，核配实行无偿及有偿两类型，前者的常用核配方法包括溯往原则（grandfathering rule）[①] 及效率标杆（benchmark），[②] 后则以拍卖（auction）方式竞售给纳管排放源。

（6）完备温室气体盘查与登录制度

为确保排放源遵行总量管制目标，依据先进国家经验，对于纳管排放源的排放与交易等活动，均建立一套完备的可量测（Measurable）、可报告（Reportable）及可查证（Verifiable）的三可（MRV）机制。完备的三可制度，将是落实排放源温室气体排放量的盘查与登录制度的基石，亦是结算排放源是

---

① 所谓溯往原则是依据历史排放量，作为核配依据，欧盟第一与第二阶段交易制度即实行此种核配方法。

② 效率标杆则是制定一个标杆值，例如单位产量之二氧化碳排放量，再乘上排放源的产量，即可获得该排放源的核配量。

否遵行总量管制的主要依据。

表 1   全球碳市场发展现状

国家/地方	国家/地方	排放总量（MtCO$_2$e）	碳交易总管制量（MtCO$_2$e）	国际抵换	国内抵换	国际联结
已执行						
欧盟	国家	4,409	2,250（45%）[注2]	√	×	√（瑞士及澳洲）
瑞士	国家	57	3（10%）	√	×	√（欧盟）
哈萨克斯坦	国家	318	168（50%）	×	√	×
澳洲	国家	629	330（60%）	√	√	√（欧盟）
新西兰	国家	80	32（50%）	√	×	×
区域温室气体倡议（RGGI）	地方	419	83（20%）	×	√	×
美国加州	地方	448	163（35%）	√（双边）	√	√
加拿大魁北克	地方	83	23（30%）[注3]	√	√	√
日本东京都	地方	57	10（20%）	×	√	×
中国碳试点	地方	1,063[注4]	484[注5]			
北京市		100	50（50%）			
上海市		240	110（45%）			
天津市		130	78（60%）	×	√	×
重庆市		?	?			
深圳市		83	32（40%）			
广东省		510	214（40%）			
湖北省		?	?			
确定执行						
韩国	国家	647	388（60%）	×	√	×

续表

国家/地方	国家/地方	排放总量 （MtCO$_2$e）	碳交易 总管制量 （MtCO$_2$e）	国际抵换	国内抵换	国际连结
考虑执行						
中国	国家	?	?	×	√	×
日本	国家	?	?	√（双边）	×	×
乌克兰	国家	327	?	?	?	?
土耳其	国家	420	?	?	?	?
巴西	国家	1621	?	?	?	?
智利	国家	107	?	?	?	?

注1：√表示有推动；×"表示没有推动；? 表示未知。

注2：括号内资料表示碳交易总量管制占全国（或全市）总温室气体排放量占比。

注3：加拿大魁北克至2015年，纳入碳交易总量管制将提高至85%。

注4：不包括重庆市与湖北省温室气体排放量。

注5：不包括重庆市与湖北省碳交易总管制量。

资料来源：整理自 World Bank（2013），Mapping Carbon Pricing Initiatives…Developments and Prospects 2013。

（7）建立碳交易所（或平台）

交易平台是提供碳交易信息来源，亦是碳价创造的主要场所，借由碳价讯号，驱动买卖双方行动，是碳交易制度达到成本有效性的关键，及激励绿色技术创新的动力，可见交易平台的重要性。依据国际先进国家的经验，均透过一套公平及透明呈程序，许可或指定设立碳交易平台，承办碳交易业务。由于碳交易所涉及庞大利益，国际先进国家，同时，也建立一套监管机制，有效管理碳交易所。

（8）制定碳交易管理账户

碳交易业务相当繁杂，包括境内与跨国业务，因此，有效追踪碳权来源与流向，即成为非常重要工作。依据国际先进国家经验，需要建立碳交易管理账户。UNFCCC 为有效管理全球碳交易业务，已建立包括所有缔约国的国际交易账（International Transaction Log，ITL），欧盟则建立欧盟国际碳交易账（Community International Transaction Log，CITL）等。依据该账户可以作为结算排放源之排放权交易（trading）、移转（transfer）与缴回（surrender）排放权的管理账户。

（9）不履约处罚

为慑止排放源的不履约行为，依据国际先进国家经验，对于没有达到总量管制的排放源，将课以罚款，抑制排放源的违规行为。例如欧盟第二阶段规定每吨处以 100 欧元罚金，且将于下一阶段排放交易期间减少 1.3 倍核配量；台湾温室气体减量管理法则每吨处罚 1500 元新台币（相当于 50 美元/吨）。

2.2 国际先进国家排放交易制度设计比较

现行推动中且规模较大的碳交易制度，包括欧盟碳交易制度、美国加州及区域温室气体倡议（RGGI）及加拿大魁北克省碳市场等。由于不同市场均有其特殊的国情考虑，因此，透过制度比较，可以掌握上开四个交易制度的特色，作为碳交易制度规划之参考。

比较上述四个碳交易制度内容，如表 2 所示。由表 2 可以看出：

（1）电力与工业部门是主要碳交易部门，加州及魁北克纳入陆地运输，然而，欧盟确纳入空运。

（2）均制定明确减量目标与期程，且大多以 2020 年目标年，平均约以八年（2013—2020）时间达成。

（3）大多实行混合核配（免费与拍卖）方法，且设有拍卖价格下限。

（4）完整规范拍卖收入用途，提高拍卖收入的使用效率（用于环保事务）。

（5）抵换制度的多元性，大致上设有抵换上限，并规定抵换形态。

表2　国际著名碳交易制度设计比较

项　目	加州交易制度	RGGI	欧盟交易制度	魁北克碳市场
人口	38百万	41百万	500百万	8百万
GDP（美元）	1.9兆	23兆	16兆	3040亿
参与政府	加州	9个州	27个会员国，挪威、冰岛及列支敦士登	魁北克省
温室气体	六种	CO_2	CO_1，N_2O，PFCs	六种
涵盖部门	电力、工业及陆地运输	火力电厂	电力、工业及航空	电力、工业及陆地运输
排放门槛	25000tCO_2/年	25MW	20MW	25000tCO_2/年
减量目标	约17%（2020）低于2013年排放量	约10%（2018）低于2009年排放量	约21%（2020）低于2005年排放量	约20%（2020）低于1990年排放量
2013年核配量	162.8百万吨	165百万吨	2039百万吨	23.7百万吨
最高排放量与年度	394.5百万吨（2015）	171百万吨（2009）	2039百万吨（2013）	63.3百万吨（2015）
排放上限与年度	334.2百万吨（2020）	154百万吨（2018）	1643百万吨（2020）	51百万吨（2020）
核配方法	混合（免费与拍卖）	约90%拍卖	混合（免费与拍卖）（约占50%）	混合（免费与拍卖）
拍卖价格下限	10美元/吨（随通货膨胀率调升）	1.93美元/吨（消费者物价指数调升）	不设限	10美元/吨（随通货膨胀率调升）
抵换限制	8%上限	3.3%上限（碳市场价格调整）	不设限，2020年之后，考虑设限	8%上限
2013年抵换限制量（百万吨）	13	视碳市场价格	不设限	2.1

续表

项　目	加州交易制度	RGGI	欧盟交易制度	魁北克碳市场
抵换形态限制	森林及臭氧物质（ODS）	垃圾掩埋甲烷破坏、降低 SF_6 及农业甲烷管理等	CDM，JI，但LULUCF及HFC取得碳权除外	垃圾掩埋甲烷破坏及臭氧物质（ODS）等

资料来源：Center for Climate and Energy Solutions（2012），California Cap-and Trade Program Summary。

3. 现行碳交易制度实施问题与最佳制度设计考虑因素

虽然碳交易制度以其成本有效性，成为全球因应温室气体减量的重要政策工具，然而，自 2008 年全球实施碳交易制度以来，已呈现诸多问题，值得碳交易制度后进国家，思考最佳碳交易制度设计之参考。汇整碳交易制度相关问题，说明如下：

3.1 国家与部门排放量上限最适化问题

遵行期之碳排放量上限（cap）是碳交易制度实施的基础，影响整体交易制度成本有效性，然而，依据目前各国实施经验，大多数是政策决定，例如欧盟第一与第二阶段政策决定优先纳管工业与能源部门，因此，依据工业与能源部门的历史排放量，决定其遵行期的排放上限。上述排放量上限决定方法，缺乏部门减量技术与潜力的考虑，同时，也无法有效地与国家减量目标相链接，因此，现行国际先进国家排放量上限决定，仅是政策可行，然而，不会是政策最适与政策有效性。

依据《京都议定书》第三条，要求附件一国家制定量化管理温室气体减量目标（Quantified Emission Limitation or Reduction Objectives, QELROs)。① 透过 QELROs 可以国家与部门排放上限时径（time path)，作为国家与部门排放权核配依据。然而，检视目前各国做法，大部分国家并没有依据上述方法，决定国家与部门排放上限。因此，如何考虑部门间的减量能量及技术潜力，作为部门排放上限决定依据，同时，链接减量目标与期程，建立量化减量目标管理机制，有效追踪国家减量目标的落实程度，即成为最佳碳交易制度设计应思考的课题。

3.2 交易成本问题

依据科斯定理（Coase theorem)（1959)，财产权交易是在无交易成本的情况下，才可以透过交易双方的有效协商，达成社会最适的污染水平。在实务上，碳交易的交易成本不低，以清洁发展机制为例，包括盘查、确证及查证等程序，产生为数不赀的交易成本如表 3 所示。由表 3 可知，一个典型的清洁发展机制（Clean Development Mechanism, CDM)计划，其衍生的交易成本项目相当多，主要可以区分为两大类型成本，其一称为一次性成本（或称固定成本)，例如寻找买家、协商成本、协商、计划设计文件（Project Design Document, PDD)成本、确证成本以及登记成本，上述成本在典型的 CDM 计划中，仅需于第一年支付；另一类型成本为每年均须支付的成本（或称为变动成本)，诸如监测成本、行政成本、查验证成本以及调适金。表 3 显示，核证的温室减排量（Certified Emissions Reductions, CERs)的平均交易成本为 1.7 美元/吨 CO_2e。如果以现行的 CERs 价格，则已开发 CERs 的诱因，将导致交易市场为名存实亡的现象。

表 3 显示，PDD 及查验验证成本等，是最主要的交易成本，其中，PDD 及查验证成本与交易制度设计有关，因此，以制度设计而言，改善 PDD 与查验证成本即成为最佳碳交易制度设计应考虑的重要配套措施。

---

① 所谓 QELROs 系指为达到减量承诺目标，会员国平均可以排放的水平。依据 1/CMP. 7 决议，附件一国家应于 2012 年 5 月 1 日前，提交其 QELROs，提供特设工作小组在十七次会议审议，作为修正京都议定书附件 B 之参考。

表 3 单位 CER 平均交易成本推估

执行成本	平均成本	每单位 CER 平均成本
寻找卖家	19833	0. 107
协商成本	106450	0. 573
PDD 成本	56413	0. 304
确证成本	35575	0. 192
监测成本	10400	0. 056
查验证成本	51890	0. 279
登录成本	前 15000tCO$_2$e → USD 0. 1/tCO$_2$e；之后 USD0. 2 / tCO$_2$e；最高至 USD 350000。低于 15000 tCO$_2$e 不必支付	0. 192
调适金	2%的 CERs	0. 026
行政成本	前 15000CERs→ USD 0. 1/perCER；之后 USD0. 2/perCER。第一年的行政成本能够被登记成本扣抵	0. 192
单位成本	固定成本	1. 176
	变动成本	0. 553

注：1 欧元≒1. 3 美金（单位：美元）

资料来源：李坚明（2013）[1]。

3.3 排放权核配问题

排放权核配是确保交易制度效率与公平正义的基础，然而，目前执行的各种核配方案，均存在其优缺点，没有一个完美的核配方法。SijmJ. P. M. （2007）[2] 选择三种较重要的核配方法：包括（1）"溯往原则"（grandfathering）：

---

① Lee Chien - Ming, Chien - Yi Yeh（2013）, How to Achieve the GHG Pledge in Taiwan - An Assessment of Abatement Potential for Energy Investement, International Joint Conference on Changing Energy Law and Policy in Asia Region, National Tsing Hua University, Hsinchu, Taiwan.

② Sijm J. P. M, M. M. Berk, M. G. J. den Elzen, and R. A. van den Wijngaart（2007）, *Options for Post* -2012 *EU Burden Sharing and EU-ETS Allocation*, Energy Research Center of the Netherlands.

依历史排放量免费核配；（2）标杆原则（benchmarking）：依特定基准或特定投入、产出或技术之效率标准，免费核配排放权；（3）拍卖原则（auctioning）：排放源竞标排放权。并依据经济有效性、环境有效性、产业竞争力、政治与社会可接受性、可预期性、透明性、简单性、交易成本，以及公平性等九项准则，降低综合评估，评估结果见表4。由表4可知，虽然拍卖原则在产业竞争力与政治可接受性之评价较差，唯在经济效率与环境有效性等其他原则之评价均较佳，因此，综合评比的绩效相对最佳。但该评比系假设各评估准则具相同权重，若考虑权重差异，则可能出现不同结果。

表 4 不同调合方案比较

评估准则	绝对量调合	相对量调合	软性调合	不调合
成本有效性	++	++	++	++
环境有效性	++	+	0	0
动态效率	++	+	0	--
行政交易成本	--	--	--	0
厂商交易成本	+	0	--	--
政治接受度	--	+	+	--
竞争力扭曲（内部）	++	0	0	--
竞争力扭曲（外部）	--	0	0	++
考虑国情	--	0	0	++
公平性	++	0	0	--
综合评比	极佳	极佳	良	极差

注1："--"极差；"-"差；"0"中性；"+"良；"++"极佳。

注2：综合评比为本文整理。

资料来源：Sijm J. P. M. et. al.，（2007），*Options for Post－2012 EU Burden Sharing and EU-ETS Allocation*，Energy Research Center of the Netherlands.

综合上述分析可知，学理上，拍卖制度最佳，然而，实务上，各国作法则依其国情不同，各异其趣。例如 RGGI、美国加州、澳洲第一阶段（2012—2015）及欧盟第三阶段（2013—2020）均实行拍卖方式；然而，欧盟第一

（2005—2007）与第二阶段（2008—2012）、韩国及中国大陆碳试点的交易制度规划，则以免费核配为主。此外，在方法上，主要实行溯往原则（grandfathering rule）及效率标杆（benchmark）以现阶段来看，大部分国家以溯往原则核配，例如美国加州、RGGI、澳洲第一阶段、欧盟第一与第二阶段、韩国及中国碳试点城市等，目前仅有欧盟第三阶段实行效率标杆原则。

由于溯源免费核配将使得排放大户取得大量排放权，不符合正义，是受到最大诟病之处。至于效率标杆免费核配，则标杆订定不易，由于信息不对称，效率标杆往往订定太宽松，结果导致核配过量之问题。至于拍卖核配则会增加排放源的成本，特别是碳依赖度高的产业，将会冲击其市场竞争力，产生碳泄漏问题。

基于上述分析，考虑制度实施之初，政府与产业信息相当不对称，亦即政府不了解企业的技术水平，因此，不易订定效率标杆，同时，制度实施之初，容易冲击既存产业，因此，应给予适当补偿。因此，初期应以免费溯往核配较佳，而后，再逐步增加拍卖比例。待政府充分掌握纳管产业的减排技术水平，则可以效率标杆方式进行排放权核配。

3.4 碳价波动问题

透过碳市场的碳价讯号，激励节能与绿能科技发展及促进温室气体减量的成本有效性，这是碳市场的最重要功能。然而，全球碳市场受到诸多经济因素（如2008年全球金融风暴及2011年欧债问题等），及碳制度设计问题（如核配量过大及抵换量过多高等），产生碳价巨幅波动现象，例如碳价由2008年的30美元/吨CO_2e高峰，陡降至2015年的7美元/吨CO_2e。（International Monetary Fund，2016）[1]

低碳价已引起全球对碳市场功能产生怀疑，包括碳市场是否为有效的政策工具？以及碳市场是否可以促进长期低碳投资？因此，如何建立碳价稳定机制，即成为相当重要课题。目前国际上主要思考的方法包括：成立碳准备银行

---

[1] International Monetary Fund（2016），*After Paris: Fiscal, Macroeconomics and Financial Implication of Climate Change.*

（如 UNFCCC）、制定碳价上限与下限（如表 5 所示）及改变排放上限量（如欧盟及 RGGI）等，由于不同稳定机制均有其优劣势，因此，如何选择适当的碳价稳定机制，亦是最佳碳交易制度设计的重要考虑。

表 5　各国碳价稳定机制比较

碳定价机制	价格稳定机制	碳价
京都机制		
CDM	无	0.34 欧元
JI	无	0.17 欧元
国际碳交易	无	0.5 欧元
国家与区域碳交易制度		
欧盟	无，但已提出改善方案	3 欧元
加州	政府以每吨 10 美元再加上 5%通货膨胀率拍卖碳权	14 美元
哈萨克斯坦	无	无
新西兰	制定 25 纽币上限	0.85 美元
RGGI	初期调整可抵换比例，作为稳定价格机制，当市场碳价低于，降低可抵缓比例。未来将改变为限制排放权销售价格，例如 2014 年，每吨至少销售 4 美元；2015 年，每吨至少销售 6 美元；2016 年，每吨至少销售 8 美元；2017 年，每吨至少销售 10 美元	2 美元
魁北克	政府以每吨 10 美元再加上 5%通货膨胀率拍卖碳权	无
澳洲	2012—2015 年固定碳价（23 澳币），并随着时间以 2.5%通货膨胀率调整价格	24 美元
瑞士	无	19 美元

资料来源：World Bank（2013），*Mapping Carbon Pricing Initiatives*。

3.5 碳交易会计揭示问题

随着全球碳交易市场的快速发展，碳交易衍生的企业财务会计问题，将影响企业财务管理与投资决策，已逐渐受到国际财务会计组织的重视。美国是最早实施排放交易制度国家，[①] 因此，美国已建立一套排放交易会计准则，称为

---

① 美国从 20 世纪 70 年代依据清空法（Clean Air Act, CAA）启动排放交易制度。

图 5 碳交易制度最佳设计分析与台湾排放总量制定规划

"净额法"（Net Liability Approach，NBA）。晚近，国际财务报告解释委员会（International Financial Reporting Interpretations Commission，IFRIC）为配合欧盟推动的温室气体交易制度（European Emission Trading Scheme，EU-ETS），[①] 于2003年5月发布排放权（emission rights）的解释稿，并于2004年12月正式颁布 IFRIC3 公报，欧盟并于2005年1月开始实施该公报，然而，欧洲财务报告咨询小组（European Financial Reporting Advisory Group，EFRAG）指出 IFRIC3 会造成企业盈余波动，且过于复杂，无法反映企业真实财务绩效。基于此，IFRIC 于2005年6月，撤回该公报。

由于碳交易尚未构成企业主要的经济活动，因此，国际会计组织尚未针对碳会计给予明确规范，然而，碳会计所涉及的课题不少，如果没有予以说明清楚，将影响未来碳交易制度发展。依据 Austin（2009）指出，碳交易会计的优先说明清楚的课题包括：

3.5.1 政府免费核配之排放权，应如何分录其科目与公允价值？

初期政府可能会免费核配部分排放权，例如欧盟及韩国等，因此，企业免费取得的排放权，其取得之初的分录应如何登录？由于各国碳交易制度设计不同，例如排放权可以允许储存，且排放权需要缴回，因此，排放权取得之初，其分录科目应记为资产或负债，即是需要说明清楚问题。此外，企业虽然免费取得，然而，排放权有其市价，且价格随时变动，因此，其公允价值应如何及在何时登录？亦是另一个重要课题。

3.5.2 资产负债表如何认定排放额度购买？

企业为达到其总量排放上限，将透过碳权经营，至市场购买碳权，由于，购买的碳权是企业自己花钱购买，是否应与政府免费核配碳权分录相同，抑或应给予不同认定？这亦是碳会计面临的另一个问题。

3.5.3 取得之碳权是否应随着时间予以分期摊回（amortized）？

企业取得碳权的目的在于履行其总量管制义务，亦即碳权须要于次年缴回同等额度的排放权。易言之，企业取得碳权即制一种缴回准备，是否应该规定企业分期摊提碳权准备。

---

① 欧盟从2005年开始推动欧盟境内的碳交易制度。

3.5.4 取得之碳权是否应随着时间重估（revalued）其价值？

碳权价格随时间而变动，不同时间点的碳价均不相同，因此，不同时点取得的碳权，是否应予以重估以反映其公允价值？目前国际会计准则尚未制定明确指引。

3.5.5 如果初期免费取得的碳权已以公允价值分录，且被认定为递延所得（deferred income），应如何陈述其该递延所得？

所谓递延所得系指一笔收入尚未体现，依据传统财务会计之收入认定原则（revenue recognition principle），当该比收入取得时，始可认列其收入。因此，初期免费取得的排放权，即是一种递延所属，其收入应于核时认列与陈述。

3.5.6 如何分录企业碳排放之负债值？

在政府的总量管制制度下，企业碳排放可视为对政府的一种负债，因此，企业经盘查认定的排放量，应如何认列其公允的负债值？这也是碳交易会计的另一个重要课题。

3.5.7 远期契约（forward contract）的买卖，应如何分录？

现行国际碳市场商品与传统金融市场商品雷同，包括现货市场（spot market）、远期市场（forward market）、期货市场（future market）及选择权市场（option market）等，不同市场即代表不同商品交易契约，因此，其分录是否相同？如果不同，则应如何分录？

3.5.8 如何分录 CERs 投资与买卖？

CERs 为抵换商品，虽然可以一比一抵换政府核发的排放权，然而，CERs 完全由企业自行出资投资或买卖取得，其分录是否应与政府核配的排放权相同？如果不同，则应如何分录。

上述问题是碳交易会计问题是台湾实施交易制度之前，必须要建设的碳交易会计配套措施。然而，综观国际最新发展，全球尚未有一套全球遵行的国家财务报告准则[①]（International Financial Reporting Standard，IFRS），导致：（1）不

[①] 国际会计准则委员会（International Accounting Standards Committee，IASC），IASC 在 2001 年初改制为国际会计准则理事会（International Accounting Standards Board，IASB），目前是国际财务报道准则之发布机构，所发布之公报及解释一般常以 IFRSs 统称，内容包括 IASB 发布之公报及解释（分别以 IFRSs 以及 IFRICs 称之）。

图5　碳交易制度最佳设计分析与台湾排放总量制定规划

同解释：会计科目分录为所得（income）、费用（expense）、资产（asset）或负债（liabilities）；（2）无法适当反映碳权的公允价值等问题。

综合上述可知，由于碳交易会计揭示问题，是影响企业财务绩效与租税负担的计算依据，然而，国际尚未有一套准则，这是目前国际碳交易面临的严重潜在问题，倘若没有及早克服，终将影响碳交易制度发展。基于此，如何将碳交易纳入现行会计系统，并可真实反映碳交易的公允价值，即成为最佳碳交易制度设计的另一个重要课题。

3.6 碳交易诈欺与犯罪问题

随着碳交易衍生之碳金融商品市场规模愈来愈大，也逐渐发生层出不穷的诈欺与犯罪行为，已引起国际刑警组织（Interpol）的注意。依据国际刑警组织的调查（2013）发现，由于碳交易市场由于不易量化，加上市场规模愈来愈大，已逐渐吸引犯罪集团注意。再缺乏整合监督机制下，很容易出现交易与结算漏洞，而给予犯罪集团有机可趁。依据其统计（2013），从2008年至2009年间的18个月内，欧盟碳排放交易系统（ETS）多次成为诈骗交易的受害者，导致数个国家的税收短少近50亿欧元。欧盟刑警组织估计在某些国家，可能有高达九成的市场交易量是假造的。国际刑警组织（2013）[①] 归纳五项较常见的碳交易诈欺手法如下：

（1）借由操纵减碳量测方法，诈取更多碳权；

（2）出售虚假或属于别人的碳权；

（3）捏造不实之碳市场投资的环境或财务利益信息；

（4）借由碳市场金融法规漏洞，从事洗钱、证券欺诈或逃税等非法行为；

（5）借由计算机黑客或钓鱼手法，窃取个人碳权与个人资料。

鉴于上述犯罪手法，国际刑警组织（2013）也提出如下六点建议，提供各国政府参考：

（1）提高执行意识，借由举办相关研讨会，汇集监管机构与专家，分析碳市场的潜在犯罪行为与风险；

---

① Interpol（2013），*Guide to Carbon Trading Crime*，*Environmental Carbon Program.*

（2）建立与加强政府机构规范和监管碳市场能力；

（3）在设计碳交易平台时，应对执法与监管方式，提供必要法律措施，避免法律漏洞；并确保碳交易法规在不同司法管辖区间的一致性、适用性及可强制执行性；

（4）改善来自不同国家间的执法协调和沟通管道，并建立碳权交易信息共享机制；

（5）提高网络安全性，促进碳资产流通，及防止计算机黑客；

（6）提高碳市场及碳金融的透明度。

由于碳交易涉及跨产业与跨国业务，如果全球缺乏一套整合管理机制，以及制定有效吓阻机制，将造成买空卖空假象，导致政府取得错误信息，可能重创全球减量努力及政策规划，反而，加速恶化全球暖化现象。

本文整理与分析六项现行碳交易制度问题，作为最佳碳交易制度设计与配套措施之参考。以下，将以国家温室气体总量管制为例，分析如何规划国家最适温室气体排放总量，提供各国设计碳交易制度之参考。

4. 建立国家温室气体目标量化管理机制

4.1 QELROs 意义与计算

QELROs 系指附件一（annex I）国家目标年（例京都议定书目标年为2008—2012）之平均温室气体排放量低于基准年（base year）排放量的百分比，[①] 换言之，为减量承诺期间内，被允许的排放量。如果 QELROs 为 100，表示该国目标年，每一年均可排放与基准年相同的水平；如果 QELROs 高于100，表示该国目标年，每一年排放量均可高于基准年的排放水平；如果 QELRO 低于 100，表示该国在目标年，每一年排放量均需低于基准年的排放水平。

见图 1 可知，如果附件一国家之京都减排承诺为 5%，亦即排放量为基准

---

① 附件一国家系指气候变化纲要公约附件一所列国家，主要为工业化国家与经济转型国家。

图 5　碳交易制度最佳设计分析与台湾排放总量制定规划

年（1990 年）排放量的 95%，假设基准年排放量为 100 单位，则该附件一国家 QELROs = 95，则目标年间可排放的温室气体总量如□abcd 面积所示。

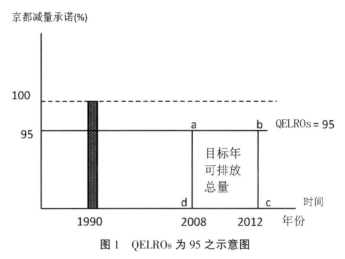

图 1　QELROs 为 95 之示意图

资料来源：UNFCCC（2010），*Issues relation to the transformation of pledges for emission reductions into quantified emission limitation and reduction objectives*。

依据前文，可以获得国家 QELROs 计算公式（请参阅 Simeonova and Gois，2011）[1]：

$$QELROs = mY_m + c, \tag{1}$$

$$m = \frac{E_s - E_e}{Y_s - Y_e}, \tag{2}$$

$$c = E_s - mY_s, \tag{3}$$

其中，Y_m 为遵行期的中间年，例如后京都遵行期为 2013—2020 年，因此，中间年即为 2017 年（中间的查核年）；Y_s 为排放量追踪管理的起始年，例如 2013 年；Y_e 为承诺期的最后一年，例如 2020 年；E_s 为排放追踪的起始年的排放量，例如 2013 年的排放量；E_e 为承诺期的最后一年的排放量，例如 2020 年的排放量；m 为排放时径曲线的斜率（slope），c 为排放时径曲线的截距（intersect）。

---

① Simeonova K. and Gois V.（2011），*Transforming Pledges into Quantified Emission Limitation or Reduction Objective（QELROs）*，Panama，UNFCCC Secretarit.

依据 QELROs 公式可知，影响 QELROs 的关键因子，包括起始年与目标年排放量、遵行期长度（包括起始年、中间查核年及目标年设定），据此，可以勾勒出排放时径斜率（m）。由此可知，排放时径斜率取决于减量技术（或潜力）等因以影响。

4.2 建立成本有效的减量目标量化管理机制

由于碳交易制度的实施，主要遂行国家减量目标的达成，因此，碳交易制度的总量设定与部门分配，将攸关国家达成减量目标的成本有效性。依据先进国家碳交易制度经验，皆设定阶段性总量目标，尔后，逐步达到目标年的总量目标。然而，大部分国家，在设定碳交易总量时，并没有完全考虑部门及国家减量技术与潜力，因此，恐将增加部门减量成本负担，及提升国家发展风险。

综合上述可知，透过 QELROs 可以获得国家阶段性排放总量上限，抑或碳预算（carbon budget），因此，可以作为部门排放权核配的参考依据。有关国家减量目标量化管理机制的建立，说明如下：

4.2.1 部门减量行为

部门为落实温室气体减量目标，将推动各项减量活动，假设 i 部门第 t 期的减量方程式如式（4）所示：

$$A_{it} = A_{i0}e^{a_{it}t}, \tag{4}$$

其中，A_{it} 为第 i 部门第 t 期总（或称累积）减量水平；A_{i0} 为第 i 部门初期（或第 0 期）的减量水平；a_{it} 为减量因子,[①] 反映第 i 部门第 t 期的减量率，为部门控制变量（control variable）。

4.2.2 部门知识累积方程式

由于部门减量活动具做中学效果（learning by doing），因此，不同部门过去减量努力与投入，会影响其累积减量知识，造成差异性的减量效率与潜力，影响各部门最适排放时径规划。第 i 部门知识累方程式如式（5）（参考 Goulder

---

① 所谓减量因子系指各部门为达到目标年的排放上限，各期的最适减量率，为本文内生求解的控制变量。

and Mathai，2000；[1] Bramoulle and Olson，2005[2] 及李坚明等，2007[3] 之设定）
所示：

$$\dot{H}_{it} = \alpha_i H_{it} + h_i \Theta(H_{it}, a_{it}) \tag{5}$$

其中，H_{it} 为减量技术知识存量；$\dot{H}_{it}$ 为减量技术知识累积量，受到知识存量
（H_{it}）及知识累积函数（Θ）影响；α_i 为知识存量贡献于知识累积的比例，
或称为知识累积存量效果（stock effect），代表知识存量贡献于知识累积的程
度，反映过去减量活动（或技术）的能量（capacity）；h_i 为知识累积函数对知
识累积的贡献率，或称为知识累积流量效果（flow effect），代表知识流量贡献
于知识累积的程度，反映，现在减量活动转化为减量知识（或技术）的效
率，[4] 且 $0 \leq \alpha_i \leq 1$，$0 \leq h_i \leq 1$。由于减量行为具有学习效果，是知识累积的
来源之一，因此，假设知识累积函数是知识存量及减量因子（a_i）的函数
（捕捉学习效果（learning by doing），[5] 且对知识累积均有正向贡献，唯其边
际贡献率递减，亦即 $\Theta_H = \partial\Theta/\partial H > 0$ 且 $\Theta_{HH} = \partial^2\Theta/\partial H^2 < 0$；$\Theta_a = \partial\Theta/\partial a > 0$，
$\Theta_{aa} = \partial^2\Theta/\partial a^2 < 0$；$\Theta_{aH} > 0$（知识存量有助于提升学习效果）。

　　式（5）是依据 Goulder and Mathai（2000）刻画 H 对 $\dot{H}$ 的影响来自两个管
道（direct channel），其一是直接管道，包括等号右边第一项之知识存量
（H_{it}），及等号右边的第二项之 $\Theta_H = \partial\Theta/\partial H > 0$；其二是间接管道（indirect
channel），透过 $\Theta_{aH} > 0$，隐含知识存量有助于提升减量效率，再透过减量效率
的提升，促进学习效果，增进知识累积量。[6]

① Goulder, L. and Mathai, K.（2000），Optimal CO₂ Abatement in the Presence of Induced
Technological Change，*Journal of Environmental Economics and Management*，39：1-38.
② Bramoulle, Y. and Olson L. J.（2005）. Allocation of Pollution Abatement under Learning by Doing，
Journal of Public Economics，89（10），1935-1960.
③ 李坚明、曾琼瑶、李丛祯（2007）：《清洁发展机制、技术创新与温室气体减量策略之研究，
都市与计划》，《中华民国都市计划学会会刊》第三十四卷第一期，第39—56页。
④ 效率高低决定于经济体系倡导活动与扩散机制。
⑤ 所谓减量因子系指每一年的减排率，亦即为达到 2025 年最终排放目标量，每一年必须控制的
减排率，亦是本文拟求解的控制变量。
⑥ 如果依据 Bramoulle 和 Olson（2005）的函数设定，式（5）等号右边第二项的流量效果仅取决
于当期减量活动（a），而独立于知识存量（H），因此，$\Theta_H = \Theta_{HH} = 0$。易言之，知识累积方程式将简
化为 $\dot{H} = \alpha H + h\Theta(a)$。

4.2.3 减量成本方程式

$C_{it}(a_{it}, H_{it})$ 为第 i 部门第 t 期减量成本函数，[1] 受到减量因子与知识累积量影响，假设为减量因子的凸（convex）函数，亦即 $C_a = \partial C / \partial a > 0$，且 $C_{aa} > 0$；假设是知识累积量的减函数，亦即 $C_H = \partial C / \partial H < 0$，且呈递减的减少，亦即 $C_{HH} > 0$。此外，假设减排技术知识存量增加，会降低边际减量成本，$C_{aH} = \partial C^2 / \partial a \partial H < 0$。[2]

4.2.4 部门排放基线方程式

假设第 i 部门第 t 期排放基线（baseline）[或称"一切照常"（Business As Usual, BAU）] 方程式如式（6）所示：

$$B_{it} = B_{i0} e^{g_i t} \qquad (6)$$

其中，B_{it} 为第 i 部门第 t 期基线排放量；B_{i0} 为第 i 部门期初（或第 0 期）排放量；g_i 为第 i 部门基线排放成长率，假设固定。[3]

4.2.5 部门排放时径方程式

第 i 部门第 t 期排放方程式如式（7）所示：

$$E_{it} = B_{it} - A_{it} \qquad (7)$$

其中，E_{it} 第 i 部门第 t 期排放水平，等于基线排放量扣除减排量。

4.2.6 部门与国家减量目标方程式

第 i 部门减量目标方程式如式（8）所示：

$$E_{iT} \leqslant \overline{E}_{iT} \qquad (8)$$

其中，$\overline{E}_{iT}$ 为第 i 部门第 T 年（或目标年）排放上限（管制量），[4] 式（8）指

---

[1] 本研究以减量成本与减量技术作为区分不同部门减量潜力的代理变量，用以本研究后续说明不同减量潜力与部门核配量差异之原因。

[2] 依据做中学效果（leaning by doing），减量活动即会累积知识，有助于降低减量成本。Goulder and Mathai（2000）指出知识累积对减量水平有正向提升效果（knowledge-growth effect），从而，会产生增加早期减量（initial abatement rise）的策略。

[3] 由于部门基线排放成长率是假设相关政策不变下，该部门的排放趋势，因此，本研究假设该部门基线排放成长率固定，而非求解的内生变量。

[4] 依据温室气体减量法草案（第十四条），中央主管机关（环保署）依前项公告实施总量管制，应分阶段订定减量目标，并将各阶段减量后之国家温室气体排放总量所对应之总排放额度分配中央各目的事业主管机关（包括经济部、交通部及内政部等）。

图 5 碳交易制度最佳设计分析与台湾排放总量制定规划

出，第 i 部门目标年（T），其排放量不能超过政府要求的排放上限。因此，假设整体国家有 I 个部门，则整体国家减量目标方程式如式（9）所示：

$$\sum_i^I E_{iT} \leqslant \sum_i^I \bar{E}_{iT} = \bar{E}_T \tag{9}$$

式（9）表示，所有部门于目标年之排放量加总应不高于各部门目标年排放上限，以及国家的总排放量目标（$\bar{E}_T$）。

4.2.7 最适减量（或排放）时径求解

政府在式（9）限制下，追求整体国家减量成本［最小之国家与部门最适排放（或减量）］时径之最适控制（optimal control）问题如式（10）所示：

$$\mathop{Min}_{a_{it}} \quad \int_0^T \sum_i^I C_{it}(a_{it}, H_{it}) e^{-rt} dt \tag{10}$$

4.2.8 求解减量因子

本研究为得出 a 的清爽解（clean solution），以利后文的数值模拟分析，针对前文的减量成本函数及知识累积函数，进行如下简化。假设减量成本函数为 $C(a, H) = \frac{1}{2} a^2 + H^{-1}$，易言之，不讨论 $C_{aH} < 0$ 之效果，亦即忽略知识存量对减量活动的影响。同理，简化知识累积函数（式（5））为 $\Theta(a, H) = -a^{-1} + H$，$a$ 与 H 独立［参考 Bramoulle 和 Olson（2005）设定］。因此，可以获得 $C_a = a$, $C_H = -H^{-2}$, $\Theta_a = a^{-2}$, $\Theta_H = 1$ 及 $c = r + \alpha + h$，再分别代入式（18）及（19），可以获得最适温室气体减量因子方程式如下：[①]

$$a^* = \frac{[1 - e^{(r+\alpha+h)(t-T)}][\alpha - (1 + e^{\alpha(t-T)})]^2 h}{1 + e^{\alpha(t-T)}} \tag{11}$$

为确认式（11）是否正确，本研究以 T（目标年）代入式（B5），获得 $a_T = 0$，表示目标年的减排率为零，亦即目标年时必须达到排放上限目标，因此，减排率应确保为零，故证明式（11）无误。

再将式（11）之最适减量因子代入式（4），可获得部门最适减量时径，再透过式（7），可以获得部门最适排放时径方程式：

$$E^* = B_0 e^{gt} - A_0 e^{a_t^* t} \tag{12}$$

---

① 详细求解过程，有兴趣的读者，可向作者所取。

根据式（12）可知，影响部门最适排放时径因子相当多，包括期初基限排放水平（B_0）、期初减排水平（A_0）、基线成长率（g）、知识累积存量效果（α）、知识累积流量效果（h）及折现率（r）等因子的影响。

4.3 实证分析

4.3.1 部门节能投资知识累积方程式

为评估不同部门节能投资之知识累积效果，作为部门排放权核配依据，本研究修正式（5）如下：

$$\dot{i}_T = \alpha_i \cdot \sum_{i=T_0}^{T} I_i + h_i \cdot \sum_{i=T_0}^{T} \sqrt{I_i \cdot A_i} \tag{13}$$

其中，$\dot{i}_T$ 为时点 T 之部门节能投资水平，代表时点 T 之知识累计存量；α_i 为 i 部门节能投资对知识存量的累积效果；h_i 为 i 部门节能投资与防制水平对知识累积的交互效果。因此，式（13）是本文重要的实证方程式，其中，α_i 与 h_i 是估计参数。

4.3.2 实证资料说明

本研究依据台湾大学人文社会高等研究院（2013）[①] 的调查研究资料，针对台湾主要部门（包括工业、能源、建筑与运输等）于 2015 年、2020 年、2025 年及 2030 年之最具潜力的节能减排技术投资，[②] 详见表6。由表6可知，包括工业、能源、建筑及运输四大部门，合计 124 个节能减排技术样本资料。[③]

表6　部门与产业之节能减排技术样本数

部门	次部门	样本数（件）
工业	钢铁业、石化业及信息科技业	54
能源	电力业、石油与天然气	23
建筑	公共服务及住商部门	34

---

① 台湾大学人文社会高等研究院（2013）：《台湾温室气体减量进程与绿能产业发展政策之基础研究》，台湾行政院科技部专案研究计划。

② 所谓最具潜力的节能减排技术系指平均防制成本低于300美元/吨 CO_2 之节能减排技术。

③ 本研究基于篇幅限制，没有将减能减排技术资料呈现，有兴趣的读者，可以向作者索取。

图 5 碳交易制度最佳设计分析与台湾排放总量制定规划

续表

部门	次部门	样本数（件）
运输	道路交通	13
合计		124

资料来源：台湾大学人文与社会科学高等研究院（2013）。

4.3.3 实证结果

本研究利用最小平方法（Ordinary Least Aquare，OLS）进行统计推估，推估结果如表 7 所示。由表 7 结果可知，大部分估计参数均呈现高度显著性，表示推估参数具有高度可信赖，而 R^2 值也相当高，表示解释变量的解释能力也相当高。

推估参数均小于一，符合前文最适控制的理论依据。此外，由于能源部门节能减排技术包括核能、天然气及 CCS 等，其减排效果相对较高，因此，能源部门的 α_i 值较高，符合前述之直觉经验。至于，交互效果则部门间差异不大，显示透过减排活动所产生的减排知识累积效果（h_i）差异不大。易言之，影响部门减排潜力的关键在于减量技术的投资，而非透过减排活动所累积经验。

表 7 部门温室气体减量知识累积方程式回归结果

部门	回归方程	R^2
工业	$\dot{I}_T = \underset{(0.07)}{0.174^*} \cdot \sum_{i=T_0}^{T} I_i + \underset{(0.000)}{0.777^{***}} \cdot \sum_{i=T_0}^{T} \sqrt{I_i \cdot A_i}$	0.791
能源	$\dot{I}_T = \underset{(0.031)}{0.4^{**}} \cdot \sum_{i=T_0}^{T} I_i + \underset{(0.001)}{0.667^{***}} \cdot \sum_{i=T_0}^{T} \sqrt{I_i \cdot A_i}$	0.882
建筑	$\dot{I}_T = \underset{(0.565)}{0.083} \cdot \sum_{i=T_0}^{T} I_i + \underset{(0.000)}{0.717^{***}} \cdot \sum_{i=T_0}^{T} \sqrt{I_i \cdot A_i}$	0.467
运输	$\dot{I}_T = \underset{(0.095)}{0.353^*} \cdot \sum_{i=T_0}^{T} I_i + \underset{(0.010)}{0.644^{***}} \cdot \sum_{i=T_0}^{T} \sqrt{I_i \cdot A_i}$	0.822
台湾	$\dot{I}_T = \underset{(0.002)}{0.168^{***}} \cdot \sum_{i=T_0}^{T} I_i + \underset{(0.000)}{0.805^{***}} \cdot \sum_{i=T_0}^{T} \sqrt{I_i \cdot A_i}$	0.808

注 1：括号内资料代表 P 值。

注 2："＊"代表 90%可信赖；"＊＊"代表 95%可信赖；"＊＊＊"代表 99%可信赖。

资料来源：Lee et al.，（2013）。

4.4 台湾 QELROs 与碳预算规划

4.4.1 台湾 GHG 排放基线推估

为推估台湾 GHG 排放基线，本研究利用台湾 1990—2011 年的历史排放量数据，[①] 获得平均年成长率为 4.02%。据此资料，推动台湾 2012—2025 年 GHG 排放基线如表 8 所示。由表 8 可知，至 2025 年台湾 GHG 排放量将高达 425 百万吨 CO_2。

表 8 台湾 GHG 排放基线推估　　　　　单位：千吨 CO_2

年　份	GHG 排放量
2012	259047
2013	269098
2014	279539
2015	290385
2016	301652
2017	313356
2018	325514
2019	338144
2020	351264
2021	364893
2022	379051
2023	393758
2024	409036
2025	424906

4.4.2 台湾碳预算规划

本研究依据台湾 2025 年排放上限为 215.5 百万吨 CO_2，再利用台湾温室气体减排知识累积方程式的推估参数，亦即 $\alpha = 0.168$ 及 $h = 0.805$ 代入式（11），

---

① 本研究参考台湾经济部能源局（2012），台湾燃料燃烧二氧化碳排放统计与分析。

图 5　碳交易制度最佳设计分析与台湾排放总量制定规划

可获得每年最适减排率，再依据式（12）的关系式，可以获得台湾最适排放时径，亦即可以获得台湾的 QELROs，如图 2 所示。再依据各年排放量，进一步获得台湾三期碳预算总量，如表 9 所示。

表 9　台湾三期碳预算规划　　　　　　　　　　　单位：千吨 CO_2

	第一期 （2012—2016）	第二期 （2017—2021）	第三期 （2022—2025）
$r = 0.05$			
各期	280728	335756	300554
总量	1403639	1678782	1202218
$r = 0.08$			
各期	280734	335853	301057
总量	1403668	1679265	1204226
$r = 0.10$			
各期	280737	335914	301377
总量	1403686	1679569	1205506

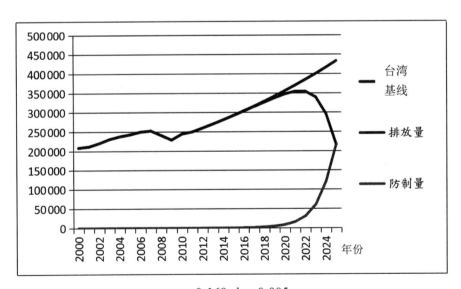

$\alpha = 0.168, h = 0.805$

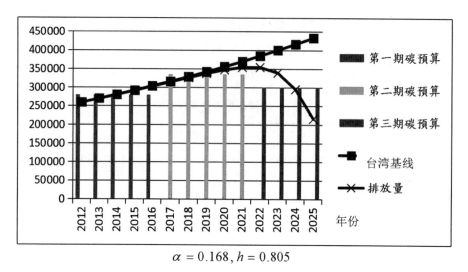

$$\alpha = 0.168, h = 0.805$$

图 2　台湾整体 NAMAs 排放时径、QELROs 与碳预算规划

资料来源：作者研究。

5. 结语

全球各地实施碳交易制度以来，已如预期达到温室气体减量，例如欧盟于2010 年已减排 8%（相较 2005 年）及日本东京都 2013 年已减排 23%（相较于基准年（2002—2007 年）的平均排放量），此外，也激励不少节能与绿能投资活动，例如全球已有 88 个国家注册 6800 个 CDM/JI 计划，总投资金额达到2150 亿美元。由此可知，碳交易制度对因应气候变迁的重要性。然而，现行碳交易制度也面临诸多问题与挑战，例如排放上限如何决定问题？碳权核配如何降低产业碳风险与碳泄漏问题？如何稳定碳价波动问题？如何公允揭示碳交易会计问题？及如何防制碳交易诈欺犯罪问题？等，均是最佳碳交易制度设计应思考问题。

本文并以建立台湾温室气体减量目标量化管理机制为例，参考 UNFCCC第三条建议之 QELROs 精神，利用最适控制模型分析方法，并纳入台湾的部门节能减排投资资料，规划符合成本有效的台湾 QELROs，及台湾碳预算，作为部门排放权核配依据。

B.6

中国试点地区碳交易研究报告

吴宏杰　李一玉①

摘　要：

2016 年 8 月 30 日上午，习近平主席召开中央全面深化改革领导小组第二十七次会议并发表重要讲话，并在会议审议通过了《关于构建绿色金融体系的指导意见》等 14 个文件。另外，在 2016 年 9 月杭州举行的 G20 峰会开幕前夕，全国人大常委会批准中国加入《巴黎气候变化协定》，成为第 23 个完成了批准协定的缔约方，对应对气候变化行动起到了积极的推动作用。这一系列动作均表明了我国建立并积极推动全国碳排放交易的决心。目前国家正在积极起草《碳排放权交易管理条例》和相应的管理办法及实施细则，确保在 2017 年建立全国碳市场。作为中国碳交易试点，目前已平稳运行三个年头，为全国碳市场的建立积累了丰富经验，奠定了扎实基础。本文对中国

---

①　吴宏杰先生，汉能碳资产管理（北京）股份有限公司董事、总经理。拥有碳资产管理行业十余年从业经验，经历了国际碳交易市场的兴衰和中国碳市场从无到有的全过程，是中国碳资产管理行业的先行者和开拓者。积极倡导以碳金融为发展核心，以互联网＋为未来发展方向的全方位碳资产运作，为企业打造综合管理服务的思想理念。吴宏杰先生希望在全国碳市场统一运行前夕，对过去碳交易试点进行总结和梳理，将试点中好的经验运用到全国统一碳市场中，助力于全国碳市场蓬勃发展，实现节能减排，产业结构调整和优化。同时使碳资产理念深入企业或组织管理中去，进而提升企业或组织的价值。李一玉女士，汉能碳资产管理（北京）股份有限公司碳资产管理部副经理。自 2008 年开始从事国际碳交易，并于 2013 年正式进军国内碳市场，积累了丰厚的国际国内碳交易经验，为百家企业提供碳资产综合管理咨询和服务，真正地实现了使企业将碳作为资产进行升值保值。

七试点碳交易情况进行了系统和全面的梳理。

关键词：

碳交易　碳金融　中国碳市场　建议

拥有碳资产管理行业十余年从业经验，经历了国际碳交易市场的兴衰和中国碳市场从无到有的全过程，是中国碳资产管理行业的先行者和开拓者。积极倡导以碳金融为发展核心，以互联网+为未来发展方向的全方位碳资产运作，为企业打造综合管理服务的思想理念。吴宏杰先生希望在全国碳市场统一运行前夕，对过去碳交易试点进行总结和梳理，将试点中好的经验运用到全国统一碳市场中，助力于全国碳市场蓬勃发展，实现节能减排，产业结构调整和优化。同时使碳资产理念深入企业或组织管理中去，进而提升企业或组织的价值。李一玉女士，汉能碳资产管理（北京）股份有限公司碳资产管理部副经理。自2008年开始从事国际碳交易，并于2013年正式进军国内碳市场，积累了丰厚的国际国内碳交易经验，为百家企业提供碳资产综合管理咨询和服务，真正地实现了使企业将碳作为资产进行升值保值。

自2013年6月18日，深圳碳交易试点开锣以来，中国碳交易已经运行了三年多，并即将完成从试点到统一的过程。过去的三年多里，试点阶段取得了丰硕成果，发现问题的同时及时调整方向，为全国碳市场提供很好的参考方向。报告从现货市场发展状况、金融衍生品创新进展等几个方面对碳试点进行了总结。

一、碳现货市场发展状况

1. 七试点政策、规则比较

由于七试点所处地区不同，经济发展水平参差不齐，各试点市场的规则设计各具特点。部分规则条例，如配额分配、处罚机制上存在较大差别，呈现出多元化的区域碳交易市场发展格局。七试点规则设计比较详见表1。

表 1 七试点规则设计比较

		北京	天津	上海	重庆	湖北	广东	深圳
总量与覆盖范围	配额总量	约 0.5 亿吨（2014）	约 1.6 亿吨（2014）	约 1.5 亿吨（2014）	约 1.25 亿吨（2013—2015 年年度配额总量逐年下降 4.13%）	约 2.81 亿吨（2015）	3.65（企业）+ 0.21（储备）亿吨（2015）	约 0.33 亿吨（2014）
	行业企业	热力生产和供应，火力发电，水泥制造，石化生产，服务业以及其他，415 家机构（2015 履约年度新增 430 家及 26 家内蒙古企业）	钢铁、化工、电力热力、石化、油气开采等，109 家企业	钢铁、建材、有色、电力、石化及航空、港口、机场、铁路等，210 家企业	电力、冶金、化工、建材等多个行业，254 家企业	电力、钢铁、水泥、化工等 12 个行业，207 家企业	电力、钢铁、石化、水泥等，189 家企业（2014）	电力、工业、建筑物等，635 家和 197 大型公共建筑
	门槛	2009 年—2012 年间，固定设施年二氧化碳直接排放与间接排放总量 5000 吨（含）以上	2009 年以来排放二氧化碳 2 万吨以上的企业或单位	2010 年、2011 年中任一年二氧化碳排放量 2 万吨及以上的工业企业；及二氧化碳排放量 1 万吨及以上的非工业企业	2008—2012 年任一年排放量达到 2 万吨二氧化碳当量的工业企业	年综合能源消费量 6 万吨标准煤及以上的工业企业	2011 年、2012 年中任一年年排放 2 万吨二氧化碳当量（或年综合能源消费量 1 万吨标准煤）及以上的企业	任意一年 3 千吨二氧化碳当量以上的企业；大型公共建筑和建筑面积达 1 万平方米以上的国家机关办公建筑的业主

续表

		北京	天津	上海	重庆	湖北	广东	深圳
MRV制度	行业指南	6个行业排放核算指南 核查指南	5个行业排放核算指南 1个报告指南	9个行业排放核算和报告指南	工业企业排放核算和报告指南	11个行业排放核算报告指南 核查指南	4个行业排放报告和核查指南	组织的量化和报告指南 核查指南
	核查机构	26家	7家	10家	11家	8家	29家	28家
	报送系统	电子	纸质	电子	电子	电子	电子	电子
配额分配	无偿分配	逐年分配	逐年分配	一次分配三年	逐年分配	逐年分配	逐年分配	逐年分配
	方法	历史法和基准线法	历史法和基准线法	历史法和基准线法	总量控制与竞争博弈结合	历史法、标杆法	历史法和基准线法	制造：竞争博弈 建筑：排放标准
	有偿分配	预留年度配额总量的5%用于定期拍卖和临时拍卖	市场价格出现较大波动时	适时推行拍卖等有偿方式，履约期曾拍卖	暂无	预留30%配额拍卖，开市前曾拍卖	企业配额的3%有偿获得，每季组织1次配额竞价发放	年度配额总量的3%用于拍卖，履约期曾拍卖
交易制度	交易平台	北京环境交易所	天津排放权交易所	上海环境能源交易所	重庆碳排放交易中心	湖北省碳排放权交易中心	广州碳排放权交易所	深圳排放权交易所
	交易主体	控排企业单位、机构、个人	控排企业、个人和机构	控排企业单位机构	控排企业单位个人和机构	控排企业单位个人和机构	控排企业单位个人和机构	控排企业、国内外机构和个人

		北京	天津	上海	重庆	湖北	广东	深圳
交易制度	交易方式	公开交易和协议转让	网络现货交易、协议交易、拍卖	挂牌交易和协议转让	定价交易和协议转让	协商议价、定价转让	单双向竞价、点选、协议转让	现货交易、电子竞价、大宗交易
	涨跌限制	公开交易：20%	10%	30%	20%	10%（自2016年7月，跌幅调整为1%）	10%（挂牌）单向竞价不限	10%（大宗30%）
	交易产品	BEA、CCER、林业碳汇与节能项目碳减排量	TJEA、CCER	SHEA、CCER	CQEA、CCER	HBEA、CCER	GDEA、CCER	SZA、CCER
遵约制度	排放报告	3月20日	4月30日	3月31日	2月20日	2月最后工作日	3月15日	3月31日
	核查报告	4月5日	4月30日	4月30日	暂无	4月最后工作日	4月30日	4月30日
	遵约	6月15日	6月30日	6月30日	6月20日	6月最后工作日	6月20日	6月30日
	未遵约处罚	市场均价3—5倍罚款	限期改正，3年不享受优惠政策	5万—10万	清缴期届满前一个月配额平均价格3倍	15万内市场均价1—3倍罚款，下年双倍扣除	下年双倍扣除，罚款5万	下年扣除，市场均价3倍罚款
	其他处罚	未报送排放报告或核查报告5万以下罚款	限期改正	记入信用记录并通报公布，取消专项资金	未报告核查2万—5万罚款，虚假核查3万—5万罚款	未监测报告罚1万—3万，不报告1万—3万，扰乱交易秩序罚15万	不报告1万—3万，不核查1万—3万，最高5万	违规5万—10万罚款

CCER 是中国碳交易的重要补充机制，七试点都原则上允许控排企业使用一定数量的 CCER 用于履约，但是七试点在 CCER 抵消机制设置上都存在一定程度的差别。其中，北京、湖北、广东和深圳对 CCER 项目所在地域进行了限制。北京、天津、上海、湖北、重庆对 CCER 项目时间做出了严格的要求。不过试点初期的探寻和实践为规范后的全国自愿减排市场创造了稳定的预期与现实的需求。七试点 CCER 抵消机制设置比较详见表2。

表2　七试点 CCER 抵消机制设置比较

	北京	天津	上海	重庆	湖北	广东	深圳
比例限制	不高于年度配额的5%	不超出当年实际排放的10%	不超过年度分配配额量的5%	不超过审定排放量的8%	不超过年排放初始配额10%	不超过上年实际排放的10%	不高于年度排放的10%
地域限制	京外项目不超过2.5%	未限定	未限定	本地	本地	本地70%以上	梅州、河源、湛江、汕尾；新疆、西藏、青海、宁夏、内蒙古、甘肃、陕西、安徽、江西、湖南、四川、贵州、广西、云南、福建、海南；包头、淮安（风电、光伏、垃圾焚烧发电）；深圳、包头、淮安（农村户用沼气、生物质发电、清洁交通减排、海洋固碳）；无地理限制（林业碳汇、农业减排项目）

	北京	天津	上海	重庆	湖北	广东	深圳
类型限制	2013年1月1日后，非 HFCs、PFCs、N_2O、SF_6 等工业气体与水电项目；本市 2005-02-16 后的造林和森林经营碳汇项目	2013年1月1日后，非水电项目；本市及其他碳交易试点省市纳入企业排放边界范围内的 CCER 不得用于碳排放量抵消	2013年1月1日后产生；不能使用在其自身排放边界范围内的 CCER	2010年12月31日后投运（碳汇除外）的节能、能效、清洁能源和非水可再生能源、能源活动、工业生产过程、农业废弃物处理等减排项目，碳汇项目	项目监测期为2015年1月1日至2015年12月31日之内的减排量；减排量须来自本省，且排除纳入碳排放配额管理企业组织边界范围内；项目所在地区为本省连片特困地区的农林项目；（2015）	非水电项目，非使用煤、油和天然气（不含煤层气）等化石能源的发电、供热和余能（含余热、余压、余气）利用项目；第三类项目；来自 CO_2 和 CH_4 的项目，这两种温室气体的减排量应占该项目所有温室气体减排量的50%以上	减排项目类型要求：可再生能源和新能源项目类型（风力发电、太阳能发电、垃圾焚烧发电、农村户用沼气和生物质发电项目）；清洁交通减排项目；海洋固碳减排项目；林业碳汇项目；农业减排项目；深圳本市企业在全国投资开发的减排项目均可在本市进行履约，不受项目类型和地区的限制

2. 七试点现货交易情况

由于七试点地区的规则和 CCER 抵消机制设计的不同，以及试点经济形势和企业意识等方面存在差异，使得七试点的交易价格、波动幅度和市场流动性各不相同。以下是截至 2016 年 9 月 1 日各试点地区现货交易情况汇总：

北京　碳配额累计成交量约为 1167.90 万吨（其中协议 692.88 万吨），林业碳汇累计成交量 7.26 吨，CCER 累计成交量 798.93 吨。其中，配额线上最高成交价为 77 元/吨，最低成交价为 32.4 元/吨；

深圳 碳配额和 CCER 累计成交量为分别为 1577.45 万吨和 536.9 万吨。其中，碳配额线上最高成交价为 122.97 元/吨，最低成交价为 19.5 元/吨；

上海 碳配额累计成交量为 1570.38 万吨（其中协议 829.26 万吨），CCER 累计成交量为 3489.22 吨。其中，碳配额线上最高成交价为 50.9 元/吨，最低成交价为 4.21 元/吨；

天津 碳配额累计成交量为 235.98 万吨（其中协议 202.6 万吨），CCER 累计成交量为 124.78 万吨。其中，碳配额线上最高和最低成交价分别为 50.11 元/吨和 7.57 元/吨；

广东 不含拍卖数量，碳配额累计成交量为 2144.89 万吨（其中协议 1427.07 万吨），CCER 累计成交量为 1402.02 万吨。碳配额线上最高和最低成交价分别为 77 元/吨及 7.57 元/吨；

湖北不含现货远期数量，碳配额累计成交量为 3630.52 万吨（其中协议交易 811.93 万吨），CCER 累计成交量为 89 万吨。其中，碳配额线上最高成交价为 28.01 元/吨，最低成交价为 9.38 元/吨；

重庆 碳配额累计成交量为 41.57 万吨。其中，碳配额线上成交价最高为 30.4 元/吨，最低为 3.28 元/吨。

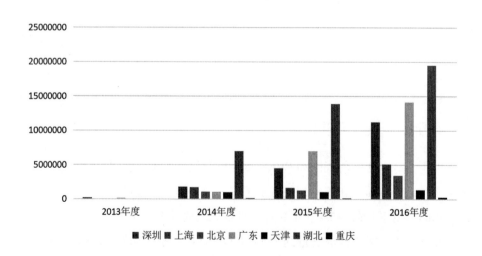

图 1 七试点累计成交量统计图

从图 1 可以看出，2013 年到 2016 年间，配额成交量程逐年递增趋势，这与市场参与主体对碳市场认知程度、对市场信心的提升和市场各制度的不断完善息息相关。其中由于湖北要求履约企业本年度剩余配额必须经过交易后方可留存到下一履约年度，因此对湖北碳市场流动性具有重要作用，使得湖北成交总量居七试点之首。

二、七试点碳金融衍生品创新进展

目前，我国碳市场仍处于分割的区域市场阶段，存在市场规模较小和流动性不足等问题。因此，积极开发碳金融创新产品一直是各试点地区相关机构研究的重点课题之一。[①] 自 2014 年以来，在七个试点地方政府支持下，交易所和金融机构等进行研发并推出了多种创新性金融产品。截至 2016 年 8 月底，中国碳交易试点推出的包括碳债券、碳配额质押、碳基金等在内的 10 余种碳金融创新产品。[②] 主要包括：

1. 碳债券

债券（bond / debenture）是一种金融契约、有价证券，是政府、金融机构、工商企业等直接向社会借债筹措资金时，向投资者发行，同时承诺按一定利率支付利息并按约定条件偿还本金的债权债务凭证。

碳债券是指政府、企业为筹集低碳经济项目资金而向投资者发行的、承诺在一定时期支付利息和到期还本的债务凭证，能够有效满足交易双方的投融资需求、满足政府大力推动低碳经济的导向性需求，调动社会各方面促进低碳经济发展[③]。碳债券具有鲜明的特点：一是它的投向十分明确，紧紧围绕可再生性能源进行投资；二是可以采取固定利率加浮动利率的产品设计，将 CCER 收入中的一定比例用于浮动利息的支付，实现了项目投资者与债券投资者对于

---

① 王苏生、常凯：《碳金融产品与机制创新》，深圳：海天出版社 2014 年版。
② 危昱萍：《碳金融"PPT 产品"泛滥碳金融中心最终花落谁家?》，《21 世纪经济报道》2016 年 6 月 16 日。
③ 谭建生、麦永冠：《再论碳债券》，《中国能源》2013 年第 5 期。

CCER 收益的分享；三是碳债券对于包括 CCER 交易市场在内的新兴虚拟交易市场有扩容的作用，它的大规模发行将最终促进整个金融体系和资本市场向低碳经济导向下的新型市场转变。[1]

2014 年 5 月 12 日，中广核风电有限公司、上海浦东发展银行、国家开发银行、中广核财务有限责任公司及深圳排放权交易所在深圳共同宣布，中广核风电附加碳收益中期票据（以下简称"碳债券"）在银行间交易商市场成功发行。[2] 发行碳债券的目的，主要是通过碳资产与金融产品的嫁接，降低融资成本，实现融资工具的创新。

中广核发行的碳债券为五年期企业债券，债券募集资金将用于投资新建的风电项目。债券收益由固定收益和浮动收益两部分构成，固定收益与基准利率挂钩，以风电项目投资收益为保障，浮动收益与已完成投资的风电项目产生的核证自愿减排量（CCER）挂钩，从而形成碳资产收益。碳资产收益将参照兑付期的市场碳价，且对碳价设定了上下限区间，这部分核证自愿减排量将优先在深圳碳市场出售。由此，这支债券成为不同于传统企业债券的首支碳债券。

碳债券的推出，填补了国内与碳市场相关的直接融资产品的空白，体现了金融市场对发展国内低碳金融的支持。首支碳债券的发行，不仅拓宽了我国可再生能源项目的融资渠道，也提高了金融市场对碳资产和碳市场的认知度与接受度，有利于推动整个金融生态环境的改变，对于构建与低碳经济发展相适应的碳金融环境具有积极的促进作用。值得注意的是，碳债券产品的浮动利率要通过碳资产交易才能实现收益，因此碳指标的价格波动、市场的流动性将成为潜在风险。表 3 为中国碳交易试点推出的碳债券产品汇总。

表 3　碳债券产品汇总

时间	推出主体	碳市场	规模
2014 年 5 月	中广核风电、浦发银行、国开行	深圳	10 亿元
2014 年 11 月	华电湖北发电有限公司、民生银行武汉分行	湖北	20 亿元

---

[1] 谭建生：《发行碳债券是支撑低碳经济创新选择》，《经济参考报》2009 年 12 月 24 日。
[2] 中国广核集团有限公司：《中广核风电成功发行国内首单"碳债券"》，2014 年 5 月 13 日。

2. 碳配额质押

质押（factoring），就是债务人或第三人将其动产或者权利移交债权人占有，将该动产作为债权的担保，当债务人不履行债务时，债权人有权依法就该动产卖得价金优先受偿。质押分为动产质押和权利质押两种。动产质押是指可移动并因此不损害其效用的物的质押；权利质押是指以可转让的权利为标的物的质押。

碳质押是指以碳排放权资产为标的物而进行的融资行为。碳排放权资产包括配额碳资产和减排碳资产。其中，碳配额质押融资指以碳配额作为质押物的碳市场创新融资手段，基本操作模式是控排单位将配额质押给金融机构（银行或券商），获得以配额估值进行折价的融资规模，资金归还的同时支付一定的利息。减排碳资产质押融资的操作模式与碳配额质押融资类似，但质押物由配额换成了减排信用额。

2014年9月，湖北碳排放权交易中心、兴业银行武汉分行和湖北宜化集团三方签署了碳排放权质押贷款和碳金融战略合作协议，完成首单碳排放权质押贷款。

这种碳金融产品主要是控排企业用手中的碳资产作为抵押物向金融机构进行融资的一种方式。主要相关方包括排放单位、金融机构和交易所。排放单位作为出质方，以配额质押的方式获取贷款，并支付利息（给金融机构）和存管费用（交易所）。金融机构作为质权方，向排放单位提供资金，并获取利息收入。交易所作为第三方平台，提供配额登记存管服务，并向排放单位收取存管费用。首单碳排放权质押贷款交易中，湖北宜化及其子集团用210.9万吨碳排放配额作为质押担保，获得兴业银行4000万元的质押贷款，用于实施节能减排，碳质押的时限从2015年10月30日到2016年10月14日。

碳配额质押对低成本、市场化减排具有重大意义；无须其他担保，缓解中小企业融资担保难问题；根据项目运行、减排量产出等具体情况灵活设置还款期和贷款额度，有效缓解企业还款压力；充分发挥碳交易在金融资本和实体经济之间的联通作用。表4为中国碳交易试点推出的碳配额质押产品汇总。

表 4　碳配额质押产品汇总

时间	推出主体	碳市场	规模
2014 年 9 月	湖北宜化集团有限责任公司、兴业银行武汉分行	湖北	4000 万元
2015 年 11 月	深圳市富能新能源科技有限公司、广东南粤银行深圳分行	深圳	4.2 万吨
2015 年 7 月	建设银行北京分行推出碳排放配额质押融资业务	北京	—

3. 碳基金

从广义上来讲，基金就是指为了某种目的（如企业投资、项目投资、证券投资等）而设立的 定数量的资金。碳基金是碳市场主要的投资工具，指的是以投资碳市场减排项目或者是信用额/配额交易为目的而设立的基金。基金的参与主体主要有：投资人、管理人、托管人。

在中国碳市场中，碳基金既可以投资于 CCER 市场，也可以投资于配额交易市场。作为一种新型的金融工具，在进行项目或者信用额投资时，不仅要考虑收益率，同时应考虑减排项目的质量、市场流动性、政府政策等因素。

碳基金，作为碳市场最重要的投资工具，在国际碳市场运作模式已成熟，随着中国碳市场的发展，该工具可被广泛应用，吸纳机构投资者和普通投资者资金，增加碳市场流动性。[①]

2014 年 10 月，深圳嘉碳资本管理有限公司推出了我国首支碳基金，具体包括嘉碳开元投资基金和嘉碳开元平衡基金。其中，嘉碳开元投资基金的基金规模为 4000 万元，运行期限为三年，其将募集资金投资于新能源及环保领域中的 CCER 项目，形成可供交易的标准化碳资产，通过交易获取差额利润。其认购起点为 50 万元，预计保守年化收益率为 28%。嘉碳开元平衡基金的基金规模为 1000 万元，运行期限为 10 个月，主要用于碳配额的投资运作，以深圳、广东、湖北三个市场为投资对象。该基金的认购起点为 20 万元，预计保

---

① 碳基金课题组：《国际碳基金研究》，北京：化学工业出版社 2013 年版。

守年化收益率为 25.6%。[①]

从国际碳基金来看，其融资方式主要包括政府全部承担所有出资、政府和企业按比例共同出资、政府通过征税的方式出资及企业自行募集的方式。目前，我国碳基金主要以企业自行募集的方式推出，以公司方式进行运作，其管理人主要是基金管理公司。因此基金的最终投资回报率的高低将与碳基金管理公司的专业性、管理能力、市场分析和研究能力等直接挂钩。如果碳基金管理公司能够很好地运用金融杠杆，尽可能地采用避险手段规避一定的市场风险、政策风险、运营风险、信誉风险等，则碳基金的回报率会比较理想。

碳基金作为控排企业、项目减排企业或者碳资产管理等企业向金融机构融资的很好模式，在碳圈内被大量复制。表 5 为中国碳交易试点推出的碳基金产品汇总。

表 5 碳基金产品汇总

时间	推出主体	碳市场	规模
2014 年 10 月	深圳嘉碳资本管理有限公司	深圳	嘉碳开元投资基金：4000 万元；嘉碳开元平衡基金：1000 万元
2014 年 11 月	中国华能集团公司、诺安基金管理有限公司	湖北	3000 万元
2015 年 1 月	海通证券资产管理公司、海通新能源股权投资管理有限公司、上海报摊新能源环保科技有限公司	上海	2 亿元
2015 年 4 月	招银国金	湖北	一期 5000 万元；二期 6000 万元

4. 碳配额回购

回购融资是指商业银行通过签订回购协议方式，将其所拥有的金融资产售

---

① 深圳碳排放权交易所：《国内首支碳基金——嘉碳开元基金创立大会成功举办》，2015-03-17，http：//www.cerx.cn/lnews/569.htm。

出，并约定在规定的期限按商定的价格购回的一种融资方式。

碳排放配额回购融资是指，重点排放单位或其他配额持有者向碳排放权交易市场其他机构交易参与人出售配额，并约定在一定期限后按照约定价格回购所售配额，从而获得短期资金融通。配额持有者作为碳排放配额出让方，其他机构交易参与人作为碳排放配额受让方，双方签订回购协议，约定出售的配额数量、回购时间和回购价格等相关事宜。协议有效期内，受让方可自行处置碳排放配额。

2014年12月30日，中信证券股份有限公司与北京华远意通热力科技股份有限公司正式签署了国内首笔碳排放配额回购融资协议，融资总规模达1330万元。[①] 碳排放配额回购是一种通过交易的方式，来为企业提供短期资金的碳市场创新安排。表6为中国碳交易试点推出的碳配额回购产品汇总。

表6 碳配额回购产品汇总

时间	推出主体	碳市场	规模
2014年12月	中信证券股份有限公司、北京华远意通热力科技股份有限公司	北京	1330万元
—	壳牌、华能	广州	200多万吨

5. 碳配额托管

托管业务是接受各类机构、企业和个人客户的委托，为客户委托资产进入国内外资本、资金、股权和交易市场从事各类投资和交易行为，提供账户开立和资金保管、办理资金清算和会计核算、进行资产估值及投资监督等各项服务，履行相关托管职责，并收取服务费用的银行金融服务。

碳配额托管（借碳）指将控排企业持有的碳排放配额委托给专业碳资产管理公司，以碳资产管理公司名义对托管的配额进行集中管理和交易，从而达到将控排企业碳资产增值的目的。

2014年12月，湖北签署全国首单碳资产托管协议，湖北兴发宜化集团股

---

① 杨学聪：《北京："碳"海淘金 低碳发展》，《经济日报》2015年8月11日。

份有限公司参与该项业务并托管 100.8 万吨碳排放权，其托管机构为两家，分别是武汉钢实中新碳资源管理有限公司和武汉中新绿碳投资管理有限公司。①

控排企业通过托管不但可以将托管的配额进行回收，同时还能获得一部分额外收益。碳资产公司通过将配额用等量的 CCER 置换，然后将置换的配额到市场中销售，从而利用 CCER 和配额的价格差盈利，或者利用交易市场的配额价格变动，高卖低买，进行套利。表 7 为中国碳交易试点推出的碳配额托管产品汇总。

表 7 碳配额托管产品汇总

时间	推出主体	碳市场	规模
2014 年 12 月	湖北兴发化工集团股份有限公司	湖北	100 万吨
2014 年 12 月	湖北宜化集团	湖北	100.8 万吨
2015 年 1 月	超越东创碳资产管理（深圳）有限公司、深圳市芭田生态工程股份有限公司	深圳	——
2016 年 6 月	广州微碳投资有限公司、深圳能源集团股份有限公司下属两家电力公司	广州	350 万吨

6. CCER 质押贷款

由于目前配额较 CCER 政策影响相对较小，具有一定稳定性，更方便定价等因素，因此金融机构或者碳资产管理机构在碳衍生品设计初期喜欢将产品设计成为配额，目前也有些衍生品是将 CCER 作为产品。2014 年 12 月，上海宝碳新能源环保科技公司与上海银行签署了总金额达 500 万元的 CCER 质押贷款②，意味着 CCER 开始被更多金融机构认可。

CCER 质押贷款多发生在项目减排企业或碳资产公司和金融机构之间的交易。这种交易和配额质押贷款一样，可以帮助项目减排企业或碳资产公司获得短期融资，不过对于金融机构风险则更加高。因为 CCER 受政策性影响非常严

---

① 周慧：《湖北签署全国首单 100 万吨碳资产托管协议》，《21 世纪经济报道》2014 年 12 月 16 日。

② 高改芳：《上海银行 推 CCER 质押贷款》，中国证券报-中证网，2014-12-12，http://www.cs.com.cn/xwzx/jr/201412/t20141212_ 4588003.html。

重，如用作质押的 CCER 不符合在市场使用的资格，则将不具有很高的交易价值，项目减排企业或碳资产公司的违约风险非常高；此外，在目前碳试点期间，7 个碳交易市场出台的 CCER 抵消管理办法各不相同，使用比例等也不尽相同，导致 CCER 的价格参差不齐，给 CCER 评估价格将成为比较困难的事情。未来，随着全国碳市场统一后对 CCER 抵消管理办法的统一其风险将会有所缓解。表 8 为中国碳交易试点推出的 CCER 质押贷款产品汇总。

表 8　CCER 质押贷款产品汇总

时间	推出主体	碳市场	规模
2014 年 12 月	上海宝碳新能源环保科技、上海银行	上海	500 万元
2015 年 5 月	浦发银行、上海置信碳资产管理有限公司	上海	—

7. 碳配额场外掉期

掉期交易（Swap Transaction）是指交易双方约定在未来某一时期相互交换某种资产的交易形式。更为准确地说，掉期交易是当事人之间约定在未来某一期间内相互交换他们认为具有等价经济价值的现金流的交易。较为常见的是货币掉期交易和利率掉期交易。①

碳排放权场外掉期交易是交易双方以碳排放权为标的物，以现金结算标的物固定价交易与浮动价交易差价的场外合约交易。交易双方在签署合约时以固定价格确定交易，并在合同中约定在未来某个时间以当时的市场价格完成与固定价交易相对应的反向交易。最终结算时，交易双方只需对 2 次交易的价格间的差价进行现金结算。

碳排放权场外掉期，在碳期货产品缺失的阶段，应该作为重要的碳交易工具被市场参与者所运用，充分发挥其套期保值功能。作为场外交易工具，同场外碳期权合约一样，碳排放权场外期权具备在市场上被推出的基础和条件。

2015 年 6 月 15 日，中信证券股份有限公司、北京京能源创碳资产管理有限公司、北京环境交易所正式签署了国内首笔碳排放权场外掉期合约，交易量

---

① 《掉期交易》，外汇网，http：//forex. cnfol. com/120615/134, 2048, 12590972, 00. shtml, 2012 年 6 月 15 日。

为 1 万吨。①

　　碳掉期主要交易环节包括：（1）固定价交易：A、B 双方同意，A 方于合约结算日（例如：合约生效后 6 个月）以双方约定的固定价格 P 固向乙方购买标的碳排放权。（2）浮动价交易：A、B 双方同意，B 方于合约结算日以 P 浮价格向 A 方购买标的碳排放权。P 浮与标的碳排放权在交易所的现货市场交易价格相挂钩，例如 P 浮等于合约结算日之前 20 个交易日北京碳排放配额的公开交易平均价。（3）差价结算：合约结算日，交易所根据 P 固和 P 浮之间的差价对交易结果进行结算。若 P 固<P 浮，则看多方 A 为盈利方，看空方 B 为亏损方，B 向 A 支付资金＝（P 浮－P 固）×标的碳排放权；若 P 固>P 浮，则情况相反，看多方 A 为亏损方，看空方 B 为盈利方，A 向 B 支付资金＝（P 固－P 浮）×标的碳排放权。（4）保证金监管：交易所根据掉期合约的约定，向 A、B 双方收取初始保证金，并在合约期内根据现货市场价格的变化情况定期对保证金进行清算。交易所可根据清算结果，要求浮动亏损方补充维持保证金；若未按期补足，交易所有权进行强制平仓。

　　碳排放权场外掉期合约交易为碳市场交易参与人提供了一个防范价格风险、开展套期保值的手段。一方面，它是对国务院《关于促进资本市场健康发展的若干意见》（新国九条）提出的"继续推出大宗资源性产品期货品种，发展商品期权、商品指数、碳排放权等交易工具，充分发挥期货市场价格发现和风险管理功能，增强期货市场服务实体经济的能力"内容的积极响应；另一方面，此类交易的活跃将为碳市场创造更大的流动性，并为未来开展碳期货等创新交易摸索经验。②

表 9　碳配额场外掉期产品汇总

时间	推出主体	碳市场	规模
2015 年 6 月	中信证券股份有限公司、北京京能源创碳资产管理有限公司	北京	50 万元

---

① 王朱莹：《碳排放权场外掉期交易启航》，《中国证券报》2016 年 6 月 17 日。
② 北京环境交易所：《解读碳排放权场外掉期交易》2015 年 7 月 7 日。

8. 其他

除以上介绍的一些碳金融衍生品外，中国碳试点期间还存在如下产品，详见表10。

表 10 其他碳金融衍生产品汇总

产品名称	时间	推出主体	碳市场	规模
引入境外投资者	2014 年 9 月	新加坡银河环境公司	深圳	1 万吨
	2015 年 6 月	武汉鑫博茗科技，台湾石门山绿资本公司	湖北	8888 吨
绿色机构性存款	2014 年 12 月	兴业银行深圳分行、惠科电子（深圳）有限公司	深圳	20 万元左右
碳配额抵押融资	2014 年 12 月	华电新能源公司、浦发银行	广州	1000 万元
碳排放信托	2015 年 4 月	中建投信托、招银国金、卡本能源	上海	5000 万元
基于 CCER 的碳众筹项目	2015 年 7 月	汉能碳资产管理（北京）股份有限公司	湖北	20 万元
借碳	2015 年 8 月	申能财务公司、外高桥三发电、外高桥二、吴泾二发电、临港燃机	上海	—

三、经验与成就

相对健全的政策体系。为了节能减排、降低能耗，中国立志建立符合中国国情的碳市场。碳市场的建设非常复杂，需要良好的数据基础、复杂的制度设计、配套的基础设施、严格的法律保障等，制度成本较为高昂。在基础较为薄弱的情况下，直接建立全国统一碳市场非常困难，存在非常高的试错风险。因此试点的建立就为全国碳市场提供了宝贵的经验。试点阶段，各试点地区无论是从配额分配、交易规则、违约处罚、登记平台、MRV 规则、履约规则、配额分配方法等方面都做出了不同的尝试，在失败中求改革，不断改进、不断摸索，通过国家和七试点各领导层的不断努力，到目前七试点已经形成了比较成熟的、稳健的发展方向，这为 2017 年全国碳市场在政策建设方面提供了有力的支持和借鉴作用。未来全国碳市场将形成"1＋3＋N"的立法体系，即以《碳排放权交易管理条例》为中心，《企业碳排放报告管理办法》《第三方核查机构管理办法》《市场交易管理办法》等管理办法配套一系列的实施细则。

为中国碳市场初期碳价的制定提供参考。在试点阶段，七试点的价格走势由于受配额分配机制、经济发展、参与主体认识等的不同，造成试点地区碳交易价格相差较大。不过七试点的价格都充分地显示了地域碳试点的情况，正在逐步形成具有真实性，连续性和权威性的价格，进而实现价格发现的功能。各试点分别采用场内线上交易和场外协议交易两种交易模式，形成两种模式互补的定价机制。在交易价格调配区间方面，各试点也提出了不同的要求，比如北京提出了配额价格的调配区间为 20—150 元/吨，避免造成价格过高或过低增长，稳定了价格预期。七试点在碳定价方面为全国碳市场初期碳价的制定提供了参考作用，为全国碳市场价格发现奠定基础。

为控排企业和项目业主参与全国碳市场积累经验。通过三年试点的不断摸索和实践，无论是控排企业还是自愿参与交易的企业都在碳市场试点期间积累出了丰富的经验，很多企业对于碳市场不再陌生，甚至开始从被动履约发展成主动交易，主动与金融机构和资产公司联系，寻求碳金融等方面的合作，将碳资产管理作为公司另一项业务开展。某种程度上就为其参与全国统一的碳市场做足了准备，有的公司已经成立的自己的碳资产管理公司，进行碳资产的资源调配统筹管理。试点期间，很多碳资产公司通过碳资产综合管理获利，不但没有增加履约成本，同时还获得了部分收益。同时，CCER 项目业主通过将开发后的 CCER 进行销售，不但从中获利还大大增加其对清洁能源项目开发的积极性。这为企业积极参与全国碳市场起到了积极作用。

中国在未来国际碳市场中具有碳定价话语权。无论是哥本哈根会议还是多哈会议，中国作为最具争议的排放大国被推到了风口浪尖。对此中国积极行动，主动承担共同但有区别的责任，在碳排放市场方面积极探索，未来中国将成为全球第一大碳交易市场，届时中国将凭借其在碳交易方面取得的丰厚经验和成绩，在国际碳交易市场中拥有足够的话语权。①

四、碳市场发展建议

配额分配总量适度从紧。尽量保证供需平衡或供给小于需求，这样有助于促进企业间交易，同时不足量企业可以使用 CCER 进行抵消，从而促进清洁能源的发展建设。或政府提供配额调控的灵活机制，采用高价拍卖，促使企业进行节能减排，起到产业结构优化调整。

尽快出台全国统一的 CCER 抵消管理办法。目前七试点期间，各地 CCER 抵消管理办法各不相同，存在 CCER 无法顺畅流通，对市场参与主体的风险较大，市场参与主体多数对 CCER 持保守态度，属于观望阶段。未来全国碳市场统一后，建立统一的 CCER 抵消管理办法，有助于 CCER 在全国碳市场的流通，利于市场流动性的提高，降低风险，提高市场参与主体的积极性。

国家自愿减排和排放权交易注册登记系统进行完善。目前市场处于试点初期，国家自愿减排和排放权交易注册登记系统在同一项目不同监测期签发等问题仍存有改进的地方，随着全国碳市场的建立，国家自愿减排和排放权交易注册登记系统需不断完善，逐渐满足项目业主、控排企业和其他市场参与主体的需求。

加快碳金融市场的建设。欧盟碳市场作为目前最成功的碳市场，其在市场建立初期引进碳金融，碳期货交易占整个碳交易量的70%—80%。碳期货、碳远期等碳金融衍生产品能对未来的碳价格起到很好的参考作用，引领碳市场的发展。② 另外通过碳金融衍生品合理的利用对冲工具、金融杠杆，提前锁定未来碳价，能够有效地实现风险管控的作用，甚至从中获益。另外，引入了碳金融衍生品，能够增加产品的流动性，有助于吸引更多资金和参与主体的加入。

与国际对接。中国可以先从中国碳市场做起，逐渐实现与欧洲碳市场，日韩碳市场、美国地方碳市场等国际碳市场的对接，实现配额和 CCER 间的互

---

① 吴宏杰：《碳资产管理》，北京：北京联合出版公司 2015 年版。
② 杨星等：《碳金融市场》，广州：华南理工大学出版社 2015 年版。

通互用，逐渐由局部市场统一成全球整体碳交易市场，共同为碳排放事业做出贡献。①

　　行业参与者门槛提高。在碳市场如火如荼的建设过程中，需规范市场交易规则，控制风险，建议政府部门能够设立参与者门槛，确保参与主体具有很强的风险识别和风险控制能力，降低履约风险，这样有利于碳市场的健康发展。

---

① 绿金委碳金融工作组：《中国碳金融市场研究》，2016 年 9 月 6 日。

B 7

新一轮电力体制改革环境下的
全国统一碳市场

李栩然　蒋　慧①　黄　杰②

摘　要：

　　2015 年 3 月，中共中央、国务院下发了《关于进一步深化电力体制改革的若干意见》（中发〔2015〕9 号），提出了我国深化电力体制改革的目标、思路和任务，正式开启了新一轮电力体制改革。2016 年 3 月中美共同发表两年内的第三份《气候变化联合声明》并再次重申中国将于 2017 年启动全国碳交易市场。从全球范围内来看，电力行业既是碳排放和减碳的重要领域，也是碳交易市场的主体。尤其我国，发电装机容量已超过美国位居世界第一，同时也是世界最大的燃煤发电大国，电力行业具有较大的减碳潜力。但由于我国电力仍处于高度管制阶段，电价形成的市场化程度不高，难以反映资源稀缺和市场供求状况，不利于碳价与电价的传导，也不利于终端用户节约能源。本文结合新一轮电力市场改革和发展最新形势，分析统一碳市场发展趋势和可能模式，深入研究我国电力行业碳交易机制，重点探讨碳市场与电力市场、碳交易与电力交易、碳价与电价之间的关系，

---

① 李栩然、蒋慧，供职于香港排放权交易所有限公司。
② 黄杰，供职于南瑞集团公司（国网电力科学研究院）。

并提出协调碳市场与电力市场发展的适应性战略策略。

关键词：

　　碳交易　电力市场改革　电价　碳价　中国

1. 引言

　　气候变化是目前国际上公认的环境问题，是人类解决生存环境问题的当务之急。根据 IPCC 第五次气候变化评估报告①，人类活动产生的大量温室气体，尤其是二氧化碳，在很大程度上是 20 世纪中期以来全球气温上升的主要原因。气候变化引发的各种环境灾难都越来越受到关注，国际社会普遍认同减少人类活动产生的温室气体排放有利于减缓气候变化。2015 年底召开的巴黎会议达成了由 196 个国家和地区通过的《巴黎协定》②（以下简称《协定》）及相关决定，为 2020 年后全球应对气候变化国际合作奠定了法律基础。根据规定，在至少 55 个缔约方批准、接受、核准或加入文书后 30 日起，同时这些缔约方的温室气体排放总量至少占全球总量的 55%，则《巴黎协定》正式生效。2016 年 10 月 4 日，继中美宣布加入完成批约之后，欧盟在欧洲议会上正式投票批准了《巴黎协定》。由于欧盟 28 国本身的碳排放就占全球的 12.1%，欧盟的加入使协议生效的两个最低门槛均已达成，协议在 11 月 4 日就能从法律意义上生效落实执行。③

　　不同行业由于各自的技术特点与行业差别，即使采取类似的减排手段与方法，减排优先度与减排成本上依然会存在较大差异。碳交易利用不同个体间的减排成本差异，通过价格激励和市场交易，促使减排难度大、成本高的个体通过购买减排成本较低的个体产生的减排量来达到相同的减排效果。理论上，碳市场价格可以反映一个地区的边际减排成本，促进社会整体向低碳节能技术方

---

① Stocker T F, Qin D, Plattner G K, et al. *Climate change 2013*：*The physical science basis.* 2014.

② UNFCCC, C F C C. Adoption of the Paris Agreement. *Proposal by the President*（*Draft Decision*），United Nations Office, Geneva（Switzerland），2015. p. 32.

③ Paris climate deal：EU backs landmark agreement, *BBC*, 2016-10-04.

向发展。可见，碳交易的实质是通过市场经济手段，以最小成本达成减排效果。目前，多个国家与地区已建立或计划建立碳交易市场，中国也不例外。2015 年 9 月，中美共同发表的《气候变化联合声明》中[①]，中国向世界宣布将于 2017 年启动全国碳交易市场。2015 年 12 月，习近平总书记在巴黎气候大会上的讲话中，重申我国将于 2017 年建立全国碳交易市场，再次表明了中国政府将通过建立全国碳交易市场来应对气候变化的坚强决心。

全国碳交易市场第一阶段将涵盖石化、化工、建材、钢铁、有色、造纸、电力、航空等重点排放行业，各行业特点不同，碳市场中的参与角色也有所不同。鉴于电力是我国碳排放的大户，也是关系国计民生的基础性产业，因此有必要对电力行业开展碳交易问题进行重点研究，包括电力行业参与碳交易的形式和碳交易对电力发展的影响等。我国电力行业中，火电装机容量占比 69%，火电发电量占比 80% 左右。2013 年，煤炭消费量约为 42.4 亿吨，近一半煤炭用于发电。[②]而新一轮电力体制改革将推动清洁能源优先发电、燃煤机组市场竞争以及用电侧的节能减排，这些措施在促进电力市场化改革的同时，也必将为碳减排工作的开展带来了机遇。在此大背景下，国家层面应统筹考虑电力市场与碳交易市场的建设，推动两个市场协调发展、相互促进。

本文的主要研究内容包括五个方面：（1）我国碳市场发展趋势分析。针对电力行业分析我国碳交易试点运行效果，研判我国碳市场的发展趋势。对比国外碳市场发展现状及政策动态，主要是欧盟和美国两大主要市场的对比。（2）新一轮电力市场改革和发展形式分析。针对电力改革出现的问题，与碳市场的政策重叠，有效程度，对比欧美电力市场化情况。（3）碳市场对电力市场改革的影响，主要是电力行业随着碳市场发展的角色过度及变化，分别对CDM 时期的补充机制卖家，到试点阶段的卖家及买家，到全国统一市场后转变为买家为主，对电力行业碳交易机制深化研究；（4）电力市场改革对碳市场影响，分析我国电力行业碳减排现状，研究电力行业开展碳交易的优势与困难，主要从短期和中长期两个角度分析；（5）总结全国碳市场与全国电力市

---

① 《中美气候变化联合声明》，新华社，2014 年 11 月 13 日，http://news.xinhuanet.com/energy/2014-11/13/c_127204771.htm。

② 刘长松：《电力"卖碳翁"：挑战虽大前景可期》，《中国电力报》2016 年 8 月 6 日。

图 7 新一轮电力体制改革环境下的全国统一碳市场

场的相互关系，分析碳市场给电力企业带来的机遇和挑战，从战略、管理和交易层面分别提出电力企业的适应性战略策略。

2. 电力行业参与碳市场发展趋势分析

2.1 欧美电力行业参与碳市场情况

欧盟排放交易体系（EU-ETS）从 2005 年开始运行，现在已经处于第三执行阶段（2013 年到 2020 年）。在三个阶段中，电力行业分配到的配额都占欧盟约一半的量。考虑到由于不同行业的经济形势的影响，一方面，EU-ETS 对钢铁，造纸等高耗能行业采取了一定的保护措施，以减缓其面对国际竞争的压力，另一方面，不可避免地，电力行业成为受管制的重点行业。在前两个阶段欧盟仅仅设计了某些指导原则，并没有在欧盟层面协调配额分配的方法。EU-ETS 指令（EC 2003）赋予了成员国选择的机会，基于一系列限制条件来结合国家分配计划（NAP）决定分配多少配额。很多情况下，欧委会要求成员国修改 NAP，特别要降低国家总配额。一旦 NAP 通过，设定的总量和其管控设施的配额都不得更改。EC 2003 规定，第一阶段至少 95% 的配额应该免费分发，第二阶段 90% 的配额免费。由于简单易行，基于历史排放量的祖父法是该时期配额分配的主要方法①。在此机制背景下，2008 至 2014 年期间，电力行业从 EU-ETS 中甚至获取了额外的利润，主要通过以下三种形式而获得：

（1）由过剩的免费配额获取利润。在许多部门或者国家，免费的配额超过其核证排放，使得企业可以通过在市场上售卖多余的配额产生额外的利润。

（2）使用用于履约的清洁发展机制/联合履行机制减排信用获利。企业获得授权，其可以使用更廉价的清洁发展机制/联合履行机制创造的碳信用来履约。许多企业使用这些廉价碳信用来履约，然后在碳排放市场上卖掉多余的免

---

① 吴倩、Maarten Neelis，Carlos Casanova：《中国碳排放交易机制配额分配初始评估》，2014 年 4 月 7 日。

费配额获取额外利润。

（3）通过转嫁免费配额的机会成本来获利。有大量的经验表明，企业能够将碳成本转嫁到产品价格中。尽管配额是免费分配，但大多数部门能够将这些配额的机会成本转嫁到产品价格中，赚取意外之财。

从第一阶段结束后就有行业抱怨说在基于历史排放量的配额分配方法的规则下，得益的是那些过去排放较多的企业，而不是在 EU-ETS 建立之前已经采取行动减排的企业。为解决这一问题，从第三阶段开始，电力行业将不再获得免费配额，而是需要通过参与拍卖来获取，其他易受国际竞争影响的行业则仍可以获得免费配额，但采用基准值法，而非祖父法来进行配额分配。截至 2015 年，欧洲碳市场管理下的碳排放量连续第五年下降，部分原因是可再生能源替代了电力部门的部分碳排放。欧洲电力行业去年的排放只有 10.14 亿吨，下降 0.4%，带动了总排放量的下降，这主要归功于可再生能源发电的增加[1]。另一个因素是廉价的天然气价格，提高了燃气发电站的盈利能力。这些燃气发电站的二氧化碳排放量为燃煤电站的一半。通过欧盟的运行可以得出一个结论，虽然电力公司通过电价转嫁碳成本（碳价的 50%—70%）给消费者从而获得了一定的利润，但这也使得当时欧洲许多发电厂由煤转向了天然气，也让 EU-ETS 一度活跃成为一个巨大的资本市场。

不仅欧盟是中国统一碳市场研究和学习的好案例，美国在碳市场的实践中也有许多宝贵的经验值得中国学习。美国首个强制性碳排放权交易体系——区域温室气体减排行动（RGGI）碳市场建设的核心机制设计中完善的法规体系建设、尊重区域异质性、多层次的监管体系、定期评估和动态调整机制等对我国碳市场建设都具有重要启示。

RGGI 是一个基于总量控制与交易（cap and trade）的温室气体减排行动计划，现在包括美国东北部的 9 个成员州。RGGI 将电厂作为规制对象，CO_2 为规制温室气体，控排企业范围是成员州内 2005 年后所有装机容量大于或等

---

[1] 《欧洲碳市场排放量连续第五年下降降幅达 0.4%》，低碳工业网，2016-04-07，http://www.tangongye.com/news/NewShow.aspx？id=248468。

于 25 兆瓦且化石燃料占 50% 以上的发电企业。[①] RGGI 的初始配额总量由各成员州的配额总量加总确定，各成员州根据过去 8 年（2000 年至 2008 年）历史碳排放情况设定各自初始配额总量。与历史碳排放总量相比，除了特拉华州和罗得岛州两州外，其余成员州均设定了较为宽松的配额总量。由于美国页岩气革命，燃气价格大幅下落，在首个履约控制期期间，RGGI 控排企业实际碳排放下降明显，碳市场在运行初期即面临碳配额严重供过于求。配额过剩给 RGGI 碳市场带来了严重的后果，主要表现在碳价持续低迷和碳市场活跃度不高，通过碳市场交易来发现价格和传递价格信号的功能基本丧失，通过碳交易政策来刺激减排和低碳投资的初衷落空。为了挽救碳市场，RGGI 果断在 2013 年对初始配额总量设置进行了动态调整，并出台若干配套机制以稳定碳市场。RGGI 对配额预算的动态调整为碳市场带来了重大转机，取得了立竿见影的效果。自 2015 年以来，RGGI 一级市场碳配额拍卖价格和竞拍主体数量开始稳步双双回升，二级市场活跃度也明显提高，越来越多的投资者进入碳市场，碳市场流动性增强，控排企业对碳市场的重视程度日益提升。

2.2 中国电力行业参与碳市场现状

我国经济发展在地区和行业之间差异大，社会低碳意识薄弱、企业碳排放数据基础差，缺乏相关立法，企业所有制结构多元，电力等行业不完全市场特征明显，这些构成了中国建立全国碳交易市场的特殊国情。中国于 2011 年开始启动"两省五市"七个碳交易试点工作，旨在通过试点探索为建设全国碳交易市场提供经验借鉴。2014 年，我国碳市场建设加速推进，七省市碳交易市场均已启动，全国碳交易市场计划 2017 年建立。

当前电力行业面临的主要约束，正从烟尘、二氧化硫、氮氧化物等常规污染物排放控制向碳减排控制转变。电力行业作为重点控排对象，将面临重大挑战和机遇。如何利用碳市场有效促进电力企业降低碳排放应得到碳市场规则设计充分重视。其中最应重视的，就是随着新一轮电力体制改革快速推进，需认

真分析其潜在影响，在碳市场规则设计中做出恰当设置。新一轮的电力改革对于电力行业参与碳市场，以及碳市场的发展都将产生较深远的影响。

进入 21 世纪以来，能源消耗增速下降趋势在电力生产及消费上表现明显。2000—2014 年，全国发电量年均增加近 3000 亿千瓦时。2015 年，发电量仅增加 277 亿千瓦时，不及以往年均增量的十分之一。用电量强劲增长的势头明显减退。受到用电量增速下滑和清洁能源发电量增加双重影响，全国煤炭消费形势发生了巨大转变。2000—2013 年，全国煤炭消费量年均增加 2.18 亿吨，年均增长 8.8%。2013 年煤炭消费量达到峰值，总量超过 42.2 亿吨。2014 年则出现了首次下滑，同比减少 1.23 亿吨，降幅为 2.9%。2015 年以来，煤炭消费量继续下滑，降幅达 3.7%。[①]

正是在能源行业处于转型改革的时候，中国碳市场应运而生。2013 年，获国家发改委批准，北京、上海、天津、重庆、湖北、广东和深圳等七个地区开展了碳交易试点。目前七试点总经济规模占中国 GDP 的 25%，动力生产占全国 21%，且大部分以煤为主。由于七个试点横跨了中国东、中、西部地区，区域经济差异较大，制度设计体现出了一定的区域特征。深圳的制度设计以市场化为导向，湖北注重市场活跃度，北京和上海注重履约管理，而广东重视一级市场，重庆企业配额自主申报的配发模式。这些都为建立全国碳市场提供了丰富的经验和教训。

相较于其他行业，电力行业主要具有以下的特点：产品单一、排放源单一（大部分碳排放来自煤炭燃烧）、基础数据情况良好、碳排放量大且集中、计量和监测工作易于开展等特点，因此也往往成为碳排放交易体系的首选行业。就电力行业而言，目前被归入碳交易试点的电力企业并不算多，七个试点共有 3 家电网企业和 138 家发电企业被纳入。2015 年纳入广东省碳排放的控排企业为火力发电、水泥、钢铁和石化行业的 187 家企业，其中火力发电企业为 64 家，占据了控排企业总数的 35%。根据目前试点的情况来看，电力行业的配额分配方式主要分为历史排放强度法和基准法。北京、湖北和天津试点采用历史

[①] 齐晔、张希良：《低碳发展蓝皮书：中国低碳发展报告（2015—2016）》，北京：社会科学文献出版社 2016 年版。

排放强度法，侧重于根据企业过去年份的碳排放强度来确定发放的配额量，这种分配方式相对于控排企业而言较为可接受性强，但不利于鼓励行业先进，容易导致配额过剩，碳市场活跃度不足的情况。广东（燃煤燃气纯发电机组和燃煤热电联产机组）、上海和深圳试点采用基准法，侧重于根据行业标杆值确定发放的配额量，以此鼓励行业先进，倒逼企业进行技术革新和节能减排，但电力企业的减排压力会相对增大，一个公平合理的行业标杆值的确定也存在难度，需考虑行业技术发展现状、减排空间、能耗标准等因素。[1]

表1　电力行业试点情况统计

试点	发电企业	电网企业	电力企业占比	配额分配
北京	11	2	3.13%	历史强度法
天津	17	—	15.59%	历史强度法
上海	14	—	6.67%	行业基准线法
广东	64	—	26.45%	纯发电机组采用行业基准线法，热电联产机组采用历史排放法
重庆	—	—	—	历史排放法
深圳	8	1	1.08%	大部分电力企业采用行业基准线法，部分电力企业采用历史强度法
湖北	24	—	11.59%	历史强度法

目前，我国七个碳交易试点地区均将电力行业作为重点控排对象纳入，电力企业积极参与碳排放权交易试点，华能、大唐、华电、国电、神华、粤电等大型发电集团公司均建立了企业碳排放管理机制。华能集团设立了华能碳资产经营有限公司来专门负责其碳资产的经营运作，并且要求到2017年达到超低排放。2015年6月10日，华能南方分公司汕头电厂、海门电厂与壳牌石油签订了国内成交量最大碳配额及核证减排量互换（CCER置换）协议，取得收益140万元。国家电投设立了电投碳资产来统一管理旗下近百家电厂的碳资产（作为电力行业五大央企之一，其总发电装机近1.1亿千瓦，其中火电占比约

① 郭雯怡：《浅议首批纳入全国碳交易市场的重点行业之电力行业》，《碳路者》2016年第3期。

64%。国家电投旗下共13家电厂被纳入试点控排企业，其中上海试点有5家、重庆试点有6家、湖北和广东试点各有1家。这13家控排企业各自的配额盈余或缺口数量不大，都已如期完成了试点阶段所有年度的履约。）中国节能环保集团，京能集团也都分别设立了旗下的碳资产管理公司华璟碳资产和北京京能源创碳资产公司，大唐近期也将搭建碳资产运营管理架构，注册碳资产公司。国家电网也设立了上海置信碳资产积极参与碳市场的建设与交易。

通过三年的碳交易试点的经验可以总结出，在电力市场化改革逐渐深化的环境下，电力企业参与碳排放交易体系其实比单纯依靠行政体制（罚款）更有优势。比如有的企业确实没办法减排，而有的企业减排空间很大，通过交易可以实现双方在减排成本上的市场优化。又比如有些场景下，企业实施减排的手段比较单一，而且考虑投资的周期，减排积极性也不高，通过交易可以促进行业减排技术的合理的更新换代。全国碳排放交易市场预计2017年启动，电力企业基本全面纳入碳市场，为其完成减排任务提供了一种灵活的市场手段。同时，这也有助于企业以最低成本实现控排目标。如果能够有效管理碳资产，电力企业完全可以从中获益。而通过三年的碳交易试点实践，也可以看出我国电力企业参与碳交易时出现的一些问题。纳入到试点的电力企业虽然期望通过参与碳交易获利，但限于配额的预分配制度，企业无法再最终结果出来之前确定其可分配到的配额究竟有多少。而电力企业普遍缺乏独立测评碳排放能力，无法估算碳排放量是有盈余还是有缺口，配额是否够用。除了上文提及的大集团企业外多数企业对碳排放认识仅仅停留在初级阶段，单纯的以购买国家规定设备来应对减排任务，而对整体减排规划乃至交易策略都少有涉及。另外，7个碳交易试点均发布了各自的碳排放量化和报告指南，各试点的报告指南在量化原则、核算方法和报告机制等方面大致相同，但在核算所涵盖的温室气体种类、排放边界确定、数据的获取以及相关排放因子等细节方面不尽相同。这也给全国碳市场带来一系列衍生问题，包括如何做好碳交易的基础工作，做好企业碳排放管理工作等。

对于发电企业，短期内的工作重点一定是进一步优化其电源结构。首先，大力发展新能源技术，提高清洁能源发电比例。其次，应用新技术提高火电发电效率，大力推行洁净煤发电技术，对传统火电机组和生产技术进行优化升

图 7 新一轮电力体制改革环境下的全国统一碳市场

级，进一步淘汰小火电机组和落后产能，降低火电供电标准煤耗，从源头减少碳排放。第三，加大对二氧化碳捕集与封存技术（CCS）等关键技术研发和应用，不断提高捕集效率，降低工程造价，为实现大规模工业化应用创造条件。对于电网企业，要进一步加大大规模可再生能源并网、储能技术、电动汽车充电技术、智能电网等低碳技术和关键设备的研发力度；提高电网运行管理和技术水平提高电网输送效率，降低输配电损耗；加强智能电网建设，提高电力系统运行效率，通过灵活接入可再生能源和分布式能源、加强需求侧管理和综合能效服务、促进发电权交易、推动电动汽车发展等措施，带动行业上下游及全社会开展节能减碳。

2.3 中国统一碳市场的发展趋势

若要实现二氧化碳排放达峰目标，2030 年二氧化碳排放量需要较现有政策情景下降 17 亿吨，届时峰值在 110 亿吨左右，碳价需要达到 130 元/吨。其中，主要的技术减排潜力将来自发电行业发展可再生能源、核电以及天然气发电等，合计约贡献减排量 8.4 亿吨，占全部减排量的一半。[①] 电力行业也成为能否提前达峰的关键。但电力行业燃料替代（天然气及生物质代煤）的减排潜力只有 2.6 亿吨二氧化碳，剩下的 5.8 亿吨二氧化碳都需要通过发展可再生能源技术来实现。因此必须要解决好当前普遍存在的弃风弃水甚至弃核问题，保障可再生能源满额发电，确保可再生能源大力发展。

配额如何进行分配，是碳交易各参与方，尤其是被纳入的控排企业的关注重点。配额发放的合理与否，将直接影响电力行业碳市场的参与积极性以及企业自身的生产经营成本。全国碳市场已确定以基准法为主，历史强度下降法为辅。前者是根据重点排放单位的实物产出量（活动水平）、所属行业排放基准和调整系数来计算重点排放单位配额，后者根据实物产出量、历史强度值、历史强度下降率和调整系数四个系数来计算配额。但是，目前国内市场由于电力和热力价格形成和传导机制不畅等原因将间接排放纳入了计算范围（因为目

前中国电价是受管制的, 价格成本无法向下游传导, 纳入间接排放后工业用户也将为其电力消费支付间接排放成本, 有助于电力消费侧的减排。因此, 纳入间接排放是在中国现有电力体制下, 电力市场不完全的折中方案。另外, 有关学者的研究发现, 我国一些省市的间接排放达到了其总排放的80%)。[①] 从短期看, 不同标准、重复计算或重复分配可能带来配额不同质的根本问题, 从长期来说, 会给未来与国际市场的联结带来困难。随着能源价格体制改革特别是电价改革的进展, 国家配额交易应从直接和间接排放并用逐步过渡到单一直接排放的市场体系。在全国统一碳市场运行初期, 即使为了推进交易从而允许电力行业的直接配额和间接配额同等或比价交易, 也应该在注册登记系统中将这两种配额区分开来, 设置两个不同的产品标签。另外, 在全国碳市场发展到一定阶段的时候, 电力行业碳排放配额分配可以考虑探索差别化分配方式, 在确保电力可靠供应和能源安全的前提下, 适当提高大中型企业的配额拍卖比例, 推动其采用新型低碳技术。

目前, 我国碳交易市场建设方向已经明确, 随着2017年全国碳排放交易体系的建立和运行, 中国碳市场发展目标不仅要服务于国家应对气候变化的战略, 而且还要以实体产业为主体, 服务产业转型升级。在《京都议定书》时期, 欧洲碳市场之所以可行是基于能源市场化这一前提, 而在中国现行体制下, 电力商品定价权仍由国家主管部门控制。在现有的电价体制下, 采取清洁发电技术后增加的运行成本难以被发电企业消化, 也难以转嫁给消费者。其关键结构性问题是无法简单通过调整上网电价来影响终端电价。因此, 必须设计一个有效且可持续的排放交易体系, 尽可能减少对电力部门的不良影响。所以要分阶段逐步加强碳市场建设和电力市场化改革的协调衔接, 进一步完善电价形成机制, 带动各行业共同控制碳排放。如果能协调好碳市场和电力市场的链接, 碳市场的影响力就不仅仅是一个基于配额交易的数百亿的资本市场, 而是一个千万亿级别的资金市场。另外, 若仅仅依赖碳市场来实现二氧化碳排放达峰目标, 仅通过现货交易是很难实现的。以全国碳市配额总量40亿吨计算, 按照5%的流通率, 可流通的配额总量约2亿吨。若每吨按试点市场的平均价

---

① 齐绍洲、黄锦鹏:《碳交易市场如何从试点走向全国》,《光明日报》2016年2月3日第15版。

图 7　新一轮电力体制改革环境下的全国统一碳市场

格 30 元计算，市场现货总交易金额仅有 60 亿元人民币。而试点市场发现的价格，还不能真正反映目前减排的成本，而且各地的碳排放配额不能在不同地区之间流动和重新配置，所以不能有效发挥资源优化配置作用，碳价及期货交易的问题有待全国统一市场来解决。

对于电力企业来说，如何从集团层面，加强碳资产管理，规避碳交易风险、提高企业竞争力才是应对全国碳市场的核心问题。其实早在 2005 年，BP 集团就通过集团内部的碳交易向世界证明了碳交易的减排效率及成果。多数电力企业的下属公司都是分布在全国各地，完全可以根据内部减排、外部购碳等手段降低履约成本。例如，发电企业可结合自身发展战略和可再生能源项目布局，通过开发自愿减排项目或直接购买 CCER 来满足部分履约需求，其余的可通过拍卖或二级市场购买碳排放配额进行履约。对于电网企业，需要做好碳资产管理基础服务，碳资产委托管理服务和企业低碳发展整体规划。另外，能源互联网已经成为新的发展趋势，未来发电企业、电网企业、用户之间的联系更为紧密、互动更为频繁，将为整个电力供应链实现更大减排效益创造条件。

3. 我国电力市场化改革现状与趋势分析

从电力市场改革的历程来看，一般会经历如图 1 所列举的四种形态。理论上，电力市场建设应中长期交易和现货交易并举；现货市场是实现电力资源优化配置、发现电力时空价值的核心环节，中长期市场则是市场成员规避价格波动风险、提前锁定基本收益的重要手段，两者缺一不可。实际的市场运行中，市场成员在中长期市场中签订的合约电量往往会存在执行偏差或与现货市场交易进行衔接和协调的问题。因此，需要详细考虑中长期合约交易偏差电量的处理机制，以确保电力市场的平稳有序运行。逐步建立以中长期交易规避风险、以现货交易集中优化配置电力资源、发现真实价格信号的电力市场体系。

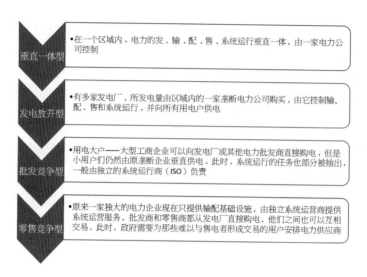

图 1　电力市场改革历程

3.1 欧美电力市场现状

欧美作为电力改革的先行者，在推动市场开放中的透明、公平等方面积累了大量的经验。1996 年，欧洲提出进行电力市场化改革。经过 20 年时间，欧盟大部分国家市场化改革已经初见成效。欧盟的电力市场化改革历经了三个阶段，1996 年，欧盟发布了关于电力市场改革的第一个指令草案，强调部分开放、适度监管和厂网分开。这个阶段的目标是加强竞争和降低电价。2003 年，欧盟进一步推进市场开放和市场融合，敲定 2007 为零售市场开放的时间。这个阶段的目标是推进各国在法律和功能上实现电网运行与发电、供电分离。2007 年，欧盟提出了第三个有关电力和天然气市场化改革的指令草案，强化各国监管机构的权力和独立性，建立各国监管机构合作机制，设立能源监管合作机构，加强零售市场的透明度，这个阶段开始确定了对于消费者权益保护的框架。

虽然每次有关电力和天然气市场化改革的指令草案，都规定了保证消费者从有效的市场运作中获利，推动竞争以及保护消费者权益，可是企业毕竟是逐利的，在多数市场开放但并未形成完善的竞争机制时带来的结果是用户电价上涨。所以在一些经济下行的国家，电力的市场化改革进程由于政府出于对电价

图 7　新一轮电力体制改革环境下的全国统一碳市场

管控的目的而有所放缓。所以在欧盟国家中，哪个国家市场化开始较早，哪个国家的售电商就越多。而一些大的售电商已经将自己的业务延伸到其他国家，比如法国售电商 EDF，已经将售电业务拓展到周边的国家比如英国、比利时、荷兰、波兰等国家。

欧洲内部电力市场改革预期通过以下两点使电力市场改革取得积极成果，一是在不同市场引入不同程度的竞争；二是通过市场联合和以输电量为基础的能力分配，欧洲内部跨国电力贸易较以前更快、更加有效。但现实与预期存在差距，欧洲市场架构未能适应去碳化挑战，相关政策框架已不适应新的形势。欧盟 2030 年能源体系将全然不同于今日，50% 的能源将来自可再生能源，35 年后实现能源供给零碳化。同时，电力市场将经历更加非集中的和多样的能源生产方式，需求更具弹性。欧盟内部能源市场面临两大问题：电力价格机制不健全，不能有效引导投资方向；规制和政策制定仍囿于成员国自身利益和视角，导致政策碎片化，影响市场融合。鉴此，欧盟应着手推动以下事项：首先，在能源部门进一步去碳化过程中，建立合适的价格机制，促进电力市场价格信号传导，以引导投资或需求；第二，从成员国利益和角度转向整个内部市场，制定共同方法，评估市场体系，注重相关机制设计。第三，进行制度设计，克服成员国利益影响。第四，建立联合的规制和监管。

与欧盟改革发展进程基本一致，美国时至今日堪称世界最大的电力市场，也是在自由市场中从无到有、逐步发展出来的。事实上，由于美国是基于州自治的政治体系，美国的电力产业结构也是相对分散化以及复杂化的，其电网的产权结构分散于超过五百家的公司与组织。即使历经多年的改革，时至今日美国也只是妥协出一个输配分离，基于区域电力调度的形式，使得市场的竞争主要存在于上游的输电系统。这是因为美国的政府不能随便没收电力公司的私有产权，也不能任意干涉他们的经营方式，像前文介绍的 RGGI 一样，政府职能呼吁，协调临近区域的电力公司将输电网路拿出来，行程一个联营的组织（regional transmission organization, RTO，也有的称为 independent system operator, ISO）来负责统一的网调度组织。正因为这样的架构，美国的电网行程了各自为政的几大区域性电网 [西部（加州）、东部（PJM）与德州]。由于建设时间早、电源建设滞后于经济发展，而且区域间仅靠数条超高压线路弱联系，跨区的交易也非常困难。有鉴于此，美国大力推行智能电网改造，主要在既有的线路上增加通信与自动控制设备，并在需求侧管理方面走在了世界前列。无论欧美，目前比较统一的发展观点是让所有市场主体参与电力市场规则制定，同时放开发电端和售电端，通过用户的参与和自主选择形成竞争，引导资源优化配置。比较典型的是英国从 2001 年开始提出的电力交易新模式（New Electricity Trading Arrangements，NETA），引入发电商和用户直接参与的双边合同交易，用户选择权得到重视，同时也遏制了潜在的垄断行为。这相较仅开放发电力市场会更有利于防止大型发电集团对电价的操纵。

而美国近期对电力乃至能源市场除了推动智能电网这个短期优化方案之外，还提出了清洁电力计划的长期方案。其目标是到 2030 年，美国电力行业的碳排放将比 2005 年减少 32%。美国环保局为各州规定了不同的二氧化碳排放量，各州自行决定实现手段。考虑到当下美国电网正在经历由煤等高排放的化石燃料向天然气与可再生能源转换的进程，且全美用电需求增长趋缓，其实这个计划还是很务实的。该计划由于其经济可行性而一直备受争议，前景并不明朗。但无论其实施与否，由天然气低价、可再生能源成本下降及其补贴性政策、燃煤电站退役计划等因素驱动，美国发电业都在朝着清洁化的方向不断转变。

3.2 中国新一轮电力市场化改革现状

新一轮电改的大背景是，随着中国经济增速放缓，电力需求放缓，电力行业开始由短缺变成供大于求。未来电力市场化竞争将进一步加剧，发电行业未来有可能出现盈亏分化，优胜劣汰。两网将不再能通过旧有权力进行垄断，随着更多资本的涌入，电网领域将出现资本垄断。中国电力企业联合会发布的《2016 年上半年全国电力供需形势分析预测报告》[①] 中称，全国电力供需总体宽松、部分地区过剩。随着中国经济增速的放缓，电力供大于求的现象已经持续近三年。去年开始启动的新一轮电力体制改革，提出"放开两头，管住中

---

① 中国电力企业联合会：《2016 年全国电力供需形势分析预测报告》，《中国电力报》2016 年 2 月 4 日第 4 版。

图 7　新一轮电力体制改革环境下的全国统一碳市场

间"，让民间资本看到了进入电力行业的机遇，并逐渐开始参与成立售配电公司、电力交易中心。

在电力市场建设方面，2015 年 3 月，中共中央、国务院下发了《关于进一步深化电力体制改革的若干意见》（中发〔2015〕9 号），提出了我国深化电力体制改革的目标、思路和任务，正式开启了新一轮电力体制改革。国家能源局也提出，2016 年力争直接交易电量比例达到本地工业用电量的 30%，2018 年实现工业用电量 100% 放开，2020 年实现商业用电量的全部放开。其实电改在中国已经走过了漫漫长路，早在 2002 年的电改中，华北、东北、西北、华中、华东五大电网有限公司曾被寄望打破电力垄断的重任。2006 年，为了进一步深化电改的电力市场建设和市场交易工作，国网设立了包括省（自治区、直辖市）电力公司的三级电力交易中心结构。这一轮电改更为彻底，直接推翻了此前运行多年的结构，要求五大区域电网需限时完成法人注销工作，各区域、省市纷纷成立注册电力交易中心，而且此次电改中成立的电力交易中心皆为独立法人的有限责任公司。在目前成立的 30 家电力交易中心中，除了南方电网公司区域内的广州、贵州、广东电力交易中心为电网绝对控股（广州、贵州电力交易中心为南网绝对控股，各持股 66.7%、80%，广东电力交易中心为广东电网公司控股、省内发电、售电等其他市场主体和第三方机构参股），由国家电网先后成立的 27 家电力交易中心均为国网独资，为国家电网全资子公司。其中，北京、广州两中心是属于国家级的。北京电力交易中心主要负责跨区跨省电力市场的建设和运营，负责落实国家计划、地方政府间协议，开展市场化跨区跨省交易，促进清洁能源大范围消纳，逐步推进全国范围内的市场融合，未来开展电力金融交易。广州电力交易中心主要负责落实国家西电东送战略，落实国家计划、地方政府间协议，为跨区跨省市场化交易提供服务，促进省间余缺调剂和清洁能源消纳，逐步推进全国范围的市场融合，在更大范围内优化配置资源。

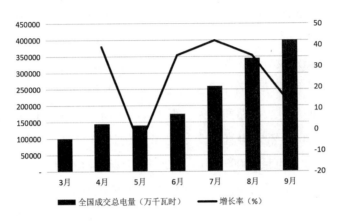

图2　广东首轮（7个月）电价交易电量

在全国新一轮电改的浪潮中，广东电力市场可谓先行者。早在2013年，广东省已经开始电力大用户与发电企业直接交易试点，至今累计交易电量737亿千瓦时，通过市场化的电力交易累计让利电费13.07亿元。[①] 而步入2016年，广东电力市场又率先引入售电公司参与市场化交易，在前3个季度（3月到9月）一共组织了连续7个月的竞价交易，广东共成交电量159.8亿千瓦时，超出此前140亿千瓦时预期，提前三个月完成全年目标。在7次竞价交易中心，售电公司成为最大亮点。售电公司从最开始的13家，猛增至154家（含第四批公示），这期间只用了短短6个月的时间。售电公司整体市占率为71.37%，大用户自行购电成交比例为28.63%，售电公司灵活的机制和专业的报价策略使得售电公司效率极高。在7次交易中，共有53家售电公司完成了交易，另有64家售电公司"零成交"未能开展业务，充分说明售电公司门槛不高，但市场竞争门槛较高。与此同时市场高度集中，虽然广东规定单个售电公司市占率不能超过15%，但实际情况来看，市场份额排名前十家售电公司市占率达到91%，前五大售电公司市占率64%，市场分化明显。[②]

相信随着未来市场竞争逐渐不断深化，交易规则逐渐完善，有一大批"抢注"的售电公司将会被淘汰，而留存的公司将需要从纵向（企业的增值服

---

① 路郑：《南方五省区推进电力市场化交易》，《中国能源报》2016年7月4日第21版。

② "3—9月广东电力竞价交易全解析"，北极星输配电网，2016-09-22，http：//shoudian.bjx.com.cn/news/20160922/774962.shtml。

图 7   新一轮电力体制改革环境下的全国统一碳市场

务）和横向（其他竞价地区）进一步扩展。而随着电力市场与碳市场的共同协调发展，部分掌握用户资源的售电公司也将会发挥其优势将碳市场的业务并入增值业务中。而国内电力市场的发展，除了厘清碳市场与电力市场的关系，推动两者协调发展外，重点会放在如何结合现货交易和中长期期货交易的关系。中长期电力交易合同是保障电力供应和发、用电双方规避市场价格风险的基础；现货市场的集中竞价交易机制是电力资源优化配置的关键，除了保证电力实时平衡外还给市场提供丰富的价格信号，引导电源、电网等的投资。

3.3 中国新一轮电力市场化改革趋势

我国于 21 世纪初实行厂网分离，结束了垂直一体化垄断的历史。在电源侧由几家大型发电集团形成寡头垄断，电网侧虽按区域拆分成两家电网公司，但各自依旧垄断电力的输配售业务环节，甚至延伸到了上游的设计和下游的设备制造业和服务业等多个业务环节，是最强大的市场力量。业内普遍认为，需同时满足以下几个条件的环节可以解除垄断管制，如图 3 所示开放竞争成为真正意义上的双边开放电力市场：①电力供应大于需求；②电网建设相对完善；③电价高于成本；④电力监管者具有经验与信誉。我们从四个角度逐一分析一下电力市场改革的趋势。

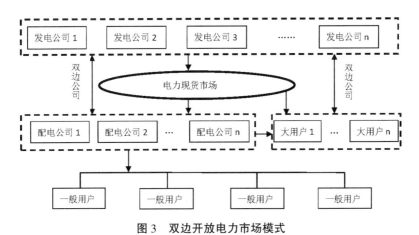

图 3   双边开放电力市场模式

从电力需求和供应的角度来看，能源消耗增速下降情况在电力生产和消费上表现明显。2000—2014 年的 14 年间，全国发电量年均增加近 3000 亿千瓦时。2015 年，发电量仅增加 277 亿千瓦时，不及以往年均增量的十分之一。用电量强劲增长的势头明显减退。受到用电量增速下滑和清洁能源发电量增加双重影响，全国煤炭消费发生了巨大转折。2000—2013 年的 13 年间，全国煤炭消费量年均增加 2.18 亿吨，年均增长 8.8%。2013 年煤炭消费量达到峰值，总量超过 42.2 亿吨。2014 年则出现了首次下滑，总量减少 1.23 亿吨，降幅为 2.9%。2015 年以来，煤炭消费量继续下滑，降幅达 3.7%。所以从整体来说，社会发电量是供大于求的，供求紧张只是偶发性的或者说是存在于部分区域。这是由于我国能源与负荷的分布不均，电源点主要集中于西部与北部，而用电负荷高的地区主要集中在华东与华南地区。从供给的规划来看，国家能源局已经开始启动了能源结构的调整。3 月下旬，中国媒体报道称，有 13 个省份的新建燃煤电厂项目审批被暂停，而在 15 个省份，已经得到核准的燃煤电厂项目被要求缓建。这就意味着中国将有 250 个燃煤电厂机组的许可和建设被暂停或暂缓。总体来说，在上述十几个省份之外，中国目前有超过 500 个燃煤电厂机组分别处于在建、获批待建和待审批状态。这就意味着，在未来几年，仍然会有 300 吉瓦的燃煤电厂上马，这将导致中国燃煤电厂的利用率在 1964 年以来最低点 49% 的基础上，进一步降低至 40%。继续将大量资金投入到燃煤电厂项目将是巨大的经济浪费，这些资金本来可以用于加速可再生能源的发展，同时过多的闲置的燃煤电厂还会导致弃风弃光错误政策的发生，从而限制清洁能源的发展。短期来看，能源规划者十分有必要全面实施新政以遏制燃煤电厂的建设，将新政更广泛地推广到其余煤电逆势投资的省份。长期来看的解决方案是，让电力市场更多由市场来推动和决定，并且防止资金投资于已处于风险中并会造成污染的项目。[①]

从电网建设的程度来看，中国强调坚强智能电网，既强调了电网建设，也重视智能化发展，是软硬兼顾的做法。目前已经建成的"三交三直"和规划中的"五交六直"特高压骨干网架具有良好的承载与传输能力，基本具备对当前负荷的供给能力并适应未来的发展要求。电网的建设目前看到阻力更多的

---

① Lauri Myllyvirta：《中国应遏制不必要的燃煤电厂建设》，FT 中文网，2016-03-30，http：// www.ftchinese.com/story/001066868。

图 7 新一轮电力体制改革环境下的全国统一碳市场

不是在于技术层面而是行政层面，这一轮的改革改革调度中心并未独立于电网公司之外，这个可能是影响这一轮电力市场化程度的重要因素。反观欧美发达国家调度中心多为独立运行机构 ISO，其公正独立有效的调度掌控是电力市场能够充分公平竞争的重要条件。电网不让出自己对调度的掌控权，发电业者不能自由竞争，只能按照电网的指挥去发电，因此无法调动企业的积极性。这样电力市场只能沦为电网下属企业的利益分配的游戏，电力市场的优势乃至智能电网的优势根本就不能发挥出来。

从电价的角度来看，如图 4 所示，我国电价水平总体低于发达国家电价，电价由发改委核定。居民农业零售电价低于工业与商业批发电价与国外有明显区别，是国家为了惠及民生采用工业反哺农业与民用电价的政策倾斜，本次电改依然将民用与农业用电列入保障范围并未放开竞价上网。此举虽能保证居民的稳定生活但增加了工业的生产成本，在近几年经济缺乏有效增长点，部分高耗能国企一时难以转型，面临债务危机和稳就业的双重压力时相关政策如何出台还有待观察。目前的中国电力市场存在着同样的隐患，零售电价被严格管制，用户的主体地位被忽略，不能反映正确的供求关系，因而无法导出一个正确有效的电力市场。

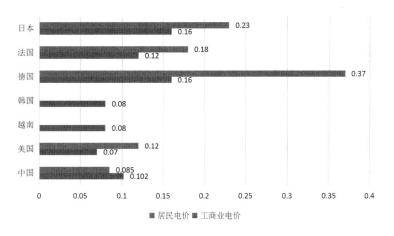

图 4 世界各国居民及工商电价对比图

电力监管者的专业能力，也是非常重要的一环。对于监管部门而言，挑战就是如何平衡能源市场中各方的利益。当监管不规范时，发电集团可能会形成市场势力，通过调低发电出力造成缺电，制造网络阻塞等方式获取超额利润。另外，由于电网公司和调度中心并未分离，电网仍然对电源上网与电力传输路径的选择具有重要的决定权，所以也会影响到市场自由交易的公平性。从市场发展的角度，固然希望从体制、立法和执行上都能达到高效的水平。然而电力供应关系国计民生，跟国外的改革一样，电改市场的合理化建设也需要一个从无到有、稳步推进的过程。

4. 碳市场对电力市场化改革的推动作用

4.1 国际碳市场发展初期对中国电力行业减排的推动

国际碳市场发展初期（2005—2012），碳市场的主战场是 EU-ETS。清洁发展机制（CDM）是《京都议定书》三机制之一，是指发达国家通过提供资金和技术的方式与发展中国家开展项目级合作，通过项目实现"核证减排量"（Certified Emission Reductions，CERs），用于发达国家完成议定书中的温室气体减排承诺。2008—2012 年期间，中国是 CER 市场的最大卖方。在此阶段，我国新能源企业在标杆电价支持的基础上，能够进一步获得相当于 0.1 元/kWh 左右的 CER 出售收益，这显著地改善了新能源企业的赢利状况。甚至在一些风电占主营业务的企业，CDM 相关的利润占到总利润的 1/3 甚至更多。

这一时期，由于中国本身并没有履约义务，从碳市场获取的额外利润促进了新能源的发展。此外，中国企业在 CDM 项目开发和 CER 交易过程中积累了较为丰富的碳排放核查经验，了解了碳市场运作机制，并形成了人才和技术储备。但由于在国际碳市场单纯是卖家身份，我国电力企业在如何控制交易风险，降低减排成本，管理碳资产方面并没有太多的经验累积。

4.2 试点碳市场的实施增强中国电力行业的市场意识

与 CDM 时期的全面利好不同，中国碳交易试点在 2013 年开启后，中国电力行业面临着双重身份的角色过渡。虽然部分电力企业（已在表 1 中总结）被纳入控排企业，一定意义上属于买家，但沿袭 CDM 而诞生的减排量抵减项

图 7　新一轮电力体制改革环境下的全国统一碳市场

目 CCER 也让电力企业在 7 个试点碳市场上充当着卖家的身份。作为买家，由于在当前电力价格形成机制及电力生产运营等因素限制下，碳交易市场无法对电力企业的生产经营、节能改造、发电成本等产生直接显著的影响，也难以影响到企业的投资决策。另外，目前试点碳市场的稀缺性完全是由政府设计和调控，而且政策的连续性不是很好，市场存在很多不确定性，企业很难分析市场的趋势，所以很多企业都是持观望态度。而从七个试点的情况来看，多数的电力企业手上的配额还是有盈余的，以华能为例，由于近年来投入节能环保改造的资金和力量都比较大，每度电实际的排放量比限额（广东百万机组每度电的二氧化碳排放限额是 825 克）少了 50 克，2015 年通过碳交易获得的收入达到 2000 多万元。相对于约束性的市场交易，自愿性交易市场在短期内发展更快，企业受基础能力、核算、平台建设、企业激励相容机制建立等前提条件的约束较小。电力企业从碳市场开市以来一直就是 CCER 市场的主力军，如图 5和图 6 所示，新能源类、电力类的项目一直占所有申报项目的项目量和总量的85%以上（截至 2015 年 12 月 31 日）。

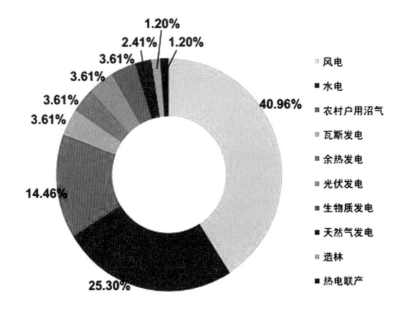

图 5　CCER 项目签发比例

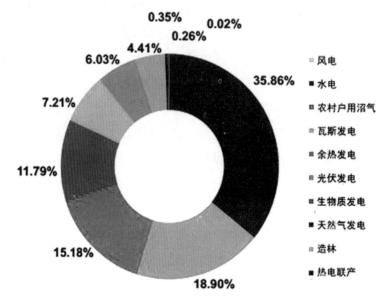

图6　CCER 项目签发量比例

4.3 全国统一碳市场为中国电力市场改革提供新机遇

进入到全国统一碳市场，电力企业的身份角色转换到买家为主。这个对电力企业来说既是机遇又是挑战。一方面，虽然增速放缓，未来较长时期内我国电力需求还将持续增长，在确保增长的同时降低碳排放将是未来电力行业面临的巨大挑战。另一方面，目前我国对电力行业减排已有较为严格的标准和要求，火电机组技术水平已达到或接近国际水平，为进一步实现未来减排目标要求更多发展非化石能源发电和提高电力系统整体效率。

然而，全国统一碳市场建设又为电力市场改革提供了新机遇。碳市场的建立对电力企业的产、购电成本和策略会产生影响。当碳价和电价能够顺利传递，碳价有一定影响力的时候，碳交易一定会影响到电力交易、发电计划、调度运行等方面，电网企业需及时调整经营管理策略。短期内会改变不同发电方式的性价比，长期内将影响发电企业的投资方向。不仅将推动火力发电的清洁化和高效化，提高水电、风电等清洁电源装机比例，推动电力行业向低碳发展转型，还将进一步促使我国通过跨省区电力输送实现资源大范围优化配置，尤其是西北风电和西南水电等清洁能源将在更广阔的范围内进行消纳，降低东部

图 7 新一轮电力体制改革环境下的全国统一碳市场

负荷中心的碳排放强度。未来碳市场的开展必然会让电力市场从过往靠依赖政策补贴引导投资和发电过渡到用市场机制去倒逼电力市场朝着绿色低碳的方向发展。

5. 电力市场改革对碳市场影响

5.1 电力市场改革对碳市场的短期影响

作为电力市场改革任务的一部分，国家配套出台了《关于改善电力运行，促进清洁能源多发满发的指导意见》，对进一步推动可再生能源发展，促进电力行业减排，做出了明确规定。以火电为主的我国五大发电集团都在着力调整电源结构，增加清洁能源发电比例。其中，国家电投的清洁能源比例已高达41.69%，2016 年上半年清洁能源板块实现利润 41.84 亿元，同比增长100.58%，占利润总量的 56.81%。对于同时拥有煤炭、天然气、生物质以及清洁能源等不同发电组合的集团企业来说，可以根据燃料价格、电力价格、不同燃料产生的碳排放量和碳资产价格等数据进行综合比较，优化其运营方案、电力市场交易、碳市场交易，及大宗商品（燃料）交易，此外还可进一步利用多种金融衍生工具以达到锁定利润和控制风险的目的。可以预期，随着电力市场化改革的深化推进，电力企业在电力市场上的盈利空间较以往可能减少，会更有动力参与到包括碳市场在内的其他商品市场来谋求额外的利润。由于电力企业的积极参与，碳市场的流动性也会得到相应的提高。

中国的碳市场的建立是一个从无到有的过程。在建设的初期，虽然称之为全国，但实际上还是一个大企业的小圈子游戏。参与到全国碳交易的企业也就初期大约 7000 多家，2017 年估计才有一万余家。但是碳市场要行之有效，起到优化资源配置的作用，则必须在全国范围内开展，才能适应清洁能源发展、实现更大范围资源优化配置的需求。而电力市场在全国范围的铺开，在电价方面的逐步开放，则是碳市场覆盖范围的一个补充。借助电力市场改革的发展，碳市场逐步增加对电力用户的用电行为产生影响，促进用电大户节约用电，开展节能改造工作。随着电改的深入，未来除公益性和调节性之外的发电计划逐步放开，发电企业可以根据自身情况和市场状况安排生产。所以在碳市场建设的初期，必须紧密结合电力市场的扩张，利用不同地区、不同行业、不同企业之间减排成本差异，促进碳排放配额在全国范围内的流动，利用市场化的收单以最低成本高效完成预定的减排目标。

5.2 电力市场改革对达成远期减排目标的促进

电价市场化对于碳市场远期的减排效果及有效性具有重要的意义。若存在电价管制，2020 年的全社会电力需求也会比电价完全市场化的情景多 1000亿，电量需求相当于增加 1.4%，若这些边际增量都由煤电发出，相当于增加8200 万吨碳排放。[①] 若只是碳市场范围内的工业企业（高耗能行业）用电体现碳成本，全社会用电量相对电价完全市场化情景也会显著增加，且碳市场涵盖的企业范围越小，用电量增加越多。因此尽量将碳市场中发电企业的碳成本通过电价调整传导到所有下游用户是充分发挥碳市场减排作用的必要条件。另外，从核算成本来考虑，我国碳市场试点中企业的碳排放核查成本要 2 万—5万元人民币，如果电力市场改革可以如预期的将碳市场的减排效果向下游用户传导，将会节省一大笔核算监管成本。

在电力市场化条件下，配合电改政策，节能服务公司客户量增加后，可成立独立售电公司，新增售电收入。可以预期将会出现一批售电商代表用户到市场上参与电力买卖交易，在批发电价基础上加上输配电价、碳价、各种税费，并考虑售电商合理收益后，确定给用户的电价。售电商因为直接参与市场交易，因此其价格与市场实时联动，电力的价格就会影响到碳价，反之亦然。在相同减排目标下，若存在电价管制，则碳价将比没有电价管制的情况高18%—32%，如表 2 所示，现在中国的碳价跟其他有电力市场的国家仍属偏低。主要是因为电价管制限制了电力部门挖掘低成本减排潜力，相应增加其他部门的减排压力，进而导致总体上减排成本上升。因此促进电价市场化不但对电力行业减排有利，还将显著降低碳市场其他企业的减排压力。通过碳价和电价的互联，碳市场的覆盖范围，市场效率及流动性都能得到提高。

---

① 李继峰：《碳市场规则设计应适应电价市场化》，《中国能源报》2016 年 9 月 12 日第 4 版。

表 2　世界主要碳市场价格对比

体系名称	价格/吨二氧化碳当量	日期	资料来源
加利福尼亚—魁北克碳排放交易体系	美元 12.73	2016 年 8 月 16 日	加利福尼亚空气资源委员会
中国碳排放交易试点： —北京 —重庆 —广东 —上海 —湖北 —深圳 —天津	 人民币 53.80 元（美元 8.06） 人民币 34.69 元（美元 5.20） 人民币 15.04 元（美元 2.25） 人民币 9.80 元（美元 1.47） 人民币 16.18 元（美元 2.42） 人民币 26.42 元（美元 3.96） 人民币 14.74 元（美元 2.21）	2016 年 9 月 19 日	中国碳交易网（中文版）
欧盟排放交易体系	欧元 4.23（美元 4.72）	2016 年 9 月 19 日	欧洲能源交易所
韩国	韩元 17000（美元 14.69）	2016 年 9 月 19 日	韩国交易所
新西兰	新西兰元 18.80（美元 13.65）	2016 年 9 月 19 日	新西兰碳交易市场新闻网
区域温室气体减排行动	美元 4.54	2016 年 9 月 7 日	区域温室气体减排行动组织
瑞士	瑞士法郎 9.00（美元 9.18）	2016 年 3 月 8 日	瑞士排放权交易登记处（德语版）

另外，虽然碳市场启动初期，一定是以现货交易为主，但是电力市场的改革在一定程度上能推动碳期货的发展。由于风力、分布式能源的发展，很多能源产品的消耗成本将降到几乎为零。未来会出现一批公司，自己不发电，向一些新能源发电社或者发电合作社以极低的价格购买长期发电的合同，利用期货交易在现货市场上套利。

6. 结语

总体来看，碳市场对电力行业发展方式、电源布局、生产运行、投资结构等多方面产生影响，将给电力行业带来重大挑战。但是根据欧盟经验以及研究[①]，电力企业完全可以通过优化自身参与电力市场，燃料市场及碳交易市场的策略，获得相比单纯参与电力市场更多的收益。在电力市场环境下，电价与碳价间也会出现复杂的交互影响关系。从欧盟的经验来看，欧盟天然气价格、原油价格、电价与 EUA 价格呈直接的正相关性。此外，在欧盟第二阶段，EUA 价格每上涨 1 欧元，北欧的电价就上涨 0.74 欧元。[②] 欧洲电力市场相对成熟，碳市场主要纳入发电企业，发电企业可将碳价部分或全部转移到终端消费者，从而对终端用电行为产生影响，但前提是配额不能过量发放。因此，电力市场改革促进碳电价格互联的效率，随着碳价信号的发出并逐步提升，必然会影响到电力企业参与碳市场的积极程度，毫无疑问会影响到电力行业的发展和经营，以及重大的投资决策等。

而从两个市场的发展趋势来看，与欧美等发达国家不同，我国电力市场发展空间是逐步扩张的，而碳市场是逐步收缩的，两个市场发展趋势不同，碳交易机制设计要有利于优化不同地区的电力需求优化配置，促进电力工业可持续发展。我国电力市场化改革正在逐步推进，碳市场建设要与电力市场建设及电价改革进程协调推进。结合碳市场进程，可以选择部分典型地区（如京津冀地区），开展电力市场改革与碳市场启动协同发展，从而结合经验更全面地推动两个市场建设和发展。长远来看，碳市场与电力市场都需要在全国范围内开展，都将对发用电行为和投资决策产生影响，都将促进清洁能源发展和资源大范围优化配置。碳市场与电力市场是两个相对独立运作的市场，管理和运作通常是彼此独立的。但如章节 5.2 提及，在电力市场改革的推动下，市场上会出

[①] Li X, R., Yu C. W., Xu Z., et al. A multimarket decision-making framework for GENCO considering emission trading scheme, *IEEE Transactions on Power Systems*, 2013, 28（4）: pp. 4099-4108.

[②] 国网能源研究院、英大传媒投资集团：《2014 中国电力行业与碳交易研究》，2014 年 12 月 19 日。

现一大批售电商代表用户到市场上参与电力买卖交易，从方便客户、满足客户交易需求出发，售电上未来可能是跨市场交易的最大获利者。

基于碳交易实践的 CCER 项目投融资模式分析
——以三峡集团 CCER 项目融资模式为例

王红野　区美瑜　马　婧①

摘　要：

在国内碳交易发展的现状及法制、政策背景下，以新能源企业的中国温室气体自愿减排项目（CCER）开发和碳交易实践为基础，进行 CCER 项目投融资模式探讨和投资风险分析，提出风险防范措施和建议。

关键词：

中国温室气体自愿减排项目　碳交易　清洁能源

① 王红野，管理学博士，高级工程师，中国三峡新能源有限公司，主要从事房地产投资管理、碳资产管理。区美瑜，经济学硕士，北京芬碳资产管理咨询（北京）公司，主要从事碳资产管理、合同能源管理。马婧，金融学硕士，中国三峡新能源有限公司，工程师，主要从事碳资产管理。

图 8　基于碳交易实践的 CCER 项目投融资模式分析

1. 国内碳交易发展的背景

为鼓励基于项目的温室气体自愿减排交易，保障有关交易活动有序开展，国家发改委规定参与自愿减排的减排量须经国家主管部门在国家自愿减排交易登记簿进行登记备案，经备案的减排量称为"核证自愿减排量（CCER，Chinese Certified Emission Reduction，CCER）"。CCER 可以用于国内目前七个碳交易试点（以及将来全国碳交易体系）内控排企业的履约用途，也可以用于企业和个人的自愿减排用途。CCER 作为一种全新的机制，近年来越来越多的国内企业参与其中，而且基于项目的核证自愿减排量的交易逐渐活跃，各种融资工具也应运而生。

1.1 国内碳交易发展的相关政策

用市场机制推进节能减排、应对气候变化，一直是我国的政策基调。而通过这些政策的发布，尤其是自"十二五"以来，可以看出，我国为了应对越来越严峻的环境挑战，越来越重视开展碳排放权交易试点和推进全国碳排放权交易体系建设，建立有序的碳市场已经成为我国建设生态文明制度的重要一环。

表 1　气候变化及中国碳市场相关政策

发布日期	政策文件/ 重要表态	相关内容
2007 年 6 月	《中国应对气候变化国家方案》	明确了 2010 年中国应对气候变化的具体目标、基本原则、重点领域及其政策措施
2009 年 11 月	哥本哈根气候大会	我国承诺 2020 年单位 GDP 碳排放比 2005 下降 40%—45%，建立全国统一的统计、监测和考核体系
2010 年 8 月	《关于开展低碳省区和低碳城市试点工作》	旨在研究运用市场机制，推动实现减排目标

续表

发布日期	政策文件/ 重要表态	相关内容
2010 年 9 月	《关于加快培育和发展战略性新兴产业的决定》	国务院首次提出，要建立和完善主要污染物和碳排放交易制度
2011 年 10 月	中共中央关于"十二五"规划的建议	明确提出，把大幅降低能源消耗强度和碳排放强度作为约束性指标，逐步建立碳排放交易市场
2011 年 10 月	国家发改委为落实"十二五"规划关于逐步建立国内碳排放权交易市场的要求	同意北京市、天津市、上海市、重庆市、湖北省、广东省及深圳市开展碳排放权交易试点
2011 年 12 月	《"十二五"控制温室气体排放工作方案》	提出了"探索建立碳排放交易市场"的要求，明确了到 2015 年控排的总体要求和主要目标
2012 年 6 月	《温室气体自愿减排交易管理暂行办法》	从交易产品、交易主体、交易场所与交易规则、登记注册和监管体系等方面，对中国核证自愿减排（CCER）项目交易市场进行了详细的界定和规范
2012 年 10 月	《温室气体自愿减排项目审定与核证指南》	明确了自愿减排项目审定与核证机构的备案要求、工作程序和报告格式
2012 年 11 月	"十八大"报告	要求积极开展碳排放权交易试点
2013 年 11 月	十八届三中全会	明确要求，推行碳排放权交易制度
2014 年 11 月	《中美气候变化联合声明》	我国承诺 2030 年左右碳排放达到峰值且将努力早日达峰，非化石能源在一次能源消费占比提高到 20%
2014 年 12 月	《碳排放权交易管理暂行办法》	搭建起来全国统一的碳排放权配额交易市场的基础框架，就其发展方向、思路、组织架构以及相关基础要素设计进行了系统性的规范

续表

发布日期	政策文件/ 重要表态	相关内容
2015 年 9 月	《中美元首气候变化联合声明》	宣布将于 2017 年启动全国碳排放交易体系，覆盖钢铁、电力、化工、建材、造纸和有色金属等六个重点工业行业。承诺到 2030 年我国单位 GDP 碳排放强度将比 2005 年下降 60%—65%
2015 年 10 月	十八届五中全会决议	建立健全用能权、用水权、排污权、碳排放权初始分配制度
2015 年 12 月	《巴黎协定》	设定了全球应对气候变化的长期目标，将全球平均温升控制在工业化前 2 ℃ 水平并尽量到 1.5 ℃ 以下
2016 年 1 月	《关于切实做好全国碳排放权交易市场启动重点工作的通知》	明确了参与全国碳市场的八个行业，要求对拟纳入企业的历史碳排放进行 MRV，同时提出企业碳排放补充数据核算报告等，旨在协同推进全国碳排放权交易市场建设，确保 2017 年启动全国碳排放权交易，实施碳排放权交易制度①
2016 年 3 月	"十三五" 规划	我国将设强力碳排放控制目标
2016 年 4 月	中国签署《巴黎协定》	承诺将积极做好国内的温室气体减排工作，加强应对气候变化的国际合作，展现了全球气候治理大国的巨大决心与责任担当
2016 年 8 月	《关于构建绿色金融体系的指导意见》	提出了支持和鼓励绿色投融资的激励措施，支持发展各类碳金融产品，发展各类环境权益的融资工具。鼓励有条件的地方通过专业化绿色担保机制、设立绿色发展基金等手段撬动更多的社会资本投资绿色产业

---

① 曲峰、孙庆南：《我国碳交易市场现状及未来发展趋势》，《期货日报》2016 年 5 月 17 日

1.2 国内 CCER 各试点的发展

据统计，截至 2016 年 9 月 29 日，全国 CCER 预计年减排量 2.71 亿 tCO_2e，试点 CCER 预计年减排量共 0.20 亿 tCO_2e，占全国年减排量的 7.49%。

表 2　CCER 抵扣规则

	北京	深圳	广东	天津	湖北	上海	重庆
政策出处	北京市重点排放单位使用中国核证自愿减排量抵消履约流程相关问答	《深圳市碳排放权交易市场抵消信用管理规定（暂行）》	《广东省发展改革委关于碳排放配额管理的实施细则》	市发展改革委关于天津市碳排放权交易试点利用抵消机制有关事项的通知	省发改委关于 2016 年湖北省碳排放权抵消机制有关事项的通知	关于本市碳交易试点企业使用国家核证自愿减排量进行 2014 年度履约清缴有关工作的通知	重庆市碳排放配额管理细则（试行）的通知
颁发时间	2015 年 6 月 12 日	2015 年 6 月 8 日	2015 年 2 月 26 日	2015 年 7 月 9 日	2016 年 7 月 8 日	2015 年 6 月 1 日	2014 年 5 月 28 日
总量	约 0.5 亿吨，40%	约 1.6 亿吨，50%—60%	约 1.5 亿吨，40%	约 1.3 亿吨，40%	约 2.81 亿吨，44%	3.88 亿吨，8%（2013） 4.08 亿吨，50%（2014） 3.86 亿吨，50%（2015）	约 0.3 亿吨，40%
CCER 抵扣比例限制	不高于年度配额的 5%	不高于年度排放量的 10%	不超过上年度排放的 10%	不超过当年排放的 10%	不超过年度初始配额的 10%	不超过年度配额的 5%	不超过审定排放量 8%

	北京	深圳	广东	天津	湖北	上海	重庆
年度抵消最大需求(万吨)	275	1600	800	330	4080	3240	1040
本试点外CCER比例	≤2.5%	—	≤3%	—	—	—	—
产生时间限制	2013年1月1日后	—	—	2013年1月1日后	2015年1月1日—12月31日	2013年1月1日后	2010年12月31日后(碳汇无限制)
行业/机构	电力热力、水泥、石化、其他工业企业、服务业务,981家机构(单位)	能源、工业等26个行业和公共建筑,636家企业、200栋大型公共建筑	电力、钢铁、石化,水泥及航空,189家,29家新建项目企业	钢铁、化工、电力热力、石化五大重点排放行业,109家企业	电力、钢铁、水泥、化工等15个行业,167家企业	钢铁、石化及航空、港口、机场、铁路等,368家企业	电力、冶金、化工、建材等多个行业,254家企业
CCER预计年减排量	约125万吨,占试点年减排量的5%	约45万吨,占试点年减排量的1.8%	约516万吨,占试点年减排量的20.6%	约22万吨,占试点年减排量的0.88%	约837万吨,占试点年减排量的33.5%	约261万吨,占试点年减排量的10.4%	约172万吨,占试点年减排量的6.88%

2. 国内 CCER 交易现状

中国自愿减排 CCER 项目首批签发的 CCER 减排量于 2015 年进入各试点地区碳市场，起到补偿机制的作用。国内七个碳交易试点的交易机构是注册登记系统开户的指定代理机构，2015 年 1 月到 2 月期间，七个交易机构陆续启动了 CCER 开户与上市交易的相关工作，并在 3 月份由广州碳排放权交易所完成了全国首单 CCER 交易。[①]

截至 2016 年 10 月 10 日，七个试点碳市场成交 CCER 减排量超过 6400 万吨。中国自愿减排交易信息平台已经公示的 CCER 项目共计 2435 个，其中已备案项目 861 个，减排量监测报告公示项目 562 个，已完成减排量备案的项目 254 个。

截至目前，我国碳市场交易仍然以现货交易为主，交易产品主要包括七个碳交易试点省市各自的碳排放权配额和项目减排量两类。项目减排量以 CCER 为主，主要用于七省市的控排企业在履约时抵消其一定比例的碳配额，还有少量用于部分机构及个人的自愿碳中和行为。

2.1 国内 CCER 一级市场开发情况

根据 7 个碳交易试点发布的抵消机制文件对 CCER 与林业碳汇的准入条件做出的限制，大致可以估算出已经备案的项目中能在各个试点使用的减排量情况。总的来看：

湖北碳市场可以使用的自愿减排项目的减排量最大，约 700 万吨二氧化碳当量，但湖北碳市场本省配额量就供过于求，因此对于自愿减排项目的需求可能在配额置换上出现，并且，由于湖北碳市场出台的新规要求"能用于湖北 CCER 交易抵扣的项目仅限于项目产生地区为湖北省连片特困地区（主要指秦巴山片区、武陵山片区、大别山片区和幕阜山片区以及比照享受幕阜山片区）

---

① 李莹：《碳技术在山西省 CCER 项目中的应用分析与思考》，《环境与可持续发展》2016 年第 3 期，第 175 页。

的有关县市的农村沼气、林业类项目"，这就使得湖北明年的 CCER 项目市场急剧缩小；

对于广东碳市场，由于有"于清缴的中国核证自愿减排量其中 70%以上应当是本省温室气体自愿减排项目产生"的要求，所以能使用的自愿减排项目的减排量仅为 1000 万吨二氧化碳当量；

北京、上海、深圳和天津碳市场中能使用的自愿减排项目减排量大致相同，但考虑到北京与深圳碳市场的配额均价相对较高，可能对于 CCER 项目的吸引力会更大；

重庆碳市场由于严重的配额过剩，因此可以忽略 CCER 项目在该市场的交易可能性。①

表 3 不同项目类型减排量比较

项目类型	个数	年减排量（tCO₂e）	占全国年减排量的比重
一类	2095	201095801	74.22%
二类	99	13201328	4.87%
三类	241	55458522	20.47%

备注：表中项目类型是按照 2012 年 6 月国家发改委颁布的《温室气体自愿减排交易管理暂行办法》第十三条中规定的申请备案自愿减排项目类别的定义。

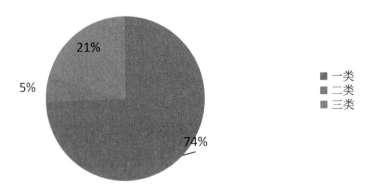

图 1 不同项目类型减排量比较

---

① 北京环维易为低碳技术咨询有限公司：《环维易为中国碳市场调查报告》，2016 年 2 月 25 日，第 34 页。

表 4   不同项目类别减排量比较

项目类别	个数	年减排量	占全国年减排量的比重
光伏	631	29693928	15.10%
风电	794	95576533	48.61%
水电	135	36810434	18.72%
沼气利用	337	16853758	8.57%
生物质发电	79	10686508	5.44%
其他	459	81329748	30.02%

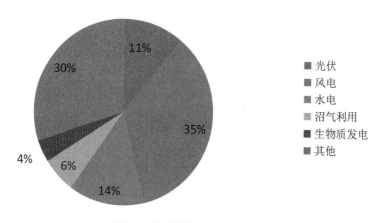

图 2   同项目类别减排量比较

以上数据截至 2016 年 9 月 29 日。由北京芬碳资产管理咨询（北京）有限公司库整理。蒋兆理认为，碳市场管理需实施两极管理制，从全国的碳市场建设的步骤来看，2014 年到 2016 年是全国碳市场的准备阶段，主要是应在法律法规技术标准和基础设施开展建设，完成全国碳排放权交易的法律法规和配套的细则、技术标准制定，使碳市场具备启动的条件。2017 年正式启动全国碳市场，2017 年到 2020 年是启动阶段，初期到 2018 年要确保各个环节落实到位，初期分配启动运行。2018 年到 2020 年开始全面实施碳排放权交易体系的运行，在范围上基本上覆盖 31 个省份以及新疆生产建设兵团，在纳入标准上选择一定规模，也就是一万吨标煤以上的企业，确保配额管理和市场交易的顺利进行，通过不断完善和改进，落实各项支撑落实，切实提高各方的支撑能

图 8 基于碳交易实践的 CCER 项目投融资模式分析

力。到 2020 年以后进一步降低门槛，更多的企业将进入碳市场。

（一）项目备案情况

根据规定，只有 2005 年 2 月 16 日之后开工建设的四类自愿减排项目，才有资格备案为 CCER 项目。① 截至 2016 年 10 月 10 日，完成审定报告正式进行申报的 CCER 项目 2435 个，其中成功备案项目 861 个，占项目总数的35.4%。在完成备案的项目中，第一类项目 551 个，占项目总数的 64%；第二类项目 51 个，占 5.9%；第三类项目 199 个，占 23.1%；目前还没有第四类项目备案成功。

表 5　CCER 备案项目类型的总减排量比较

类别	合计个数	总减排量合计
（一）	609	593970481
（二）	53	60198735
（三）	199	65995273
合计	861	720164490

（二）减排量签发情况

1. 现货签发情况

截至 2016 年 10 月 10 日，已经正式完成减排量备案（签发）的 CCER 项目 254 个，其中一类项目 142 个，二类项目 15 个，三类项目 97 个。已备案减排量共计 52898052 吨，其中 35.63% 的减排量来自一类项目，6.84% 来自二类项目，57.53% 来自三类项目。这也是迄今 CCER 一级市场的现货供应规模。

---

① 2012 年 6 月国家发改委公布的《温室气体自愿减排交易管理暂行办法》第十三条规定：申请备案的自愿减排项目应于 2005 年 2 月 16 日之后开工建设，且属于以下任一类别：（一）采用经国家主管部门备案的方法学开发的自愿减排项目；（二）获得国家发改委批准为 CDM 项目但未在联合国 CDM 执行理事会注册的项目；（三）获得国家发改委批准为 CDM 项目且在联合国 CDM 执行理事会注册前产生减排量的项目；四）在联合国 CDM 执行理事会注册但减排量未获得签发的项目。

表6 各类别签发项目数量

类别	水电	风电	光伏	生物质发电	填埋气发电	垃圾焚烧发电	瓦斯发电	户用沼气	生物质锅炉改造	天然气发电	余热回收利用	天然气公交	油改气	造林	合计
1	3	50	43	6	3	4	1	29	0	0	1	1	0	1	142
2	3	4	2	4	0	1	0	1	0	0	0	0	0	0	15
3	27	36	2	5	1	1	4	11	1	5	3	0	1	0	97
小计	33	90	47	15	4	6	5	41	1	5	4	1	1	1	254

表7 各类别实际签发CCER数量

	水电	风电	光伏	生物质发电	填埋气发电	垃圾焚烧发电	瓦斯发电	户用沼气	生物质锅炉改造	天然气发电	余热回收利用	天然气公交	油改气	造林	合计	比例
1	578305	5927380	2286825	1104287	135069	562072	279711	4777759	0	0	3066872	125108	0	5208	18848596	35.63%
2	481401	1382366	220740	1175132	0	127100	0	229865	0	0	0	0	0	0	3616604	6.84%
3	12501627	5084531	98713	445353	756320	249779	2173126	1280466	610922	5742098	1394633	0	95284	0	30432852	57.53%
小计	13561333	12394277	2606278	2724772	891389	938951	2452837	6288090	610922	5742098	4461505	125108	95284	5208	52898052	100.00%

由于大多数试点省份不允许使用三类项目、2013年前产生的减排量、水电项目产生的CCER以及控排企业边界范围内项目所产生的CCER进行履约。刨除上述项目，能用于七个试点履约交易的CCER现货仅仅为18338622万吨。

2. 准现货签发情况

根据已经备案的项目进行统计，目前已经备案的254个项目的累计减排量达到 720164490tCO₂e，其中一类项目为 593970481tCO₂e，二类项目为 60198735 tCO₂e，三类项目 65995273tCO₂e。但由于目前有不少试点要求 2013 甚至 2015 年后的减排量才能用于履约，这样，三类项目，水电，控排企业边界内的 CCER 项目基本要排除在外。针对已经签发项目的 CCER 数据进行统计分析，目前我国 CCER 项目的实际签发率约为 82.69%。因此，综合考虑上述因素，刨除三类项目，水电，控排企业边界内 CCER 项目已经备案的项目未来能够提供给市场履约的减排量约为 4.06 亿吨。具体数据统计如下：

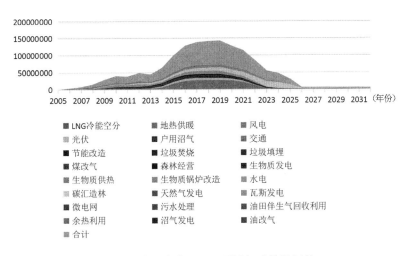

图 3　所有已备案 CCER 项目年减排量汇总

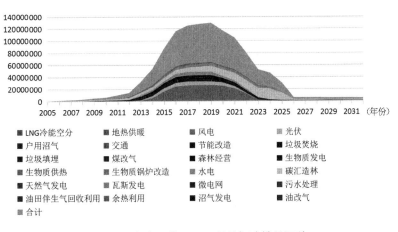

图 4　已备案一类 CCER 项目年减排量汇总

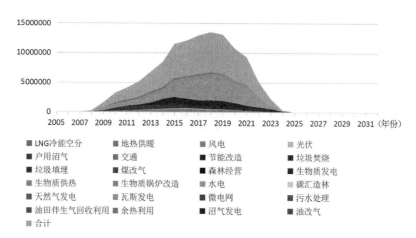

图 5 已备案二类 CCER 项目年减排量汇总

数据来源：芬碳资产管理咨询（北京）有限公司数据库。

2.2 国内 CCER 二级市场交易情况

（一）CCER 需求

国内 CCER 二级市场中，CCER 需求来源包括碳抵消需求、碳中和需求及其他投资需求等，其中碳抵消为最重要需求来源。

1. 碳抵消需求

目前，七省市碳交易试点在履约时均允许控排企业用 CCER 项目减排量抵消一定比例的碳排放，这也是 CCER 最重要的需求来源。

根据各地公开的配额分配办法及抵消机制相关规定估算，七个试点碳市场的年度最大抵消需求约为 11365 万吨。2017 年全国统一碳市场启动后，年度最大抵消需求大约有 1.5 亿—4 亿吨；2020 年后如果全国碳市场进一步扩容，年度抵消需求可能增至 2.5 亿—6 亿吨。[①]

2. 碳中和及投资需求

主要包括企业为了履行社会责任（CSR）、机构及个人为了实现碳中和等目的产生的自愿购买需求，以及机构与个人出于市场套利目的所带来的交易需求。这些需求具有较大的开发潜力，但目前尚难形成稳定的规模，且容易受到

---

① 数据来源：北京环境交易所统计。

经济景气及市场情绪的影响。

(二) 二级市场成交情况

截至 2016 年 9 月 29 日，七省市碳交易市场共成交 CCER 减排量超过 6400 万吨。除 CCER 外，北京市场还允许林业碳汇及节能量项目减排量作为抵消产品参与到碳交易中，2013 年 11 月 28 日开市至 2016 年 9 月 2 日，北京碳市场林业碳汇累计成交量为 72615 吨，累计成交额为 265.54 万元，成交均价 36.57 元 / 吨。CCER 共成交 8518363 吨。其中线上成交 31616 吨，成交额 529057.50 元，成交均价 16.73 元/吨；协议转让成交 8486747 吨。

以北京 2015 年度碳排放履约期为例（即 2015 年 7 月 1 日至 2016 年 6 月 30 日期间），林业碳汇成交 2027 吨，成交额 64499.00 元，均价 31.82 元/吨；CCER 成交量 653 万吨，成交额 4060 万元。其中，54 万吨 CCER 用于 2015 年度履约上缴，远高于去年同期的 6 万吨，涨幅达到 800%，由此可以看出 CCER 市场发展迅速。

(三) 流动性

换手率是衡量市场活跃度的重要指标之一。从七个试点省份碳市场的换手率来看，深圳最高，为 52%，其他依次为北京 23%、湖北 16%、上海 12%、广东 8%、天津 2%（重庆因交易量十分有限未列入）。北京绿色金融协会发布的中碳指数 2014 年以来走势显示，自 2014 年 1 月 2 日开始计算中碳指数以来，整体走势波幅较大，尤其是中碳流动性指数在每年履约期前后震荡比较剧

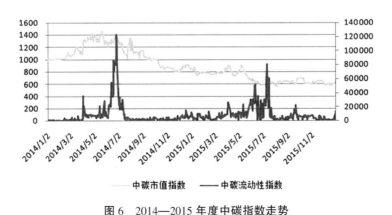

图 6　2014—2015 年度中碳指数走势

烈。全国碳市场碳配额交易价格在过去三年期间一直呈不断下降的趋势，说明市场总体处于较为明显的供过于求状态。而 CCER 是配额市场的重要补充，由此可以看出 CCER 的总体交易市场价格呈不断下降的趋势。

2016 交易年度以来，截至 10 月 10 日，中碳市值指数为 482.19 点，中碳流动性指数为 7526.30 点。2016 交易年度迄今的中碳指数最新走势如下：

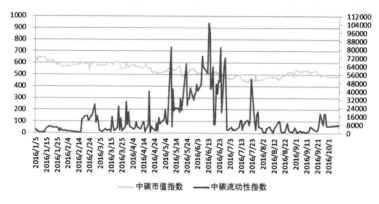

图 7　中碳指数体系

数据来源：北京绿色金融协会，日期为 2016 年 1 月 4 日至 10 月 10 日。

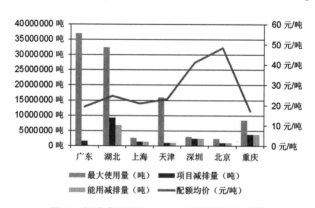

图 8　各试点配额及 CCER 使用情况分析①

注：1. 最大使用量是指某试点地区理论上最多能使用的 CCER 减排量；

2. 项目减排量是指能在某试点地区使用的 CCER 项目已经备案的减排量总量；

3. 能用减排量是指某试点地区在合规的 CCER 项目中，能够使用的减排量总量。

---

① 北京环维易为低碳技术咨询有限公司：《环维易为中国碳市场调查报告》，2016 年 2 月 25 日，第 34 页。

3. CCER 项目投融资模式探讨

3.1 国内碳金融发展现状

（一）国内碳金融政策

2016 年 8 月 31 日，经国务院同意，中国人民银行、财政部等七部委联合印发了《关于构建绿色金融体系的指导意见》。《指导意见》强调构建绿色金融体系，明确了证券市场支持绿色投资的重要作用，要求统一绿色债券界定标准，积极支持符合条件的绿色企业上市融资和再融资，支持开发绿色债券指数、绿色股票指数以及相关产品，逐步建立和完善上市公司和发债企业强制性环境信息披露制度。

此外，《指导意见》还提出发展绿色保险和环境权益交易市场，按程序推动制订和修订环境污染强制责任保险相关法律或行政法规，支持发展各类碳金融产品，推动建立环境权益交易市场，发展各类环境权益的融资工具。

（二）碳金融类别

碳金融工具，是指依托碳配额及项目减排量两种基础碳资产开发的各类碳金融工具，主要包括交易工具（碳期货、碳远期、碳掉期、碳期权以及碳资产证券化和指数化的碳交易产品等）、融资工具（碳债券、碳资产质押、碳资产回购、碳资产租赁、碳资产托管等①）和支持工具（碳指数和碳保险等）三类。其中交易工具可以帮助市场参与者更有效地管理碳资产，为其提供多样化的交易方式、对冲未来价格波动风险、提高市场流动性、实现套期保值；融资工具可以为碳资产创造估值、变现的途径，帮助企业拓宽投融资渠道；支持工具及相关服务可以为各方了解市场趋势提供风向标，同时为管理碳资产提供风险管理工具和市场增信手段。

通过这些工具，可以帮助市场参与者更有效地管理碳资产，为其提供多样

---

① 危昱萍：《碳金融"PPT 产品"泛滥碳金融中心最终花落谁家?》，《21 世纪经济报道》2016 年 6 月 16 日。

化的交易方式、对冲未来价格波动风险、提高市场流动性、实现套期保值等。

表8　各类碳金融工具

交易工具	碳期货	碳期货则是以碳排放权配额及项目减排量等现货合约为标的物的合约，基本要素包括交易平台、合约规模、保证金制度、报价单位、最小交易规模、最小／最大波幅、合约到期日、结算方式、清算方式等。EU-ETS 流动性最强、市场份额最大的交易产品就是碳期货，与碳现货共同成为市场参与者进行套期保值、建立投资组合的关键金融工具。① 在碳金融市场上，碳期货能够解决市场信息的不对称问题，引导碳现货价格，有效规避交易风险。②③④
	碳期权	期权实质上是一种买卖权，指买方向卖方支付一定数额权利金后，拥有在约定期内或到期日以一定价格出售或购买一定数量标的物的权利；买方行权时卖方必须按期权约定履行义务，买方放弃行权时卖方则赚取权利金。期权合约的标的物既可以是某种商品也可以是金融工具，包括碳排放权现货或期货；根据交易场所期权还可分为场内期权和场外期权。期权的作用与远期类似，如果企业有配额缺口，可以提前买入看涨期权锁定成本；如果企业有配额富余，可以提前买入看跌期权锁定收益。
	碳远期	远期交易是指买卖双方以合约的方式，约定在未来某一时期以确定价格买卖一定数量配额或项目减排量等碳资产的交易方式。远期交易实际上是一种保值工具，通过碳远期合约，能够帮助碳排放权买卖双方提前锁定碳收益或碳成本。该工具在国际市场的 CER 交易中已十分成熟，应用很广泛。
	碳掉期	掉期（互换）是指交易双方约定在未来某一时期相互交换某种资产（或他们认为具有等价经济价值的现金流）的交易形式，最常见的是货币掉期和利率掉期。碳掉期是以碳排放权为标的物，双方以固定价格确定交易，并约定未来某个时间以当时的市场价格完成与固定价交易对应的反向交易，最终只需对两次交易的差价进行现金结算。

---

① 王苏生、常凯：《碳金融产品与机制创新》，深圳：海天出版社 2014 年版。

② Milunovich G., Joyeux R., *Market Efficiency and Price Discovery in the EU Carbon Futures Market*, *Working Paper Series*, Macquarie University, Department of Economics, 2007.

③ Homburg Mu, Wagner M., Futures Price Dynamics of CO_2 Emission Allowances an Empirical Analysis of the Trial Period, *The Journal of Derivatives*, 2009.

④ Chevallier J., Modelling the Convenience Yield in Carbon Prices using Daily and Realized Measures, *International Review of Applied Finance Issues and Economics*, 2009.

图 8　基于碳交易实践的 CCER 项目投融资模式分析

交易工具	碳指数交易产品	金融市场上有很多基于指数开发出来的交易产品，作为被动型和趋势性的投资工具，比如指数基金、股指期货等。未来也可以碳市场指数作为标的物开发相应的碳指数交易产品。
	碳资产证券化	资产证券化是依托特定资产组合或现金流发行可交易证券的融资形式，证券化的支持资产可以包括实体资产、信贷资产、证券资产和现金资产。碳配额及减排项目的未来收益权，都可以作为支持资产通过证券化进行融资，其中的证券型证券化即碳基金，债券型证券化即碳债券。
	碳基金	广义上的基金，指为了企业投资、项目投资、证券投资等目的设立并由专门机构管理的资金，主要参与主体包括投资人、管理人和托管人。碳基金则是为参与减排项目或碳市场投资而设立的基金，既可以投资于 CCER 项目开发，也可以参与碳配额与项目减排量的二级市场交易。碳基金管理机构是碳市场重要的投资主体，碳基金本身则是重要的碳融资工具。
	碳债券	债券（bond）是政府、金融机构、工商企业等借债筹资时，向投资者发行并承诺按约定利率支付利息、按约定条件偿还本金、所融资金投向约定领域的有价证券。碳债券是指政府、企业为筹集碳减排项目资金发行的债券，也可以作为碳资产证券化的一种形式，即以碳配额及减排项目未来收益权等为支持进行的债券型融资。
融资工具	碳质押	质押（factoring）是债务人或第三人将其动产或权利作为担保移交债权人占有，当债务人不履行债务时，债权人有权依法通过处置担保物优先受偿的合约安排。质押分为动产质押和权利质押两种。碳质押是指以碳配额或项目减排量等碳资产作为担保进行的债务融资，举债方将估值后碳资产质押给银行或券商等债权人获得一定折价的融资，到期再通过支付本息解押。
	碳回购	回购是指一方通过回购协议将其所拥有的资产售出，并按照约定的期限和价格购回的融资方式。碳回购指碳配额持有者向其他机构出售配额，并约定在一定期限按约定价格回购所售配额的短期融资安排。在协议有效期内，受让方可以自行处置碳配额。

续表

融资工具	碳托管	托管指接受客户委托，为其受托资产进入国内外各类交易市场开展交易提供的金融服务，包括账户开立、资金保管、资金清算、会计核算、资产估值及投资监督等。碳托管（借碳）指一方为了保值增值，将其持有的碳资产委托给专业碳资产管理机构集中进行管理和交易的活动；对于碳资产管理机构，碳托管实际上也是一种融碳工具。
支持工具	碳指数	指数（Index）是由交易所或金融服务机构运用统计学方法编制的，反映市场总体价格或某类产品价格变动及走势的指标。碳指数是反映碳市场总体价格或某类碳资产的价格变动及走势的指标，是刻画碳交易规模及变化趋势的标尺性。碳指数既是碳市场重要的观察工具，也是开发碳指数交易产品的基础。
	碳保险	保险是市场经济条件下各类主体进行风险管理的基本工具，也是金融体系的重要支柱。碳保险是为了规避减排项目开发过程中的风险，确保项目减排量按期足额交付的担保工具。它可以降低项目双方的投资风险或违约风险，确保项目投资和交易行为顺利进行。

（三）国内碳金融发展现状

欧盟碳交易体系的实践显示，包括碳期货、碳期权等在内的碳金融交易活动，是整个碳市场交易活动的最重要组成部分，大概占市场交易规模的90%。

然而，对于中国的碳金融发展而言，由于全国碳市场尚未统一、碳试点的市场流动性较弱，缺乏有力的市场需求和社会资金来支撑碳金融业务的持续开展等因素。

自2014年起，北京、上海、广州、深圳、湖北等碳排放权交易试点省市，先后推出了十多种碳金融产品，为企业履约、融资等提供了新渠道。以湖北为例，该省推出的碳质押贷款、碳基金、碳托管、碳众筹等创新产品，已帮助企业直接或间接获得节能降碳融资超过10亿元。不过，好多已有的碳金融产品，在首发后大多没有下文，可复制性不强，被某些业内人士戏称为"内人士产品"。仅有碳配额质押贷款、碳基金、碳配额托管等少数几个产品实现了可复制。[①]

---

① 危昱萍：《碳金融"PPT产品"泛滥碳金融中心最终花落谁家?》，《21世纪经济报道》2016年6月16日。

表 9　国内碳金融发展现状

产品	碳市场	合作机构	时间	规模	影响
碳指数	上海	置信碳资产	2014-04		
	北京	绿色金融协会	2014-06		
碳债券	深圳	中广核	2014-05	100000 万元	银行间债券市场绿色创新典型案例
	湖北	华电、民生银行	2014-11	200000 万元	意向合作协议
配额质押贷款	湖北	宜化集团、兴业银行	2014-09	4000 万元	首笔碳抵押贷款
		华电、民生银行	2014-11	40000 万元	最大单笔碳抵押贷款
境外投资者	深圳	新加坡银河石油	2014-09		外管局批准首次向境外投资者开放碳市场
	湖北	武汉鑫博茗科技、台湾石门山绿资本公司	2015-06	8888 万元	
碳基金	深圳	深圳嘉碳资本管理有限公司	2014-10	5000 万元	首只私募碳基金
	湖北	中国华能、诺安基金	2014-11	3000 万元	首个证监会备案市场交易基金产品
	上海	海通证券资产管理公司、海通新能源股权投资管理公司、上海宝碳新能源公司	2015-01	20000 万元	
	湖北	招银国金	2015-04	11000 万元	
碳配额托管	深圳	嘉德瑞碳资产	2014-12		首个碳配额托管机构
	湖北	嘉德瑞碳资产	2014-12		第三方管理企业碳资产新模式
绿色结构存款	深圳	兴业银行、惠科电子	2014-12	约 20 万元	
碳市场集合资产管理计划	上海	海通证券、宝碳	2014-12	20000 万元	首个大型券商参与的碳市场投资基金
CCER 质押贷款	上海	宝碳、上海银行	2014-12	500 万元	扩大可抵押碳资产范围
		浦发银行、置信碳资产公司	2015-05		
配额回购融资	北京	中信证券、华远意通	2014-12	1330 万元	开创企业融资新渠道
	广东	壳牌、华能		200 万吨	
碳配额抵押融资	湖北	湖北宜化集团有限责任公司、兴业银行武汉分行	2014-09	4000 万元	首单碳排放权质押贷款
	深圳	深圳市富能新能源科技有限公司、广东南粤银行深圳分行	2015-11		
	北京	建设银行北京分行推出碳排放配额质押融资业务	2015-07		
	广东	华电新能源公司、浦发银行	2014-12	1000 万元	
碳资产抵押品标准化管理	广东		2015-02		
碳排放信托	上海	中建投信托、招银国金、卡本能源	2015-04	5000 万元	
碳配额场外掉期	北京	中信证券、京能源创	2015-06	50 万元	首个碳衍生交易产品，交易方式重大创新
CCER 碳众筹项目	湖北	汉能碳资产管理（北京）股份有限公司	2015-07	20 万元	
碳资产质押授信	北京	建设银行	2015-08		四大行首次接受碳资产作为抵押品
借碳	上海	申能财务、外高桥三发电、外高桥二、吴泾二发电、临港燃机	2015-08	20 万吨	首笔借碳交易
		上海吴泾发电、中碳未来（北京）资产管理公司	2016-01	200 万吨	
		上海吴泾发电、国泰君安	2016-02		
碳现货远期	广东	广州微碳投资有限公司、两家当地控排企业	2016-03	7 万吨	
	湖北	湖北碳排放权交易中心	2016-04		全国首个碳现货远期交易产品

衍生品、涉碳投融资等金融创新产品的发展有赖于全国统一现货碳市场的稳健运行，有赖于一系列碳金融相关政策和制度的进一步明晰，碳金融产品设

计上应尽量规避风险（尤其是监管风险），应要求得到政府监管部门支持，比如产品得到国家外汇管理局或者证监会的批注或备案。在已发行的众多碳金融产品中，明确得到政府监管部门支持的只有三例：深圳和湖北引入境外投资者都得到了国家外汇管理局的批准，华能集团与诺安基金在湖北共同发布的3000万碳基金在证监会备案。其余的产品，或由交易所承担部分监管责任，或仅由推出主体承担。

目前各试点交易所推出的碳金融产品更多是一种探索行为，旨在为了全国统一碳市场启动后的碳金融市场。

3.2 碳排放权融资的可行性

碳排放权是对稀缺的大气资源的使用权，是基于地球大气环境容量资源的分配而形成的一种环境产权，具有财产权属性，可用货币评估。当国家以有偿方式分配碳配额的时候，碳配额的获取要支付相应的货币；当实际碳排放超越分配的碳配额的时候，为避免对超额排放部分的罚款，控排单位可购买相应数额的碳配额或者CCER以履行清缴义务，而当实际碳排放低于分配的碳配额的时候，富余的碳配额可以留存至下一年，或者出让，碳配额或CCER的交易价格直接体现了碳排放权的财产价值。为此，无论是体现为碳配额的碳排放权，还是体现为CCER的碳排放权，均有使用价值与交换价值，具有商品属性，可以用货币衡量。

碳排放权适质性实施质押必须应有商业性权利凭证或有特定机构来管理。① 碳排放权的财产价值与交换价值，使得碳排放权具有设立担保物权的基本条件，而碳排放权的权利表征主要体现为政府部门分配的碳配额以及经核准的中国自愿减排量CCER，其背后也有相关的主管部门进行管理，不存在不适应设立质押的情形。

对于权利人来说，其使用方式直接体现为用来清缴以抵消实际的碳排放量，换言之，在清缴期之前，这些权利表征一直处于未使用的状态，而一旦清缴，这些碳排放权就被注销，失去交换价值。如果以碳配额与CCER设立抵

---

① 曹士兵：《中国担保诸问题的解决与展望》，北京：中国法制出版社2001年版，第297页。

押，在履约期之前，即便不转移占有，对于权利人来说，也是无法对之进行使用。因此，碳排放权不适宜设立为抵押，设立质押契合碳排放权的特点。[①]

3.3 碳金融产品的价格影响理论

在碳金融市场活跃发展的情况下，碳金融产品的价格形成机制成为研究热点。但是碳金融产品影响因素非常繁多，受环境和经济冲击较大，同时，由于碳金融产品诞生时间较短，缺乏数据和资料积累，影响了碳金融产品价格机制的研究。另外，碳金融产品定价另一个复杂之处在于，由于其稀缺性，不能采用传统的预期收益率作为价格标尺，价格主要由产品的稀缺程度引起的市场供需决定。[②] 而在国际碳金融市场上，主要市场参与者包括使用者、配额供给者和第三方机构。其中政策因素、需求因素会对碳配额交易价格产生影响，进而对碳排放权的价格产生影响。

案例分析本章节首先以某新能源公司的标准风电项目为例，采用大型新能源企业常用 CCER 开发模式——买家垫付开发模式，对其进行 CCER 开发的可行性研究，为公司决策提供参考。其次，对于不同规模的风电项目、光伏项目进行了 CCER 投资收益比较。再次，从项目业主方角度，提出目前试点阶段碳市场存在的问题。

(一) 风电项目 A 的 CCER 开发可行性报告

这部分以某新能源公司——甲公司的风电项目 A 为例，从该项目基本条件入手分析其进行 CCER 开发的可行性：技术上是否具备额外性，投资收益上是否可行。该可行性分析的前提条件是：采用买家垫付开发模式，具体地，由买家承担开发期和核查期所有咨询服务和销售服务、垫付全部前期开发费用（主要包括 DOE 的审定或核查服务费），待项目产生 CCER 销售收入时，从收入中扣除买家垫付的前期费用，则买家可得到项目净收入的 15%。

1. 项目概述

风电项目 A 为甲新能源公司投资兴建，位于新疆，项目装机容量为

---

① 邓敏贞：《我国碳排放权质押融资法律制度研究》，《政治与法律》2015 年第 6 期。

② Benz, E., Truck, S., CO$_2$ Emission Allowances Trading in Europe-Specifying a new Class of Asset. *Problems and Perpectives in Management*, 2006.

49.5MW，平均年上网电量为 105520MWh。工程总投资为 39647 万元，其中静态总投资为 38635 万元，资本金按总投资的 20% 计，其余资金从商业银行贷款，期限 15 年；建设期利息 1012 万元，流动资金 120 万元。

2. 项目 CCER 开发条件

（1）方法学选择

由于本项目装机容量为 49.5MW，适用方法学如下：

"CM-001-V020 可再生能源并网发电"（第二版）；

最新的"额外性论证评价工具方法"和"电力系统排放因子计算工具"。

（2）方法学适用性

本项目属于可再生能源发电并网项目，满足方法学"可再生能源并网发电"（第二版）的所有应用条件：

● 本项目为新建风力项目，不涉及已有电厂增容、改造或替换。在项目活动所在地在项目活动实施之前没有可再生能源电厂；

● 本项目在项目活动地点不涉及可再生能源的燃料替代化石燃料的活动，且非生物质直燃发电厂和水力发电厂。

综上所述，本项目满足方法学的所有应用条件。

3. 项目 CCER 开发可行性评估

CCER 要求的额外性可以解释为，CCER 项目在没有外来的碳减排收益支持情况下，存在财务效益、融资渠道等障碍因素（即项目的投资收益率低，不具有投资价值）。而碳减排收益的支持能够帮助缓解和克服这样的障碍，使得该项目得以实施，由此产生的减排量就是额外的。

对于风力发电项目，具体做法是，在没有碳减排收益资金支持的情况下，项目的收益水平达不到行业基准收益水平，对于常规风力发电类项目来说，即全投资税后内部收益率达不到 8%。

本项目的可研报告使用《建设项目经济评价方法与参数》，项目全投资税后内部收益率（IRR）6.45%，低于发电行业基准收益率 8%，符合申请 CCER 的条件。

4. 项目减排量估算

根据 CCER 方法学，本项目减排量的计算步骤如下：

（1）计算基准线排放量（BEy）

（A）计算基准线排放因子（EFy）

根据方法学、"电力系统排放因子计算工具"和中国发改委的相关描述，本项目电力系统为西北电网。根据国家发改委公布的"15 中国区域电网基准线排放因子"，本项目的基准线排放因子为西北电网排放因子（风电）

$$EFy=0.9457×0.75+0.3162×0.25=0.788325 tCO_2e/MWh。$$

（B）计算基准线排放量（BEy）

$$BEy = EGy×EFy$$

其中：

EGy：项目在 y 年的电网供电量（MWh）；

EFy：为 y 年份电网 CO_2 排放因子（tCO_2e/MWh）。

（2）项目排放

根据所适用的方法学，本项目排放为 0。

（3）泄漏排放

根据方法学，在本项目中泄漏（LEy）不予考虑，$LEy=0$。

（4）项目减排量

项目活动在给定年份 y 的减排量 ERy 是基准线排放（BEy），项目排放（PEy）和由泄漏引起的排放（LEy）三者之差。

减排量 ERy 计算方法如下：

$$ER_y = BE_y - PE_y - LE_y$$

按照可研，本项目多年平均年上网电量 105520MWh，基准线排放因子为 0.788325 tCO_2e/MWh。减排量计算过程如下：

$$基准线排放量=项目供电量×西北电网区域排放因子$$
$$=105520 MWh×0.788325 tCO_2e/MWh≈83184 tCO_2e$$

$$泄漏=0$$

$$项目减排量=基准线排放-项目排放-泄漏$$
$$=83184 tCO_2e-0-0=83184 tCO_2e$$

从而，本项目年 CO_2 减排量 83184 tCO_2e/y。

5. 项目 CCER 减排量计入期选择

根据《温室气体自愿减排项目审定与核证指南》，减排量计入期可以分为两种：可更新计入期，每个计入期七年，可更新 2 次，共计 21 年；另一种是固定计入期共计 10 年。

由于项目为清洁能源发电项目，项目排放为 0；而基准线情景为电网提供同等电力所产生的排放量，因此基准排放不可能为 0；因此建议采用可更新计入期，最大化项目的减排收益。这里选取第一计入期为七年的方案。

6. 项目 CCER 经济收益估算

假定本项目二氧化碳减排量销售价格按 10 元/tCO_2e，预计年毛收益为人民币 831840 元。

注册前一次性成本包括审定机构的项目审定费。

年度成本包括年度成本主要为审核机构的减排量审核费。

交易成本为减排量在交易所挂牌出售的费用，以 1% 计算。

项目的详细收益分析见附表 1。

7. 结论与建议

本项目具备充分的经济额外性，考虑到 CCER 减排量的收益，及中国碳市场未来的发展机会，建议尽早实施并开展 CCER 相关的申报工作。

8. 项目的 CCER 收益分析表

表 9　项目的 CCER 收益分析表

装机容量		49.5	MW
年均减排量		83184	tCO_2e
CCER 收益粗估			
预计交易价格		10	RMB/tCO_2e
年度 CCER 收益		831840	RMB
审定阶段费用			
审定机构审定费		30000	RMB
核查阶段年度费用（计入期共 7 年）			
年审核机构审核费		20000	RMB

图 8　基于碳交易实践的 CCER 项目投融资模式分析

续表

交易成本	8318	RMB
核查阶段第一年年度成本小计	58318	RMB
核查阶段第一年年度项目收益（按净收入的85%）	657494	RMB
核查阶段第二年及之后年度成本小计	28318	RMB
核查阶段第二年及之后年度项目收益（按净收入的85%）	682994	RMB

9. 项目开发流程及业主需要配合的工作

开发流程：

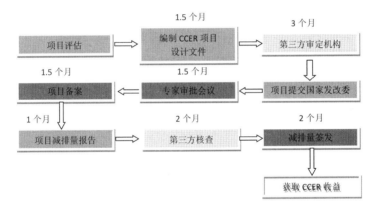

图 10　项目开发流程图

（二）不同模式、不同规模项目 CCER 开发投资收益比较

1. 新能源企业 CCER 开发的常见模式有两种：自行开发模式和买家垫付模式。

开发模式 I ——自行开发模式：由项目公司自行投入并承担所有前期开发成本，买方以 90% 的市场价格购买。

开发模式 II ——买家垫付模式：买方垫付开发期和核查期的咨询费和交易费，以 75—80% 的市场价格购买。

2. 不同规模的开发模式收益比较

按照以上开发模式，分别以 20MW、50MW、400MW 装机的项目为例，单位装机的成本和收益测算如下：

表 11　CCER 开发单位装机成本收益计算

	开发模式 Ⅱ		开发模式 Ⅰ	
装机规模（MW）	20	50	100	400
类型	光伏	风电	光伏	风电
价格比例	75%	80%	90%	97%
预计年减排量（tCO_2e）	20000	100000	130000	1000000
开发期成本	2.00	1.60	1.30	0.40
核查期年均成本	1.00	0.80	0.65	0.20
标准年净收益（元）	6.50	15.20	11.05	24.05
第一计入期净收益（元）	43.50	104.80	76.05	167.95

注：表中的开发期成本、核查期平均成本的单位为元/KW。

3. 结论

通过计算可知，CCER 备案成功后，20MW、50MW、100MW 和 400MW 项目每年仅需投入 1.0 元、0.8 元、0.65 元、0.2 元的单位装机成本，即可获得 11 万元、76 万元、110.5 万元和 892 万元的年净收益。

采用模式 Ⅰ，即使减排量较小的 20MW 光伏项目，第一计入期也可取得 70 万元的 CCER 收益。

可见，装机规模 50MW 以下的项目采取开发模式 Ⅱ，装机规模 50MW 以上的项目采取开发模式 Ⅰ，性价比较好。

（三）试点阶段碳市场存在的问题

从项目业主方角度看，目前试点阶段碳市场存在着以下问题：

1. CCER 供需严重失衡：

CCER 供远大于求，主要原因如下：（1）CCER 项目数量多；（2）CCER 仅按一定配比进入市场。

2. 项目类型，不同品质的 CCER 无价格差异。

3. 试点省份 CCER 交易规则朝令夕改，政策可持续性（延续性）差，严重打击了投资者（尤其是中介买家）的投资信心。2014 年年初，几个试点省份纷纷出台"不接受 2013 年以前 pre-CCER 的交易和不接受水电项目的 CCERs 交易"政策，导致相关投资者前期投资成为沉没成本。

4. 市场存在严重的信息不对称现象。大型控排企业 CCER 置换要求仅掌握在少数 DOE 机构或中间买家手中，导致 CCER 项目销售环节代理服务费率较高，从而直接降低了 CCER 项目业主实际投资收益率。

5. 由于市场机制及配套政策不完善，市场成熟度不够，导致中介商投机行为多，且早期出现的"类"碳金融产品（eg 碳债务、碳基金、碳期权、碳质押等）都存在着瑕疵，有些甚至给项目业主方带来了较大损失。

3.4 某企业 CCER 开发与交易实践比较

2014 年 5 月 12 日，中广核风电有限公司、中广核财务有限责任公司、上海浦东发展银行、国家开发银行及深圳排放权交易所在深圳共同宣布，中广核风电附加碳收益中期票据（中市协注〔2013〕MTN347 号）在银行间市场成功发行。这是我国的首支碳债券，债券收益由固定收益和浮动收益两部分构成，固定收益与基准利率挂钩，以风电项目投资收益为保障，浮动收益为碳资产收益，与已完成投资的风电项目产生的 CCER 挂钩。碳资产收益将参照兑付期的市场碳价，且对碳价设定了上下限区间，这部分 CCER 将优先在深圳碳市场出售。该笔债券为 5 年期，发行规模 10 亿元，募集资金将用于投资新建的风电项目，利率 5.65%，发行价格比定价中枢下移了 46 个基点，大大降低了融资成本。[①]

因此，碳资产开发是环境效益与经济效益双收的事，不仅减少温室气体排放、还增加经济收益，为当地创造就业机会，对于社会和企业都有重要意义。

---

① 中广核风电有限公司：《2014 年度第一期中期票据募集说明书》，银行间市场交易商协会网站，2014 年 4 月。

4. 关于我国碳交易市场的风险分析

4.1CCER 市场风险分析

试点三年来，七个试点省份的碳市场成就明显，市场机制成功建立并运转顺利、定价机制逐渐完善，但同时也存在交易方式原始、流动性不足、风险管理工具缺乏等严重局限。

中国碳市场是一个新兴的、发展中的、尚未成熟的市场，碳市场本身构建于政策基础上，对政策管制呈现高度依赖的特征，这些使得碳金融产品市场有一定的风险特征，而这些风险特征作用在 CCER 及配额价格上，呈现出价格频繁波动的特点。而随着我国 CCER 交易市场的快速发展，还出现了 CCER 供需不平衡、交易不透明、等量不同质等值得深思的现象。

具体风险研究如下：

1. CCER 供过于求

理论估算，7 个试点碳市场每个履约年度 CCER 最大市场需求量约250 万—3700 万吨 CO_2e 不等，总计 CCER 最大需求量约 1.14 亿吨 CO_2e。然而，由于近年来我国经济发展处于新常态，加之配额分配方法学固有缺陷以及排放数据基础薄弱，各试点碳市场不同程度存在配额分配宽松现象。以北京试点为例，截至 2015 年度履约期结束，即 2016 年 7 月，实际用于履约的 CCER 仅 54 万吨 CO_2e，与预计的 125 万吨 CO_2e 相去甚远，因此，实际上七个试点碳市场均未出现 CCER 供不应求现象，实际上是供大于求。[①]

2013 年，北京等七个省市相继启动了碳排放权交易试点，规定控排单位可以购买配额总量 5%—10% 的 CCER 减排量抵消其排放以降低履约成本，七个试点碳市场的年抵消需求量约 1.1365 亿吨。根据《中国碳金融市场研究》的模型，2017 年按纳入 30 亿—40 亿吨碳排放规模并根据试点期间 5%—10%

---

① 张昕：《CCER 市场存三大问题，应加强备案管理和交易监管才能助推市场健康发展》，碳排放交易网，2016 年 4 月 28 日。

图 8　基于碳交易实践的 CCER 项目投融资模式分析

的抵消比例估算，2020 年后按 50 亿—60 亿吨的控排规模及 5%—10% 的抵消比例估算。2017 年全国碳市场启动后，每年将有 1.5 亿—4 亿吨的抵消需求；2020 年后，全国碳市场预计每年将有 2.5 亿—6 亿吨的抵消需求。[①] 目前，已经审定的 CCER 项目预计年减排量已高达 2.7 亿吨，日后还将不断有新项目公示审定，如果不加以控制，CCER 的供应将远超出需求。

2. 交易不完全透明

并且由于 CCER 交易信息，特别是交易价格并不完全透明，不利于分析判断 CCER 供求趋势和价格变化，不利于监管 CCER 交易、识别交易风险，并使由 CCER 交易风险引发配额交易风险的概率增大，不正常的 CCER 交易可能会导致配额交易市场失灵，直接冲击碳排放权交易机制的减排成效。

3. 交易方式原始、缺乏风险管理工具

受国务院 38 号文和 37 号文的限制，目前各个碳交易试点交易机构不能开展标准化交易、连续交易、集合竞价等金融市场的主流交易方式，只能采取竞价点选及 T+5 交割等原始的交易方式，严重限制了交易频率及市场活跃度。且受限于政策要求，目前各个试点碳市场大多只有现货交易，普遍缺少必要的风险管理工具，尤其是至关重要的碳期货。没有必要的未来价格发现及风险对冲工具，不但会加大履约机构的市场风险，也使金融投资机构难以深度介入开展规模化交易。

4. 流动性不足

目前绝大多数试点碳市场日常成交量都偏小，日成交量只有数百吨的交易日并不少见。如此微弱的流动性不但难以吸引金融投资机构开展稳定活跃的交易，也加大了市场被操控的风险。

4.2 关于我国碳金融交易市场风险管控的对策建议

建立我国的碳信用评级体系、强化碳交易信息披露制度、构建强而有效的监管体系，以实时交易跟踪与资金流转监控等技术手段为主，通过对整个碳金融市场的实时追踪，力图在市场风险出现之初便将其识别。从而使得监管部门

---

① 绿金委碳金融工作组：《中国碳金融市场研究》，2016 年 9 月 6 日，第 57 页。

能够在提前识别风险，并采取积极措施，将风险消弭于无形。①

4.3 对 CCER 投融资市场风险的建议

健康、有序的 CCER 交易可一定程度地调控配额交易需求和价格，并且是配额交易的重要补充。关于 CCER 市场建设的建议：

1. 基础供求关系

如某位专家所言，供求关系政府是可以调整的，比如配额的宽松，基本上政府可以算个 80% 或者 75% 以上的准确度，然后价格波动也就在那个 25% 范围之内。②

建议在碳配额分配方面坚持适度从紧原则。在基础供求关系方面，总体上应保证碳配额供求基本平衡或供略低于求，使碳市场定价机制维持足够的张力，也为 CCER 等配额补充机制留有市场余地。建议在 CCER 供给调控方面建立碳市场预测模型和项目开发指引，在推动项目供求关系趋向均衡的同时维持市场参与各方的稳定预期。

2. 抵消机制优化

建议在抵消比例及项目类型等方面实行全国统一标准，改变目前地方各行其是的状态。

3. 注册登记簿

建议参考证券登记机构对国家注册登记簿进行公司化改造，实行市场化运营。

作为可再生能源企业，要深刻理解国内开展碳交易试点的背景、现状和发展趋势，识别存在的机会，规避风险，理性参与国内碳交易市场。

4.4 对林业碳汇市场风险的建议

发展林业碳汇的关键是提高抵消占比。在设计全国碳市场的抵消比例时，

---

① 孙兆东：《中国碳金融交易市场的风险及防控》，吉林大学博士学位论文，2015 年 6 月，第 76 页。

② 《中国碳市场有哪些问题？》，华夏能源网，2016 年 9 月 27 日。

通过设定林业碳汇最小占比为其在 CCER 市场创造非竞争性需求。

我们假设了三种情景：

情景一　全国抵消比例为 5%，林业碳汇占比不低于其中的 25%；

情景二　全国抵消比例为 5%，控排企业采用林业碳汇时允许其抵消比例扩大到 7.5%；

情景三　全国抵消比例为 5%，控排企业采用林业碳汇时允许其抵消比例扩大到 10%。

在交易均价 30 元/吨的情况下，情景一 2020 年前每年可为林业碳汇创造最多 0.5 亿吨市场需求，市场价值 15 亿元；2020 年后每年可为林业碳汇创造最多 0.75 亿吨市场需求，市场价值 22.5 亿元。情景二和情景三 2020 年前每年可为林业碳汇创造 0.75 亿—2 亿吨市场需求，市场价值 22.5 亿—60 亿元；2020 年后每年可为林业碳汇创造 1.25 亿—3 亿吨市场需求，市场价值 37.5 亿—90 亿元。

初步的情景分析显示，通过设定最低抵消占比，2020 年前每年可为林业碳汇创造 0.5 亿—2 亿吨市场需求，市场价值 15 亿—60 亿元；2020 年后每年可为林业碳汇创造 0.75 亿—3 亿吨市场需求，市场价值 22.5 亿—90 亿元。而 2001—2015 年中央投入森林生态效益补偿基金年均不到 71 亿元，1999—2013 年中央投入退耕还林工程资金年均才 253 亿元，不到碳汇市场价值极值的 3 倍。[1]

这种规模的市场化收入前景，将吸引社会资本持续投入，还可通过绿色金融工具放大各类资本对森林经营和农村发展的持续投入。

4.5 对 CCER 项目投资主体风险防控的建议

面对即将统一的全国碳市场、G20 等国际会议上中国领导人对外宣称将积极应对气候变化、电改与绿证制度即将全面推行的形势下，大型新能源企业应该从 CCER 开发战略、开发模式、合作方选择、进度把控等方面做好风险防控措施。

（一）开发战略上

根据公司中长期发展规划、新能源建设任务的建设速度制定 CCER 开发战

---

[1]　绿金委碳金融工作组：《中国碳金融市场研究》，2016 年 9 月 6 日，第 58 页。

略规划；适时跟踪国家发改委等相关部门的最新政策文件、出台的配套法规制度，结合市场供求情况，编制公司 CCER 项目开发的年度计划；年中，根据市场动态，适时调整年度计划。

（二）合作模式上

尽量减少项目公司 CCER 开发的前期资金投入，建议采用买家垫资的开发模式，由买家承担开发期和核查期的咨询服务、并垫付所有的 DOE 服务费用，买家分得一定比例的 CCER 销售收入分成，将项目 CCER 开发的前期投资损失风险及后续市场风险都转嫁给买家。

（三）中介买家的选择上

由于中介买家往往具有较强的咨询开发能力、专业的市场销售人员、雄厚的碳交易周转资金、广泛的人脉和控排企业资源，故新能源企业的碳资产管理部门为了提高效率，往往将项目直接委托给买家进行开发、销售的一条龙服务或者将自行开发 CCER 项目的已签发减排量委托给中介买家进行纯销售服务委托。

建议新能源企业（集团）经充分的尽职调查后，建立合作意向单位的备选企业名录，采用询价采购方式，确定技术、销售、资金、诚信俱佳的碳资产管理公司或咨询公司作为合作方。应根据公司项目类型、不同特点分类选取不同买家、充分发挥各买家的独特优势，以其长处补自己之短，提前规避政策变动、信息不对称等风险，借助买家与政府、买家与 DOE 方的关系规避政策风险、降低 CCER 开发成本（比如，2 万 kW 以下装机规模的光伏项目，需要由降低 DOE 服务费用来保证其项目进行 CCER 开发的可行性）。根据从不同买家处获得的信息，相互验证、取长补短，在减排量购买协议（简称 ERPA）的履约过程中，一旦发生风险事件，及时采取调整措施，及时止损，以达到保密原则下的信息共享、合作共赢的目的。

（四）进度把控上

无论是自行开发模式，还是买家垫资开发模式，项目 CCER 开发中关键节点的时间把控是至关重要的。从新能源项目的 CCER 开发流程看，关键时间节点主要包括以下环节：

1. 启动 CCER 开发的时点。具备 CCER 开发基本条件的项目，如果已经并网，或者已开工并且送出不存在问题的项目，可优先启动开发程序。

2. 影响项目（或减排量）备案速度的关键性工作完成时限。在与 DOE 的服务合同中约定审定（或核查）报告完成的时限，并与付款节点相结合；买家垫付开发模式的项目，在 ERPA 中约定应保证在现场审定（核查）后几个月内完成项目（或减排量）备案，否则，项目业主方有权直接委托另外 DOE 进行后续工作。

（五）成本控制上

对于 DOE 机构的选定以及 DOE 服务费用的确定，买家必须事先征得项目业主方同意和认可后，才能与 DOE 签署服务委托合同，因为 DOE 的服务费用是由买家垫付、实际由双方按收益分成比例承担的。

（六）交付风控上

在 CCER 交付环节需要采取锁定成交价、支付预付款、出具履约保证（保函或者保证金）等方式，防止买家违约、并使销售价格尽量接近当时市场价格，以保证 CCER 成交价格公允性和项目 CCER 投资收益水平。

1. 锁定当次 CCER 成交价。尽管 ERPA 中对买卖双方的责任权利、合作方式、费用和收益分配方式等已有约定，但是，由于双方收益分成是按照市场浮动价格的一定比例进行的，为了使销售价格更接近交付时点的市场价格，买卖双方应在减排量签发后、交付前签订补充协议，锁定当次交付的 CCER 的成交价格。

2. 要求买家支付一定比例的预付款。尤其是当交付的 CCER 数量较大、交易金额巨大时，交易平台往往要求买卖双方采取场外、线下大宗交易的方式，这种情况下，务必要求买家先行支付一定比例的预付款，一般为总价款的30%—50%。

3. 要求买家提供履约保证。尽量要求买家采用线上交易的方式，否则，要求买家开具履约保函、支付履约保证金、减排量或其他资产作为抵押等保障措施。

5. 结论

随着国内碳市场相关政策的落实，及全国碳市场启动的临近，新能源企业和投资商开发投资 CCER 的热情逐步高涨。根据笔者的统计，截至目前，开发的 CCER 项目理论年减排量已经超过了理论的需求量，且此趋势由于碳交易二级市场的流动性不足而愈加明显。因此，七个碳交易试点不得不出台了各种 CCER 的限制政策。因此，新能源企业在投资开发 CCER 时，需要在开发战略、合作模式、进度把控和成本控制等多个方面注意风险的防控，且尽可能地选择优质的中介买家以降低公司在投资、政策变动和信息不对称等方面的风险。笔者也以三峡的某一项目为例分析了新能源项目投资开发 CCER 的成本和收益，供读者参考分析。

此外，笔者也总结和分析了国内碳金融相关的产品和案例。由于尚处于市场初期，且缺乏相关的法规和政策，因此相关的产品还不成熟。新能源企业在开发 CCER 项目时，可以参考和借鉴相关的案例和经验，多元化开发模式、对冲风险。

B.9

碳普惠制的创新及应用

聂 兵 史丽颖 任 捷 陈 颖①

摘 要：

随着公众生活水平的提高及城镇化进程的加速，居民生活、消费等领域的碳排放呈现快速增长态势。基于消费领域的碳排放规律也成为当前研究碳排放的重要方向。本文从碳排放权益的角度出发，通过文献检索、研究访谈等对公众在低碳生活、低碳消费方面

---

① 聂兵：高级能源管理师，碳核查审核员、联合国 EB 认可的碳排放审定核查员、ISO 14064 审核员，工信部电子五所赛宝认证中心碳普惠发展中心主任，低碳业务主要负责人。广东省发改委应对气候变化专家组成员，广东省碳排放权交易机制工作组成员，广东省碳核查第三方机构评审专家，广州市低碳产业协会副会长，广东省环境科学学会常务理事，碳普惠机制主要设计者。史丽颖：硕士，碳普惠机制主要设计者。长期从事低碳城市建设、低碳发展及碳交易市场建设等方面的研究工作。主导多个碳普惠试点建设。主导及参与"澳门温室气体减排策略与低碳发展规划研究""东莞市'十三五'低碳发展规划（2016—2020 年）""横琴新区低碳城（镇）试点方案""武汉绿色交通体系研究""小区节能低碳激励平台建设"等多项研究性课题及广东省"低碳示范社区"建设等低碳实施类工作。任捷：主要从事碳普惠制研究、低碳社区建设等低碳相关工作，参与"东莞市'十三五'低碳发展规划（2016—2020 年）""横琴新区低碳城（镇）试点方案""广州市垃圾分类标准研究"等多项研究性课题，及广东省"低碳示范社区"建设、佛山市顺德区"低碳示范社区"建设、"广州市垃圾分类社会动员规划"编制等工作。陈颖：硕士，碳核查审核员、联合国 EB 认可的碳排放审定核查员、ISO 14064 审核员，长期从事碳排放基础研究、温室气体减排项目审定核查和企业碳排放信息核查。主导及参与广东省、重庆市企业碳排放信息核查项目近 60 项、节能量审核项目 30 多项、清洁发展机制（CDM）项目 3 项。参与广东省低碳发展专项资金项目"碳排放监测、报告和核查关键技术研究""东莞市'十三五'低碳发展规划（2016—2020 年）""中山市可持续发展与节能减碳约束性指标完成潜力研究报告（2016—2017）""横琴新区低碳城（镇）试点方案"等多项研究性课题。参与绍兴、郑州、济源等城市温室气体清单编制项目。

的行为进行了调查研究，提出了科学量化公众低碳行为减碳量的方法，建立了碳普惠减碳量赋值交换的正向激励机制，并列举了碳普惠制的应用方向。旨在通过互联网平台、碳普惠金融等手段，创新碳普惠制模式，推动公众积极参与低碳生活、低碳消费，以消费端促进生产端低碳发展，构建政府、企业、公众相互协调、相互促进的低碳发展环境。

关键词：

碳普惠制　正向激励　公众参与　创新模式　公众低碳行为

1. 背景

1.1 国内外低碳发展政策

国际主流的研究表明，人类生产、生活过程中所产生的温室气体是气候变化的主要原因。为了缓解全球气候变化问题所带来的危机，1997 年 12 月 9 日，149 个国家和地区的代表在日本京都通过了旨在限制温室气体（Greenhouse Gas，GHG）排放量以抑制全球变暖的《京都议定书》。这份人类历史上第一个限制 GHG 排放的国际法律文件以 2008 年到 2012 年为第一承诺期，对发达国家的减排目标做出了具体规定。即整体而言，发达国家温室气体排放量要在 1990 年的基础上平均减少 5.2%；2012 年 11 月 26 日，《联合国气候变化框架公约》第 18 次缔约方会议暨《京都议定书》第八次缔约方会议在卡塔尔首都多哈开幕，大会做出决议，2013—2020 年为《京都议定书》第二承诺期，要求发达国家在 2020 年前大幅减排并对气候变化增加出资；2016 年，巴黎气候大会上通过的《巴黎协议》一个重要的转折标志是全球应对气候变化模式由《京都议定书》"自上而下"强制减排模式转变为"自下而上"的自主贡献模式。《巴黎协议》为 2020 年后的全球应对气候变化行动做出了安排，提出将全球平均温度升幅与前工业化时期相比控制在 2℃以内，并努力争取把温度升

图 9　碳普惠制的创新及应用

幅限定在 1.5℃之内。各国政府、社会团体及公众面临气候变化的严重危机时，围绕全球气候变化问题所采取的行动，展示了人类在危机面前求同存异、共同应对的智慧与决心。

为了实现全球碳减排的既定目标，各国政府围绕低碳发展，依据共同而有区别的责任，采取了一系列效果可见的行动。尤其是在政策层面上，对高碳排放的领域、行业、企业出台了约束、鼓励及市场化相结合的政策，一定程度上松动了当前的碳锁定效应。但温室气体排放量增加的局面仍然未得到完全有效的控制，未形成社会公众、小微企业积极参与温室气体减排的局面。因此探索构建多层次、多角度降低温室气体排放的机制和市场模式，是促使全社会参与应对气候变化的有益尝试。

1.1.1 国外典型政策

国际上，英国低碳城市发展计划较为典型及完善，英国的低碳城市项目以碳减排为唯一目标。2003 年，英国政府公布《我们能源的未来》白皮书，率先提出"低碳经济"。2008 年 11 月议会通过《气候变化法案》（*Climate Change Act*），提出到 2020 年将英国的二氧化碳排放量在 1990 年的水平上削减至 80%，实现途径主要是新能源利用、提高能效和降低能源需求，项目的重点领域是交通和建筑。在英国，家庭和企业的用电及天然气都要缴纳高额的气候变化税（Climate Change Levy，CCL）；但是对于与环境署签订了气候变化协议（Climate Change Agreements，CCAs）的企业，能效达到约定值，就可以缩减 90% 的电力气候变化税、65% 的天然气气候变化税。

欧盟于 2005 年 1 月开始实施了全球第一个多国间的碳排放贸易计划，该计划涵盖了欧盟温室气体总排放量的 30%，涉及 25 个成员国的 1.2 万个工业设备。此外，芬兰、瑞典、丹麦、荷兰、挪威、日本、意大利等北欧国家，均采取国家碳税模式。国家碳税大多针对一次能源产品，如丹麦、芬兰、荷兰对煤的使用征收碳税，丹麦、芬兰、荷兰、挪威、瑞典等国家对天然气的使用征收碳税，挪威还对石油开采中所燃烧石油征收碳税。缴税者燃料提供商及燃料消费者。不同国家各有差异，但结合其具体税率设置以及免税条款综合分析，碳税实际税负还是以下游消费环节为主。[1]

日本发展低碳发展的战略不仅提出得早而且具有前瞻性，同时，对相关政策的推进也极具实效性。早在20世纪90年代末，日本就颁布了世界上第一部旨在防止全球气候变暖的法律——《全球气候变暖对策推进法》。2004年，日本便启动了"面向2050年的日本低碳社会情景"研究计划，旨在采用倒逼机制法来寻求节能减排的有效途径。2007年6月，日本内阁会议制定了《21世纪环境立国战略》，提出综合推进低碳社会、循环型社会和与自然和谐共生的社会建设。2008年提出"福田蓝图"，计划到2050年使日本温室气体排放量比2008年下降60%—80%，并制订了具体的"低碳社会行动计划"。明确将低碳社会作为未来发展方向和政府的长远目标，提出重点发展太阳能和核能等低碳能源，并在2020年之前，将碳捕获和碳贮存技术推向实用化。2009年4月公布了《绿色经济与社会变革》的政策草案，同年开始试行"碳足迹"制度，针对食品、饮料和洗涤剂等商品标示从原料调配、制造、流通、使用、废弃等5个阶段的碳排放量。2010年3月，日本内阁批准了《基本气候法案》，日本政府承诺，到2020年，温室气体排放量将在1990年水平上减少25%。[2] 此外，日本将推进税制改革作为减碳的重要手段，从2004年起，在石油、天然气和煤炭的进口、开采及精炼环节以及居民家庭用能等方面征收全球气候变暖对策税（环境税），并每年公布税制改革方案。[3]

新加坡的环境保护与低碳发展方面，政府决策起到了决定性的作用。20世纪70年代起，新加坡政府制定了完备的环境保护的立法，使各项工作建设、工商活动和日常生活都有法可依。立法的同时，新加坡还设立了相应的专门机构，负责确保各项建设和社会活动不会引起不可控制的健康问题、安全问题和污染问题。通过合理的城市规划、完善的公共交通体系、大力度的建筑节能推广及重视城市绿化的高度重视等，实现新加坡经济发展的同时拥有良好的生态

[1] 张薇、朱磊：《北欧国家的碳税制度探讨及借鉴》，《环球瞭望》2011年第30期，第19—21页。

[2] 王新、李志国：《日本低碳社会建设实践对我国的启示》，《特区经济》2010年第10期，第96—98页。

[3] 韦大乐、马爱民、马涛：《应对气候变化立法的几点思考建议》，新华网，2014年7月10日，http：//news. xinhuanet. com/politics/2014-07/10/c_ 126737062_ 2. htm。

环境。

加拿大政府于 2006 年提出《空气清洁法案》及《清洁大气规范议程》，从 2011 年开始采取强制性手段，对各个温室气体排放源进行规范，争取到 2050 年将温室气体排放量在 2006 年的水平上降低 50%。为减少能源消耗产生的温室气体排放，加拿大政府成立能源效率处，专门致力于帮助各个部门节省能源和提高能效。[①]

1.1.2 中国低碳发展政策

作为世界第二大能源消费国，中国承诺到 2020 年碳排放强度较 2005 年降低 40%—45%。2007 年，中国出台了《中国应对气候变化国家方案》，并制定了《节能减排综合性工作方案》。2014 年 11 月，出台了《国家应对气候变化规划（2014—2020）》，并提出 2020 年一次能源消费总量控制在 48 亿吨标煤左右；同年 11 月，在《中美气候变化联合声明》中表明中国计划 2030 年左右二氧化碳排放达峰。2015 年 6 月，在《强化应对气候变化——中国国家自主贡献》中明确提出："2030 年左右使二氧化碳排放达到峰值并争取尽早实现，2030 年单位国内生产总值二氧化碳排放比 2005 年下降 60%—65%，非化石能源占一次能源消费比重达到 20% 左右，森林蓄积量比 2005 年增加 45 亿立方米左右。"

为实现以上目标，中国确定了两批国家低碳试点城市，包含 36 个城市和 6 个省份，并于 2016 年下发了关于组织申报第三批低碳城市的通知，进一步扩大低碳城市试点，发挥示范引领作用。2011 年，中国发布了《关于印发万家企业节能低碳行动实施方案的通知》，致力于推动重点用能单位加强节能工作，强化节能管理，提高能源利用效率。2011 年年底，北京、天津、上海、重庆、广东、湖北、深圳等 7 个省市陆续建立起各有特色的碳排放交易体系，2012 年正式启动碳排放权交易试点工作，通过强制性的手段约束重点能耗企业的碳排放。2013 年，中国发布了《低碳产品认证管理暂行办法》，以提高全社会应对气候变化意识，引导低碳生产和消费，规范和管理低碳产品认证活

① 马欣：《典型国家温室气体减排政策、措施及经验》，中国环境科学学会学术年会论文集，2010 年，第 1522—1525 页。

动，应对潜在的国际低碳贸易壁垒。2014 年年底，中国发布了《碳排放权交易管理暂行办法》，对于推动全国性碳排放权交易市场建设起到重要指导作用，在 2015 年 9 月的《中美元首气候变化联合声明》中，也明确提出将于 2017 年启动全国碳排放权交易市场。据悉，2016 年 10 月将启动全国碳市场的配额分配，2017 年下半年开始实行碳交易，在 2020 年之前的全国碳市场初期运行阶段结束之后，将会降低门槛对碳市场纳入企业进行扩容，并对碳市场体系以外的排放企业征收碳税，逐步让碳的定价制度覆盖到所有的企业，形成一个所有企业都尽减排义务的政策体系。[①]

在低碳文化培育方面，为普及气候变化知识，宣传低碳发展理念和政策，鼓励公众参与，推动落实控制温室气体排放任务，2012 年国务院总理温家宝主持召开国务院常务会议，会议决定自 2013 年起，将全国节能宣传周的第三天设立为"全国低碳日"，旨在普及气候变化知识，引导公众低碳生活。中共中央、国务院《关于加快推进生态文明建设的意见》中明确指出，要弘扬生态文化，倡导绿色生活，倡导勤俭节约、绿色低碳、文明健康的生活方式和消费模式，提高全社会生态文明意识。广东、香港、澳门等地也很注重对公众的低碳引导、鼓励公众参与低碳。其中香港环保会与气候组织及路讯通合作推出及宣传《低碳生活@香港》丛书系列，系列一套四册，主题分别为：环保新生代、低碳经济、环保家具和绿色城市生活，对象包括青少年、商界、住家人及上班族等。2013 年举行了"人人惜食区区减碳"高峰会，为公众提供平台互相交流在小区推动减废行动的经验，并举行"废物源头分类计划"颁奖典礼。旨在通过一系列不同主题的丛书和相关活动，推动社会各界共同减缓气候变化，鼓励他们积极响应低碳生活。[②]

1.1.3 碳减排主要途径

一般来说，碳减排途径包括区域碳排放量总量控制、使用清洁能源、推进技术节能、调整经济结构、推广低碳建筑、发展公共交通、提倡绿色消费、提

---

① 李章：《全国碳市场配额分配 10 月启动 7000 多家企业纳入》，新华网，2016 年 8 月 10 日，http：//news. xinhuanet. com/fortune/2016-08/10/c_ 129218765. htm。

② 香港特别行政区环境保护署：《香港环境保护里程碑》，2016 年 9 月 10 日，http：//www. epd. gov. hk/epd/tc_ chi/resources_ pub/history/history_ hkep. html。

升碳汇能力、研发二氧化碳捕获及埋存技术、改善畜牧种植管理等。

最直观的减排途径就是用清洁能源代替化石燃料，或者降低能源消耗。哥本哈根建立了广阔的热电联产和区域供热网络，同时大力发展风力发电等；巴塞罗那则规定所有新的开发建设都需安装太阳能集热器。①

服务业的特点是活劳动比重较高、物化劳动比重较低、能源及其他物耗较少，而第二产业往往是一些高耗能、高污染的行业，合理调整产业结构，提高高污染行业的准入门槛，可以减少产业能耗从而减少碳排放强度。

农业也是重要的碳排放源。农业源碳排放主要包括反刍动物甲烷排放、水稻种植过程中的甲烷排放、施肥造成的一氧化二氮排放以及动物废弃物管理过程中的甲烷和一氧化二氮排放。据研究，美国的农业在碳排放中的贡献在本国大致占7%—10%，加拿大和英国的农业在其他排放源中的比例大致为8%，德国因农业活动引起的排放占一氧化二氮全部排放量的39%—52%、甲烷占34%。降低农业源碳排放可采取以下措施：②

（1）减少化肥施用量、施用硝化抑制剂或缓释肥，可使单位面积农田一氧化二氮排放量降低50%—70%；

（2）用沼渣代替有机肥，大约可减少甲烷排放55%；

（3）田间水管理措施的改变，可使稻田甲烷排放量减少27.5%—59.3%；

（4）改善反刍动物营养，可使单个肉牛甲烷排放量降低15%—30%；

（5）建设沼气工程回收利用甲烷，一方面可以降低厌氧环境下动物粪便的甲烷排放量，另一方面可以用沼气替代煤炭从而减排。

低碳建筑的研究主要在于减少建筑施工及运营阶段的物质及能源的消耗，降低建筑全生命周期内二氧化碳的排放量。英国推出了资助低碳建筑方案，鼓励提高能源利用效率和微型发电，促进低碳建筑物建设。

在交通运输领域，英国政府于2009年规划了到2050年的低碳车辆技术路

①　张泉、叶兴平、陈国伟：《低碳城市规划——一个新视角》，《城市规划》2010年第34期，第13—18页。

②　张玉铭、胡春胜、张佳宝等：《农田土壤主要温室气体（CO_2、CH_4、N_2O）的源/汇强度及其温室效应研究进展》，《中国生态农业学报》2011年第19期，第966—975页。

线图，新西兰于 2007 年在其能源战略中提出了低碳交通的行动方案路径。[①]

碳捕集（Carbon Capture）及碳封存（Carbon Sequestration）是指将二氧化碳通过适当的方法收集并储存在地质构造中，并使之在相当长的时间内与大气隔绝，从而控制大气中二氧化碳的浓度。二氧化碳的捕集和封存被认为是从根本上解决二氧化碳减排问题的途径之一，受到了广泛的重视。目前，较为理想的碳封存地主要有四类[②]：

（1）开采过或者开采到后期的气田或油田。试验表明，注入二氧化碳大约可以增加油田产量 10%—15%，迄今，美国已有 70 多项此类项目，每年有超过 3000 万吨的二氧化碳通过此途径打入油气田，一方面储藏了二氧化碳，另一方面提高了油气开采量，从而大大降低了碳封存的成本；

（2）深部卤水层。二氧化碳可以部分溶解在这些由于高盐而不适合人类使用的卤水中，并与卤水中相关的金属离子反应形成固体沉淀最终保存下来。目前每年已有 100 多万吨的二氧化碳被储存在北海挪威海域的深部卤水层中；

（3）海洋。在适当的深度下，二氧化碳可以形成固体水合物，从而被保存起来；

（4）不可开采的贫瘠煤层。煤层的多孔特性可以有效地吸附二氧化碳。

1.2 碳普惠制提出背景

随着社会的发展，环境权益的概念被越来越多的人所认识，也得到更多的重视。每个人都公平享有清洁空气、清洁水、清洁土地的权利。碳排放权也是环境权益的一种。在实际生活中，由于工作、生活的环境不同以消费水平的差异，每个人所带来的碳排放也有所不同，每个人都没有办法置身事外。因此探索建立一种机制，以价值实现来鼓励生活工作中碳排放较少的人，从而促进更多的人不同程度地践行低碳生活、低碳消费，形成全社会参与的低碳发展环境。从消费端带动生产端低碳发展，让每个人都享有低碳发展带来的环境权

---

① 张泉、叶兴平、陈国伟：《低碳城市规划——一个新视角》，《城市规划》2010 年第 34 期，第 13—18 页。

② 施楠：《"京都时代"中国二氧化碳排放控制研究》，中国石油大学硕士学位论文，2007 年。

益，让节约用电、节约用水、节约用气、低碳出行、低碳消费、减少垃圾产生等低碳行为惠及社会。通过这种碳普惠制的建立，让更多的人了解低碳权益，了解获得低碳权益的途径、方法，提高整个社会低碳发展的水平。

巴黎气候大会的成果表明，低碳发展是社会发展的必然，是可持续发展的必然途径，是人类发展的必然选择。应对气候变化不仅仅是高能耗高排放企业的责任，也需要全社会行动起来共同应对，通过政策协同、产业协同、技术协同、区域协同、市场协同，创新适宜的低碳发展模式。当前的碳交易是基于总量控制的碳排放权交易，但由于只是针对高能耗高排放企业的交易机制，其社会影响及辐射程度都有一定的局限。因此探索全社会减排机制还需要考虑社会公众日常生活中带来的碳排放。

社会公众日常生活的碳排放可以分为直接碳排放和间接碳排放。直接碳排放主要来源于生活中煤的使用、燃油的使用、天然气或煤气的使用；间接碳排放主要来源于家用电器的使用、使用外部供暖等。随着社会经济的发展，生活水平的不断提高，城镇化进程的逐步推进，居民日常生活碳排放水平也呈现快速增长的势态。事实表明，GDP 增长、城镇人口增长、人均碳排放三者存在着正相关的关系。据测算，在能源结构没有显著变化的情况下，GDP 每增长一个百分点，会带来 0.4—0.5 个百分点的碳排放增长；而城镇化水平的提高带来的钢铁、建材、交通等方面的需求，也会使得人均碳排放快速提高。在这种刚需背景下，如何提高公众低碳生活和低碳消费的参与程度，来遏制或降低人均碳排放显得尤为重要。当前对社会公众参与碳减排还没有很好的促进机制，碳普惠制作为一种创新的探索性鼓励机制，鼓励个人和小微企业的低碳行为，让更多的人从低碳生活、低碳消费的活动中获益，让全社会感受到低碳发展带来的收益。碳普惠制的建立和推广，从低碳权益的角度出发，将低碳行为的减碳量通过一定的机制在个人、企业间流通，通过减碳量将低碳行为与生产、消费结合起来，形成以低碳为链接的业态。

2015 年，广东省决定在广州、中山、东莞、惠州、河源、韶关六市开展碳普惠制试点，是全球第一个将公众各种低碳行为系统量化并通过商业激励、政策激励及交易激励三种模式进行鼓励推广的区域。碳普惠制成功的关键是如何科学地获取公众低碳行为的减碳量的相关信息，如何吸纳更多的自愿以优惠产品和优惠服务来鼓励具备低碳行为的公众的企业，以及政府在公共服务中能够让出多少利益来支持公众践行低碳行为。碳普惠制运营成本的控制非常重要，低成本运营是低碳发展不能回避而且必须解决的问题。移动互联网的发展，对碳普惠制的建设起到了极大的推动作用。通过移动互联的手段整合利用公众低碳行为相关的数据，从经济上、政策上、商业上探索全社会低碳发展的新模式、新机制，降低全社会节能减碳的成本，并衍生多种创新的低碳产业模式，具有很大的想象空间和发展前景。

2. 国内外相似机制

2.1 国外相似机制

2.1.1 韩国绿色信用卡体系

2011 年，韩国环境部为鼓励社会大众践行绿色低碳行为、扩展绿色消费市场，建立了包括碳积分及绿卡积分在内的绿色信用卡体系。韩国居民家庭半年内的用电、用水及用气量与前两年基期相比节约超过 10%，即可获取最高达 7 万点的碳积分（1 积分相当于 1 韩元）；凡使用绿卡在特定商店购买具有绿色标识或碳标签的产品、选乘公共交通、在银行缴费时，即可获取相应绿卡积分、折扣及消费返还。绿卡积分及碳积分可通过兑换现金、抵扣绿色产品费用、发放公共设施消费券、支付公共交通费用、支付地方税及捐款等多种形式，由财政出资，反馈给社会大众。2011 年至 2014 年间，绿卡交易记录达 2 亿 7100 万美元，减碳量约 53100 吨。截止至 2015 年 4 月，累计持卡者超过 1000 万，环保产品销售额约 440 万美元。[①]

2.1.2 日本环保积分制度

2009 年 5 月至 2010 年 3 月底，为促进节能环保家电的销售及使用，日本政府在全国实施"环保积分制度"。该制度是指居民购买相当于"统一节能标

---

① 郭秀玲：《考察韩国绿色成长推动及绿卡运作情形》，行政院环境保护署，2013 年 1 月 29 日，第 13—20 页。刘雅君：《韩国低碳绿色经济发展研究》，吉林大学博士学位论文，2015 年，第 121—123 页。

签"四星及以上节能性能的空调、冰箱及电视，即可根据具体规格获取相应环保积分。购买节能环保家电一般可获得相当于该产品价格 5%—20% 的环保积分（1 积分约等于 1 日元）。环保积分可用于兑换包括商品券、乘车卡、地方特产等在内的 271 项节能产品或服务。[1]

2.1.3 英国个人碳交易

始于 20 世纪 90 年代，英国学者围绕个人碳交易框架体系展开研究，并陆续向英国政府提出各项政策建议。个人碳交易框架下的研究主要包括个人碳排放津贴及个人碳交易两种。个人碳排放津贴是指每个成年人享有均等数量的可交易碳津贴，包括来源于家庭能源利用及个人交通（含飞机旅行）产生的碳排放量；未成年人可获取由家长代为管理的少于成人数量的碳津贴。个人碳交易的涵盖范围比个人碳排放津贴更广，任何组织都必须通过全国性的拍卖获得碳排放许可，并可交易由碳单位组成的能源配额。对于个人，除不含飞机旅行的碳排放外，其余与个人碳排放津贴一致。然而，由于开展个人碳交易的经济收益远小于建设成本，且投入远大于引入一般社会交易系统的成本，因此个人碳交易仍处于理论研究阶段，并未付诸实施。[2]

2.1.4 其他

除韩国、日本及英国开展类似机制外，2010 年至 2013 年间，澳大利亚开展了诺福克岛个人碳交易计划，即个人拥有一定的碳配额用于购买汽油及能源使用，配额如有剩余，可用于兑换现金，超出则面临罚款；2002 年至 2005 年间，荷兰鹿特丹港市实施了绿色回馈积分制，即购买节能计划商店的商品或购买其他指定环保产品，可得到用于乘坐公共交通、换取景区门票等的相应积分，但由于缺乏长期资金支持等原因，未持续开展。

---

[1] 叶佳：《日本启动环保积分制度》，《中国信息报》2009 年 5 月 20 日，第 8 版。靳国良：《碳交易机制的普惠制创新》，《全球化》2014 年第 11 期，第 45 页。

[2] 张清玉：《英国个人碳交易研究及启示》，《财会通讯》2013 年第 4 期，第 117 页。彭博：《以家庭节能减排为重点推进低碳社区建设：英国经验与启示》，《经济研究导刊》2014 年第 9 期，第 220 页。王善勇：《个人碳交易体系下消费者碳排放权交易与能源消费研究》，中国科学技术大学博士学位论文，2015 年，第 2—5 页。

2.2 国内相似机制

2.2.1 杭州垃圾分类积分鼓励机制

2013 年，杭州市以下城区为试点实施了智能垃圾分类积分鼓励制，居民开通一张指定银行的借记卡，把垃圾分类打包后，将卡片塞入机器插口，在显示屏上选择好"垃圾回收"的种类，机器会自动吐出一张条形码，将条形码贴在垃圾袋上后按指示投进回收箱即可获取相应积分。居民可以拿积分兑换人民币（每积 100 分可兑换 1 元钱）或换取礼品。

2.2.2 南京"我的南京"电子商务平台

2016 年 3 月，南京市发布了"我的南京"手机 APP 平台，平台实名用户使用市民卡乘坐公交车、地铁，租借公共自行车，选择步行方式出行，都将在"我的南京"APP 上累计绿色积分。"我的南京"按照绿色积分规则，用叶、树、林等级别来表现绿色积分。同时，市民也可在溧水区的公益树林中认领冠名一棵树，实现线上线下共植树。

2.2.3 武汉"碳宝包"电子商务平台

2016 年 5 月，武汉市正式发布"碳宝包"微信公众号。"碳宝包"是由湖北碳排放权交易中心、武汉碳减排协会、超越联创环境投资咨询（北京）有限公司联合开发和运营的，基于以碳积分兑换优惠的方式，以自行车和新能源汽车为试点的鼓励社会大众绿色低碳的电子商务平台。下一阶段，"碳宝包"拟将公交、地铁、公共自行车、步行等低碳出行方式全部纳入鼓励范围。

2.2.4 深圳"绿色出行碳账户"

2015 年 9 月，深圳市绿色出行办公室、深圳市交警局等部门联合推出"绿色出行碳账户"，使用碳积分鼓励市民减少使用私家车出行，打造低碳、生态、宜居宜业的城市生活。碳账户由市民自愿登记，记录市民使用公共交通出行方式进行碳排放或减排数据进行计算，给予自愿减排机动车主碳积分奖励，积分可用于兑换某些电子产品以及生活用品优惠券。

图9　碳普惠制的创新及应用

3. 碳普惠机制介绍

碳普惠制是对小微企业、社区家庭和个人的节能减碳行为进行具体量化和赋予一定价值，并建立起以商业激励、政策鼓励和核证减排量交易相结合的正向引导机制（图1）；旨在普及低碳知识，推行低碳生活和低碳消费，推广使用低碳产品、技术，惠及公众、企业及环境，体现低碳权益、人人共享，推动建立低碳消费拉动低碳生产的经济发展新模式，从需求侧促进供给侧产品技术创新升级，实现低碳的价值传递，延伸碳交易市场，形成政府、企业、公众"共同建设低碳社会，发展低碳经济"的新局面。

图1　碳普惠制示意图

该机制不同于国内外类似的机制，首例系统地将公众和小微企业的低碳行为依托碳普惠信息服务平台（以下简称"碳普惠平台"），通过数据采集，记录并量化公众日常生活中节能低碳行为的减碳量，并将减碳量换算成一定量的"碳币"发放到相应公众账户中，公众可以用碳币换取优惠及服务等。利用碳普惠减碳量的公众属性、金融属性在全社会系统内进行流通，形成统一市场化的低碳发展模式。图2为碳普惠制整体工作实践路径图。

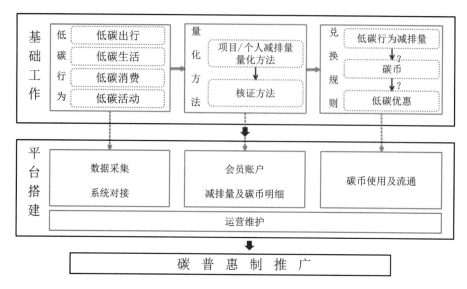

图 2　碳普惠制实践路径图

3.1 碳普惠低碳行为

低碳行为指社会公众及小微企业采取低能耗、低排放的生活或生产方式。对于主动减排的行为和虽无主动减排意识、但由于占用权益较少导致低排放的行为也是被鼓励的低碳行为。碳普惠制鼓励的低碳行为涵盖了公众衣、食、住、行、用及生产中的各项有节能低碳效果的行为（表 1），以倡导全社会低碳出行、低碳消费、低碳生活及参与低碳活动。对于不同城市、区域或细化到小区，应根据当地的实际情况、各行为的减碳潜力以及居民意愿，选取率先鼓励的低碳行为。

表 1　碳普惠低碳行为汇总表

鼓励类别	碳普惠低碳行为
低碳生活	绿色建筑置业
	节约用电
	节约用水
	节约用气
	光伏发电
	垃圾分类

鼓励类别	碳普惠低碳行为
低碳出行	租用公共自行车 乘坐地铁出行 乘坐快速公交系统（BRT）出行 乘坐公交车出行 减少私车通勤 电子不停车收费（ETC）快速过闸
低碳消费	购买节能空调 购买节能洗衣机 购买节能冰箱 购买 LED 灯具 购买便携式光伏产品 购买空气能产品 选购新能源汽车 选购电子门票 使用电子账单 酒店低碳住宿
低碳活动	植物认养 塑料瓶回收 废电池回收 电子废弃物回收
小微企业低碳项目	照明系统节能 电机效率提升 锅炉能效提高 空调效率提高 余热余压利用 新能源利用

3.2 低碳行为数据采集

碳普惠制是以鼓励自主降碳为导向，对各低碳行为的奖励力度主要依据各低碳行为的减碳量以及减碳成本等，故低碳行为的源数据采集及减碳量量化是非常重要的。低碳行为减碳量量化方法详见第四章。

应充分利用互联网及物联网，优先考虑通过数据对接或移动互联的获取方式，如发电量记录、公交卡刷卡记录、低碳产品使用时间、产品功率等容易获取的、可信的参数进行周期性监测。经调研及论证，综合考虑易行性及实操性，各低碳行为数据获取方式如表 2 所示。

表 2　低碳行为数据获取方式

碳普惠低碳行为	数据获取渠道
绿色建筑置业	
节约用电	
节约用水	对接相应公共机构统计的用户水、电、气用量及置业面积等数据
节约用气	
光伏发电	
垃圾分类	对接垃圾分类回收装置系统记录
租用公共自行车	
乘坐地铁出行	
乘坐 BRT 出行	对接交通卡刷卡记录
乘坐公交车出行	
ETC 快速过闸	
减少私车通勤	小区门禁
购买节能空调	
购买节能洗衣机	
购买节能冰箱	
购买 LED 灯具	销售员验证或内包装扫码
购买便携式光伏产品	
购买空气能产品	
选购新能源汽车	

碳普惠低碳行为	数据获取渠道
绿色建筑置业 节约用电 节约用水 节约用气 光伏发电	对接相应公共机构统计的用户水、电、气用量及置业面积等数据选购电子门票 使用电子账单/发票 酒店低碳住宿
植物认养 塑料瓶回收 废电池回收	活动现场登记
电子废弃物回收 照明系统节能 电机效率提升 锅炉能效提高 空调效率提高 余热余压利用 新能源利用	项目节能量审核报告

注：所有数据获取均需公众自动绑定相关账户、卡号等并同意数据获取协议后方可执行。

为确保低碳行为减碳量通过碳普惠平台顺畅发放给用户，数据采集的同时需确定该减碳量折算成碳币后发放给会员的唯一认证方式，如交通卡卡号、用电户号、用气户号、车牌号、发票编号等。

3.3 低碳激励方式

低碳行为产生的减碳量折算为碳币后，可获取商业激励、政策激励及交易激励。

3.3.1 商业激励

碳普惠商业激励是指碳币可用于兑换企业所提供的折扣及增值服务，如餐饮、电影院的优惠折扣，酒店的延迟退房，航空的里程，超市的赠品等。让公众通过日常消费中的优惠感受到低碳所带来的直接经济价值，增强公众践行低碳的自主性。

对于提供商业优惠激励的企业来讲，参与碳普惠制，将显示出与同类企业的低碳"差异化"，也进一步弘扬本身经营中低碳理念，让用户享受便捷消费的同时深入理解低碳，彰显社会责任感，实现低碳与消费共发展。

3.3.2 政策激励

推动节能降碳是政府的重要职责之一，所谓政策激励是指将碳普惠制与节能减排相关政策制度结合，充分利用市场化的补充激励作用，发挥政策的最大功效，激励公众积极降碳。目前我国的降碳任务主要落实在企业身上，但提升每个人的低碳意识，才能将企业的低碳落到实处，并实现全社会的共同低碳。

以碳普惠与小汽车增量指标结合起来为例。将治理路面拥堵与降低交通碳排放一齐考虑，则积累的减碳量足以中和未来 1—3 年路面行驶产生的碳排放的公众，应更有权益拥有小汽车增量指标。建议在保持车辆增量指标总量不变的情况下，设置通过低碳行为获取车辆增量指标的渠道。如设置低碳竞价专场，从原有的竞价指标中提留一定的指标，每年增设 1—2 次低碳竞价专场，申请人需缴纳一定的碳币才可参加低碳竞价专场；进一步加大政策支持力度，则可设置碳币兑换指标通道，每月缴纳约定数额碳币的市民可以无偿获得车辆增量指标。为促进全民低碳热情及碳币的流通，碳币可以源于自身的低碳行为减碳量积累，也可以收集其他人的碳币。

此外，用碳币支付部分公交乘坐费用、停车费用以及积分入户等政策，亦可纳入到碳普惠政策激励。

3.3.3 交易激励

碳普惠交易激励是指将公众易精准计量的低碳行为（如使用分布式光伏发电等）产生的减碳量进行核证并签发，签发的减碳量可用于抵消控排企业配额。

在广东省发改委印发的《广东省 2016 年度碳排放配额分配实施方案》中指出，控排企业可使用广东省审定签发的碳普惠试点地区减碳量抵消实际碳排放的，这对于碳普惠交易激励起到了很大的推动及示范作用，同时也对构建真正意义上的自愿碳减排市场起到良好的促进作用。

4. 低碳行为减碳量量化方法

本文主张碳普惠低碳行为减碳量要参考国际通过项目减碳量方法学的逻辑体系，利用互联网及物联网的数据监测及采集手段，根据不同行为的特征进行量化。

4.1 减碳量量化依据

现国际上尚未有对个人低碳行为减碳量量化的方法学公布，碳普惠低碳行为减碳量的量化以及量化方法学的编制主要依据以下权威标准及文件：

ISO 14064-1：2006 温室气体第一部分组织层次上对温室气体排放和清除的量化和报告的规范及指南；

ISO 14064-2：2006 温室气体第二部分项目层次上对温室气体减排和清除增加的量化、监测和报告的规范及指南；

IPCC 国家温室气体清单指南；

中国温室气体自愿减排（CCER）方法学；

统计年鉴；

各行业能效标准、设计标准等。

当上述标准和文件被修订时，使用其最新版本。

4.2 量化原则

为易于应用及实践，以鼓励为导向，碳普惠低碳行为减碳量只考虑二氧化碳的减排量，暂不考虑泄漏场景。低碳行为减碳量的量化遵循相关性、完整性、准确性及透明性等原则。

（1）相关性。选择适当的碳源、碳汇、碳库、数据和方法，以适应核算低碳行为减碳量的需求。

（2）完整性。综合考虑行为所有相关的二氧化碳排放和清除过程。

（3）准确性。对低碳行为减碳量进行准确的计算，尽可能减少偏差和不确定性。

（4）透明性。有明确的、可核查的数据收集方法和计算过程，对计算方法及数据来源给出说明。

4.3 基准线情景设定及碳排放

基准线情景是指在没有低碳行为的情景下有可能会发生的、各种真实可靠的替代情景。

4.3.1 基准线情景设定

可以根据实地调查资料、文献调研、根据参与公众或企业提供的数据和反馈信息等途径来识别可能发生的替代情景，并进一步根据经济成本障碍、制度障碍、技术障碍、社会条件障碍等剔除因受至少一种障碍影响而不能实现的情景，保留不受任何障碍影响的情景，即为基准线情景。

以下列举部分碳普惠低碳行为的基准线情景。

表3 基准线情景设定举例

公众低碳行为	基准线情景设定
节约用电 节约用水 节约用气 光伏发电	以下情景根据实际情况择一实施： 情景一：纵向对比，以用户前三年每季度用量平均值作为基准线情景； 情景二：横向对比，以用户所在区域前三年每季度用量平均值作为基准线情景； 情景三：以当地阶梯水、电、气标准的第一阶梯作为基准线情景
租用公共自行车 乘坐地铁出行 乘坐 BRT 出行 乘坐公交车出行	以下情景根据实际情况择一实施： 情景一：替代法，以若没有此项交通工具，乘坐其他交通工具作为基准线情景； 情景二：平均法，以目前情况作为基准情景，即各类交通工具出行的单位碳排放量加权平均后可得出基准线碳排放
ETC 快速过闸	以普通人工收费作为基准线情景
选购电子门票 使用电子账单/发票	以使用传统纸质票据作为基准线情景
酒店低碳住宿	以使用一次性用具等作为基准线情景

4.3.2 基准线碳排放

一般情况下,使用排放因子法进行基准线二氧化碳排放量(BE)计算,即二氧化碳排放活动数据与排放因子等系数的乘积,公式如下:

$$BE = AD_{基准线} \times EF_{基准线} \tag{1}$$

式中:

BE——基准线情景下二氧化碳排放量(千克二氧化碳);

$AD_{基准线}$—— 基准线情景下二氧化碳排放活动数据;

$EF_{基准线}$——基准线情景下排放因子。

排放因子可以采用碳普惠制应用区域的地方标准、本土实测并验证可信的数值和专家估算值。原则上排放因子每年进行一次调整或更新,若产生重大变化时即时更新。

若基准线排放无法通过排放因子法计算获得时,可以通过合理的抽样统计、公开发表的调查报告或专家估算等方式来确定。

4.4 低碳行为碳排放及减碳量核算

4.4.1 低碳行为碳排放核算

一般情况下,使用排放因子法进行低碳行为二氧化碳排放量(PE)计算,即二氧化碳排放活动数据与排放因子等系数的乘积,公式如下:

$$PE = AD_{低碳行为} \times EF_{低碳行为} \tag{2}$$

式中:

PE——低碳行为情景下二氧化碳排放量(千克二氧化碳);

$AD_{低碳行为}$——低碳行为情景下二氧化碳排放活动数据;

$EF_{低碳行为}$——低碳行为情景下排放因子。

排放因子可以采用碳普惠制应用区域的地方标准、本土实测并验证可信的数值和专家估算值。原则上排放因子每年进行一次调整或更新,若产生重大变化时即时更新。

若低碳行为二氧化碳排放量无法通过排放因子法计算获得时,可以通过合理的抽样统计、公开发表的调查报告或专家估算等方式来确定。

4.4.2 低碳行为减碳量核算

低碳行为减碳量（*ER*）即为基准线碳排放与低碳行为碳排放之差，计算方法如下：

$$ER_y = BE_y - PE_y \tag{3}$$

式中：

y——核算周期，可以为每次发生低碳行为时、一周、一个月或三个月，具体根据低碳行为减碳量及数据收集方式来确定；

ER_y——核算周期内低碳行为减碳量（千克二氧化碳）；

BE_y——核算周期内低碳行为基准线碳排放量（千克二氧化碳）；

PE_y——核算周期内低碳行为碳排放量（千克二氧化碳）。

4.5 碳币折算及发放

横向对比各低碳行为，综合考虑各低碳行为的减碳量的不确定性、减碳成本、减碳影响等因素，计算出不同的低碳行为的减碳量折算碳币系数（*k*）（表4）。

表4 减碳量折算碳币系数 *k* 说明

	影响因素	权重 ω	分数（评价分析后得出）
1	减碳量的不确定性	0.4	k_1取值范围：1—3分 说明：不确定性最小为3分，不确定性最大为1分
2	推行过程的难度 （减碳成本）	0.3	k_2取值范围：1—3分 说明：难度最大为3分，难度最低，大众最容易接受为1分
3	政府对该低碳行为优先鼓励程度 （减碳影响）	0.3	k_3取值范围：1—3分 说明：优先鼓励为3分，鼓励程度最小为1分

例如，对于某低碳行为，$k_1 = 1.5$，$k_2 = 3$，$k_3 = 2$，则折算系数 k 计算如下：

$$k = k_1 \times \omega_1 + k_2 \times \omega_2 + k_3 \times \omega_3 = 1.5 \times 0.4 + 3 \times 0.3 + 2 \times 0.3 = 2.1 \approx 2$$

则该低碳行为产生的每单位减碳量可折算为2个碳币。

为简化数据对接流程，根据每次低碳行为的减碳量、量化依据获取途径等因素，以为每周、每月或合理的时间长度内核算减碳量及发放碳币。

4.6 低碳行为减碳量量化举例

以广东省民节约用电为例，说明减碳量量化方法。节约用电是指家庭采取低碳生活方式、从而产生的节省家庭用电低碳效果的行为。

4.6.1 基准线情景设定

根据数据可获取情况，择以下基准线情景之一，以方法一为最优。

方法一：以申请用户 2013—2015 年三年每季度用电量平均值作为基准线；

方法二：根据申请用户所在区域，以其所在区域的典型社区 2013—2015 年三年每季度用电量平均值作为基准线；

方法三：若以上数据皆不可得时，参考《关于我省居民生活用电试行阶梯电价有关问题的通知》（粤价〔2012〕135 号）设置基准线情景。

（1）夏季基准线情景：每年 5—10 月，每户每月用电量为 260 千瓦时（即第一档标准最大值）；

（2）非夏季基准线情景：每年 11—次年 4 月，每户每月用电量为 200 千瓦时（即第一档标准最大值）。

4.6.2 基准线碳排放

使用排放因子法进行基准线二氧化碳排放量计算。公式如下：

$$BE_{节电} = AD_{基线用电量} \times EF_{电力} \qquad (4)$$

式中：

$BE_{节电}$——基准线情景下二氧化碳排放量（吨二氧化碳）；

$AD_{基线用电量}$——基准线情景下每户每月用电量（千瓦时）；

$EF_{电力}$——广东省电力排放因子（吨二氧化碳/千瓦时）。

注：广东省电力排放因子采用国家发改委发布的各省区域电网排放因子，目前发布的最新排放因子是 2012 年因子，故采用 2012 年数值，即 5.271×10^{-4} 吨二氧化碳/千瓦时。若公布最新因子则即时更新。

4.6.3 碳排放核算

使用排放因子法进行低碳行为二氧化碳排放量计算。公式如下：

$$PE_{节电} = AD_{低碳行为} \times EF_{电力} \tag{5}$$

式中：

$PE_{节电}$——低碳行为情景下二氧化碳排放量（吨二氧化碳）；

$AD_{低碳行为}$——低碳行为情景下每户每月用电量（千瓦时）；

$EF_{电力}$——广东省电力排放因子（吨二氧化碳/千瓦时）。

注：广东省电力排放因子采用国家发改委发布的各省区域电网排放因子，目前发布的最新排放因子是 2012 年因子，故采用 2012 年数值，即 5.271×10^{-4} 吨二氧化碳/千瓦时。若公布最新因子则即时更新。

4.6.4 减碳量核算

减碳量计算方法如下：

$$ER_{节电,y} = BE_{节电,y} - PE_{节电,y} \tag{6}$$

式中：

y——核算周期，一般情况下按 1 个月计算；

$ER_{a类,y}$——核算周期内节电低碳行为减碳量（吨二氧化碳）；

$BE_{a类,y}$——核算周期内节电低碳行为基准线排放量（吨二氧化碳）；

$PE_{a类,y}$——核算周期内节电低碳行为排放量（吨二氧化碳）。

可以通过以下方式获取用户节约用电行为的数据：

方式一：通过供电公司提供申请用户每月用量；

方式二：申请用户通过平台上传电费结算单、电费缴纳通知单等文件的照片；

其中，方式一可保障数据的客观性、真实性以及数据对接的简易性，但需要相关部门的支持；方式二需要用户手动操作，且需要后台对数据的真实性进行审核等操作，用户体验相对欠佳。故建议在有关部门的支持下，采用方式一获取所需数据。

5. 碳普惠制的应用

5.1 自愿碳市场构建

碳排放权交易市场的建设是为了强制重点能耗企业降低碳排放，控制并减少城市碳排放总量。现阶段各试点的碳排放权交易都不活跃，大部分交易发生在履约期间。碳普惠制的出发点是促进自愿减碳，故基于碳普惠制可拓展并构建自愿性的碳市场，补充且与碳排放权交易市场并行（图3）。

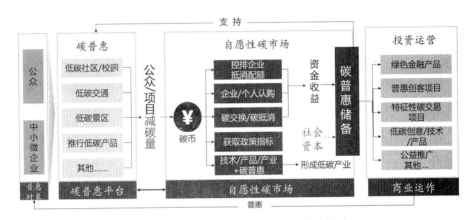

图3　基于碳普惠制的自愿碳市场构建思路

以低碳普惠社区、校园、交通、景区、推行低碳产品等领域为切入点，对公众和中小微企业的低碳行为减碳量奖励碳币。碳币可进入到自愿性碳市场，经过交换汇集，可用于抵消控排企业配额，被企业或个人认购中和生产活动或生活消费产生的碳排放，抵消产品或展会等的碳排放，获取政策指标及公共服务优惠，还可以作为碳资产投资到低碳技术研发、低碳产品创新以及低碳产业中。

当碳币用于抵消配额、被认购或进行碳抵消，会获取现金收益，若不即刻提现，这部分现金收益与社会资本联合投入到碳普惠储备，可用于商业用作，后端收益加倍反馈给碳币出售者。商业投资方向包含但不限于绿色金融产品、碳普惠创客项目、地方或区域特征性碳交易市场建设、设计研发创意低碳产品及新型低碳技术、公益推广等，投资收益除了反馈碳币出售者，还可进一步支持碳普惠制的推广，通过这样良性循环，可实现公众的低碳激励及对低碳产业发展的双重推进。

5.2 碳普惠创客

2015 年 6 月，国务院发布了《国务院关于大力推进大众创业万众创新若干政策措施的意见》，"创客"逐渐成为一种热点与风尚。

碳普惠创客（以下简称"普惠创客"）聚焦于低碳及碳普惠领域，目标群体为大学生。充分发挥高校学生的创新性及低碳公益性，为自愿加入普惠创客的学生提供创业导师，指导其选择创客方向，并提供配套资源支持普惠创客将创业项目进行运营推广，扩大项目的影响力（图 4）。

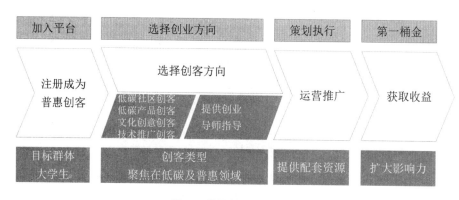

图 4　碳普惠创客示意图

普惠创客的方向可包含但不限于低碳社区创客、低碳普惠产品创客、节能技术服务创客及文化创意创客。普惠创客的申请方式为个人或团队成立工作室，网上申请成为普惠创客，由碳普惠制运营机构为工作室配备导师，协助创客利用配套资源挖掘商业模式（图 5）。

（1）低碳社区创客。低碳社区创客可挖掘低碳普惠社区中的低碳发展模式，如通过广告收益推动分类回收设备的投放，搭建有机绿色蔬菜低碳供应链，组织开展社区低碳活动等。

图 9 碳普惠制的创新及应用

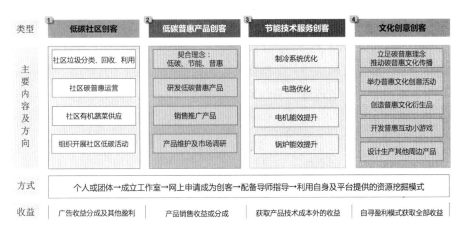

图 5 碳普惠创客类型

（2）低碳普惠产品创客。该类型创客可在节能低碳产品研发推广整个过程中的任何一环挖掘创业方向，如参与设计研发低碳普惠产品、对产品进行销售推广、对产品进行售后维护和及时收集市场反馈。

（3）节能技术服务创客。该类型创客可利用碳普惠运营机构提供的设备资源及技术资源从事制冷系统、电路、电机、锅炉等生产性及服务性企业常见设备的能效提升及节能改造项目，通过合同能源管理模式获取收益。

（4）文化创意创客。鼓励该类型创客立足碳普惠理念，推动碳普惠文化传播，创客可以借助低碳风尚组织举办普惠文化创意活动，设计文化衍生品及其他周边产品，还可以开发普惠互动小游戏，让低碳集趣味及公益为一身。

5.3 低碳普惠社区建设

现阶段各低碳社区的建设主要聚焦在基础设施的节能改造，但培育社区低碳文化氛围、持续激励社区居民低碳，才能让低碳社区持续低碳。碳普惠制应用于低碳社区建设中，可构建低碳普惠社区。此外，校园也可视为社区，碳普惠制与环境教育相结合，通过大手拉小手促进公众低碳也具有良好的推广应用价值。

低碳普惠社区是以每户居民为普惠对象，根据数据可获取情况，可选择鼓励节约用电、节约用水、节约用气、减少私家车出行、垃圾分类回收等低碳行为，根据社区实际情况确认各低碳行为减碳量量化方法。

5.3.1 居民低碳行为减碳量量化

（1）节水、节电、节气行为的减碳量量化。对市民或社区业主的户均用量进行调研，参考已经实施的阶梯标准，制定水、电、气用量标准，实际用量与用量标准的差即为节约量。节约量与减碳量的兑换因子由碳普惠平台后台统一配置。

（2）减少私家车出行减碳量量化。由居民自行在个人信息中填写出行日均里程。从物业处获取每个车牌号每月出行日数，对比上个月减少的日数即为减少出行日。根据减少出行日、居民的日均里程及百公里油耗（用平台内置缺省值）计算出该行为的减碳量。减碳量与"碳币"的折算系数由碳普惠平台后台统一配置。

（3）垃圾分类减碳量量化。根据垃圾处理方式确定每个塑料瓶、每公斤纸板、每公斤纸张及每公斤餐厨垃圾等各类垃圾回收利用的减碳量，并提供给平台运营方。减碳量与"碳币"的折算系数由碳普惠平台后台统一配置。

5.3.2 低碳行为数据采集

（1）用电信息：从社区所属区供电局处获取。居民需在个人信息中绑定户号（户号在电费单上有显示）。

（2）用水信息：从自来水公司获取。居民需在个人信息中绑定户号（户号在水费单上有显示）。

（3）用气信息：从燃气公司获取。居民需在个人信息中绑定户号（户号在燃气费单上有显示）。

（4）减少私家车出行：从物业管理处获取车辆进出的记录（建议每月获取一次）。根据物业管理的数据采集方式，确定用户需绑定的类别（如车牌号、户主名等）。

（4）垃圾分类信息：为社区（小区）居民发放垃圾分类积分卡。居民每次投放垃圾前刷卡，由垃圾分类回收装置系统记录居民的投放行为并与碳普惠平台系统进行对接。居民需在个人信息中绑定垃圾积分卡号。

5.3.3 低碳普惠社区动员活动

在小区举办以"碳普惠破冰""注册动员""个人信息完善"等为主题的系列宣传活动，充分利用低碳日、节能周、环境日等大型低碳环保主题节日进行宣传。同时发展社区周边商户提供碳币兑换优惠服务。

5.3.4　汇总减碳总量，与碳交易对接

统计试点内居民的减碳总量，将未消费的减碳量流入碳交易市场，获取收益用作社区建设或按比例返利于居民。

5.4　低碳普惠景区建设

碳普惠制应用于低碳景区建设中，可构建低碳普惠景区。以游客为普惠对象，根据景区实际情况，可选择鼓励乘坐环保车（船）、购买非一次性门票等低碳行为。根据景区的实际情况确定各行为的减碳量量化方法。

5.4.1　低碳行为减碳量量化

（1）植物认养减碳量及"碳币"发放。核算待认养植物的碳汇量，由碳普惠平台后台统一配置认养每种植物的碳币发放量。

（2）购买非一次性门票减碳量及"碳币"发放。考虑非一次门票的碳排放及可使用次数，与传统纸质门票的碳排放进行对比，得出购买非一次性门票的减碳量，减碳量与"碳币"的折算系数由碳普惠平台后台统一配置。

（3）乘坐环保车（船）减碳量及"碳币"发放。根据环保车（船）与传统燃油车船的人均能耗对比，得出乘坐环保车（船）的减碳量，减碳量与"碳币"的折算系数由碳普惠平台后台统一配置。

（4）酒店低碳住宿减碳量及"碳币"发放。以酒店一次性用品的生产及处理为基准线情景，核算基准线碳排放，不使用一次性用品即节约了基准线的碳排放量，减碳量与"碳币"的折算系数由碳普惠平台后台统一配置。

5.4.2　游客行为信息采集

（1）购买非一次性门票。在合适的位置摆放二维码，购买非一次性门票扫码可得相应"碳币"奖励。

（2）乘坐环保车（船）。在环保车（船）内或其他合适的位置张贴相应二维码，扫码可得相应"碳币"奖励。

（3）植物认养。由景区管理处提供认养人姓名、碳普惠账户、认养植物种类、树龄、高度等信息，定期交给平台运营方录入信息。

（4）景区周边酒店低碳住宿。在酒店中选留几间普惠专房，该专房不提供一次性物品，同人住几日不更换床单。在专房内张贴二维码及宣传材料，扫

码可得相应"碳币"奖励。

5.4.3 低碳普惠景区动员活动

在景区举办以"低碳普惠伴你游"的系列宣传活动，设点专门宣传低碳理念及碳普惠原则，充分利用低碳日、节能周、环境日等大型低碳环保主题节日进行宣传。同时发展景区周边商户提供碳币兑换优惠服务。

5.4.4 汇总减碳总量，与碳交易对接

统计景区边界内游客低碳行为的减碳总量，由景区管理处或景区运营中心等将减碳量汇总流入碳交易市场，获取收益用作景区低碳建设或按比例返利于游客。

6. 结语及展望

由于一些客观因素，碳普惠制的实施推广方面存在着一定的障碍：

（1）公众行为统计数据不易获取

对低碳行为的基准线及减碳量的量化需要获取相关数据支持，由于较难获取或没有统计公众行为源数据，如居民的用水量、用电量及用气量虽有较完善的统计体系，但是即使在相关用户的同意下，数据也很难自动便捷的获取，很难对公众的低碳行为进行精确量化核算。

（2）社会低碳意识总体处于萌芽期

最利于碳普惠制迅速推广的激励方式即商业激励。在实践中，确实有些企业乐于支持公众低碳，但是普遍来讲，很多企业仍不愿为公众的低碳行为提供增值服务。在实践推广过程中，也会有公众不完全理解践行低碳的意义，认为低碳节能只是国家及企业应尽的义务。

（3）公众减碳价值吸引力较弱

碳普惠制虽然设计了三种碳普惠低碳行为减碳量价值实现方式，但由于其产生的减碳量很小，其价值实现存在着很大的不确定性。同时这种价值实现需要政府、社会根据总体的环境收益进行合理的分配，特别是政府要让利于民。

碳普惠制成功标志应当是形成"公众人自愿参与、公共数据共享、减碳

价值共享"的有机系统。从以下几个方面的推动将有利于碳普惠制的成功实施。

（1）建设及逐步公开社会公众行为相关的大数据

随着电子政务建设的不断发展，各级政府积累了大量与公众生产生活息息相关的数据，掌握着全社会信息资源的 80%。[①] 应响应"加快政府数据开放"的号召，在公众同意的情况下，授权相关机构获取公众行为数据，作为量化减碳量、激励公众低碳生活的依据。进一步地，整合资源并加以完善，建设公众生活领域的碳排放信息收集统计系统，可作为公众低碳激励机制及生活领域降碳目标制定的依据，除了将易于推广碳普惠制、激励全民低碳，还对降低公众生活领域碳排放，对构建低碳社会有显著的现实意义。

（2）建立以普惠为核心的低碳生活宣传体系

根据各地区的实际情况，基于以价值激励为核心的宣传制度，综合利用网络、报纸、杂志等各主流媒介及城市公共 LED 屏等宣传渠道，设定宣传效果评价机制，策划系列宣传项目、低碳教育及宣传主题活动，普及低碳知识，倡导低碳生活，鼓励低碳消费，全方位培育低碳文化，提升公众对低碳生活的认知及理解。

（3）加强政府引导作用

碳普惠减碳量的流通不仅要依靠商业企业的支持，前期更应依靠政府的引导作用。现阶段，公众的低碳意识逐渐觉醒，越来越多的人趋于追求高质量与低碳节约相平衡的生活，万众低碳的氛围基本成熟，配备适度的政府引导及支持，借助高速发展的互联网技术和普惠金融模式，碳普惠制可应用到更多领域，同时这一创新机制也将助力深化可持续发展之路。

（4）将碳普惠减碳量与碳市场对接

搭建全国碳排放交易市场的同时，如果能够在碳配额交易机制、自愿减排项目核证减排量补充机制外，研究设计碳普惠减碳量作为自愿的补充机制来抵消一部分控排企业的配额，既体现了碳排放权交易促进减排的目的，又扩大了

---

① 刘红色：《李克强对政府数据表态：公开!》，中央政府门户网站，2015 年 3 月 7 日，http://www.gov.cn/guowuyuan/2015-03/07/content_ 2829215.htm。

碳交易的范围和品种，也起到了建立全社会减排的作用。因此，政府如果能够从公共财政方面支持碳普惠的建设，以及从碳交易市场的建设方面支持碳普惠减碳量的流通，将会极大带动碳普惠的实施，从而更有效率地建设低碳发展体系。

（5）创新碳普惠金融模式

当前，国家大力倡导绿色金融，各部门、各金融机构也都在积极推出绿色金融的政策和产品。建议有关部门和机构，深入研究碳普惠基于公众低碳消费、低碳出行及小微企业的微型节能减排项目等对金融支持的需求，以预期产生的碳普惠减碳量作为衡量指标之一，开发相应的碳金融产品，创新绿色金融的模式，发挥碳普惠的普遍性和惠及性的功效，促进碳普惠的发展。

党的十八大提出把生态文明建设放在突出地位，基于社会公众共同努力才能将生态文明建设落到实处，并惠及公众。而我国尚无针对公众低碳行为的激励体制。碳普惠制科学、公平地确认公众和小微企业低碳行为的减碳量，通过互联网手段，将碳减量以"碳币"形式予以赋值，与商业、公共政策、碳交易相结合，实现减碳量的有序流通，从而发挥其经济属性和金融属性。碳普惠制的实施不仅可构建以消费端促进生产端的低碳经济发展模式，也是全民共建绿色低碳文明社会的有益尝试。

中国自愿减排量的开发
及其发展潜力的经济学研究[①]

张　颖　曹先磊[②]

摘　要：

中国自愿减排量（CCER）作为碳配额市场的重要补充，其有效开发和健康发展有利于延伸碳市场的作用并实现我国应对气候变化的战略目标，同时也为我国产业发展提供一定调节与缓冲的空间，但学界从经济学视角专门针对 CCER 开发现状、所面临的风险、应对策略与发展潜力的研究相对较少。基于中国自愿减排交易信息平台数据库，研究在对 CCER 开发流程介绍的基础上，就当前 CCER 项目的地区分布、备案类别分类和减排量类型进行了简要描述性统计分析；然后，主要从经济学视角对 CCER 开发可能面临的经济和政策风险与防范措施进行理论探讨，并对 CCER 开发的优势与潜力进行了定性评价；最后，研究从政府调控和企业投资角度，提出了有效开发中国自

---

① 基金项目：国家社会科学基金重点项目"我国西部林业生态建设政策评价与体系完善研究"（11&ZD042）；内蒙古扎兰屯市项目"森林资源综合效益评估及环境资产负债表编制研究"（2014HXZXJGXY025）。

② 张颖，博士，北京林业大学经济管理学院教授、博士生导师，美国克罗拉多大学合聘教授，主要从事自然资源、环境资源的价值评价、核算、碳汇资产评估、计量与区域经济学的教学、研究。曹先磊，北京林业大学经济管理学院在读博士，主要研究方向：碳市场与碳资产、森林资源与环境经济。

愿减排量并实现我国应对气候变化战略目标及促进能源与可再生能源等环保产业发展的政策建议。

关键词：

CCER　碳配额市场　气候变化　产业结构升级　经济学　统一碳市场

1. 引言

全球气候变化已成为不争事实，积极开展碳配额交易和中国自愿减排量（Chinese Certified Emission Reduction，CCER）项目开发，充分发挥市场机制在碳排放权资源配置方面的基础性作用，是以较低成本有效完成国内减排目标和国际减排承诺的重要举措[1][2]。一方面，改革开放以来，我国经济保持着中高速增长，经济发展与环境保护的矛盾日益突出，减排节能转变经济发展方式已成为当前我国面临的重大问题之一[3]；另一方面，《京都议定书》签订后欧盟等一些发达国家的系列减排行动已经取得一定成效[4]，但中国人均和历史累计碳排放水平均不断增加，面临的国际减排压力也在不断增大，并在气候大会谈判中成为各方关注的焦点[5]。在此背景下，我国政府先后把北京、天津、上海、重庆、湖北、广东、深圳、四川和福建 9 个省市作为碳交易试点地区，积极探索推进碳配额交易和中国自愿减排量（CCER）项目开发，并计划到 2017

---

[1] 丁浩、张朋程、霍国辉：《自愿减排对构建国内碳排放交易市场的作用和对策》，《科技进步与对策》2010 年第 22 期，第 149—151 页。

[2] 冷罗生：《中国自愿减排交易的现状、问题与对策》，《中国政法大学学报》2012 年第 3 期，第 35—45 页。

[3] 黄帝、陈剑、周泓：《配额—交易机制下动态批量生产和减排投资策略研究》，《中国管理科学》2016 年第 4 期，第 129—137 页。

[4] 毛艳、甘钧先：《中国在气候领域的公共外交及手段创新》，《国际论坛》2012 年第 1 期，第 43—48 页。

[5] 段晓男、曲建升、曾静静等：《〈京都议定书〉缔约国履约相关状况及其驱动因素初步分析》，《世界地理研究》，2016 年第 4 期，第 8—16 页。

年拓展到全国范围。①

中国自愿减排量（CCER）作为我国碳市场的重要抵消机制，在碳市场建设中扮演重要角色并在我国呈现出良好的发展势头。在我国试点的九个碳市场均不同程度的准许企业开发 CCER 进行交易；2015 年 3 月，广州碳排放权交易所完成了首单核证的中国温室气体自愿减排量（CCER）交易，拉开了我国温室气体自愿减排交易的帷幕。2015 年 6—7 月，CCER 首次参与除重庆外的六个试点碳市场 2014 年度碳排放权履约。目前，我国已形成初具规模、潜力巨大的 CCER 交易市场。特别是，2017 年全国统一执行碳交易政策，碳减排指标的需求量将会大大增加，各省之间所发放的配额可以互相流动，这种流动性将进一步促进了购买 CCER 碳指标的需求。巨大的需求量会促使金融机构纷纷进入 CCER 市场，从而使这个市场变得越来越大，碳交易、碳金融的商机正在快步到来。此外，不少学者从国家清洁发展机制和中国碳配额市场建设等角度就碳市场建设展开了不少研究。②③④⑤ 这些研究也为 CCER 项目开发提供了一定的决策参考。

然而，CCER 作为我国碳配额市场的重要抵消机制其健康、有序发展仍存在一些亟待探讨的问题。首先，如何根据当前中国自愿减排量开发现状，处理好 CCER 抵消机制和碳配额市场之间的关系。从国外发展经验看，合理规划自愿减排项目开发进程、引导自愿减排量有序进入配额市场、平滑减排量供给的时间分布，是平抑市场冲击、保持自愿减排市场长期、有序、可持续发展的重要途径，但是专门针对中国自愿减排量开发现状的研究相对较少，基于抵消机制和碳配额市场关系就我国 CCER 项目开发的风险与应对措施的研究更少。其

① 张颖、曹先磊、李栩然：《2016 中国碳交易市场发展现状与潜力分析》，《国际清洁能源发展报告（2015）》，北京：社会科学文献出版社 2016 年版，第 45—64 页。

② 羊志洪、鞠美庭、周怡圃等：《清洁发展机制与中国碳排放交易市场的构建》，《中国人口·资源与环境》2011 年第 8 期，第 118—123 页。

③ 于杨曜、潘高翔：《中国开展碳交易亟须解决的基本问题》，《东方法学》2009 年第 6 期，第 78—86 页。

④ 潘家华：《碳排放交易体系的构建、挑战与市场拓展》，《中国人口·资源与环境》2016 年第 8 期，第 1—5 页。

⑤ 李志学、张肖杰、董英宇：《中国碳排放权交易市场运行状况、问题和对策研究》，《生态环境学报》2014 年第 1 期，第 1876—1882 页。

次, 在复杂的市场和政策环境背景下①②③, 未来 CCER 开发的发展潜力如何? 等这些关键问题的探讨不仅关系到我国碳配额市场作用的发挥, 而且对我国应对气候变化的战略目标及低碳绿色产业的健康发展均具有重要影响。

鉴于此, 基于中国自愿减排交易信息平台数据库, 本文在对 CCER 开发流程介绍的基础上, 就 CCER 项目的地区分布、备案类别分类和减排量类型进行简单描述性统计分析; 然后, 主要从经济学视角对 CCER 开发可能面临的经济和政策风险进行理论探讨, 并对 CCER 开发的优势与潜力进行定性评价, 以为企业 CCER 碳汇项目开发, 政府实现应对气候变化战略目标及促进绿色低碳产业健康有序发展的政策制定等提供决策参考。

2. 中国自愿减排量开发流程、分布及动态变化分析

2.1 中国自愿减排量开发基本流程分析

中国自愿减排量 (CCER 项目) 开发流程在很大程度上沿袭了清洁发展机制 (CDM) 项目的框架和思路。主要包括 6 个步骤, 依次是: 项目文件设计、项目审定、项目备案、项目实施与监测、减排量核查与核证、减排量签发。概况来讲, CCER 项目开发必须经过项目文件设计、项目审定程序和减排量核证程序。本小节主要就项目文件设计、项目审定程序和减排量核证程序进行描述统计分析。

2.1.1 项目文件设计

项目文件设计 (PDD) 是 CCER 项目开发的起点。项目设计文件是申请 CCER 项目的必要依据, 是体现项目合格性并进一步计算与核证减排量的重要

---

① 赵圣玉:《中国碳排放权市场与欧洲市场价格波动的比较分析》,《中国市场》2016 年第 13 期, 第 86—94 页。

② 《如何为 CCER 定价及现实中 CCER 定价方法有哪些?》, [EB/OL] . [2016-08-25] http://www. tanpaifang. com/CCER/201605/1653156. html。

③ 《新政策已定 CCER 项目从严从紧, 价格或将暴涨》, 中碳所碳交易网, 2016-07-12, [EB/OL] . [2016-08-25] http://www. tanpaifang. com/CCER/201607/1254561. html。

参考。项目设计文件的编写需要依据从国家发改委网站上获取的最新格式和填写指南，审定机构同时对提交的项目设计文件的完整性进行审定。需要说明的是，项目文件可以由项目业主自行撰写，也可由咨询机构协助项目业主完成，这为咨询机构发展提供了一定的发展机会也有利于企业设计出符合要求的PDD文件，提高企业项目命中率。

2.1.2 项目审定程序

项目业主提交 CCER 项目的备案申请材料后，需经过审定程序才能够在国家主管部门进行备案。审定程序主要包括准备、实施、报告三个阶段，具体包括合同签订、审定准备、项目设计文件公示、文件评审、现场访问、审定报告的编写及内部评审、审定报告的交付并上传至国家发改委网站等七个步骤。另外，项目业主申请 CCER 项目备案须准备并提交的材料包括：①项目备案申请函和申请表；②项目概况说明；③企业的营业执照；④项目可研报告审批文件、项目核准文件或项目备案文件；⑤项目环评审批文件；⑥项目节能评估和审查意见；⑦项目开工时间证明文件；⑧采用经国家主管部门备案的方法学编制的项目设计文件；⑨项目审定报告。国家主管部门接到项目备案申请材料后，首先会委托专家进行评估，评估时间不超过 30 个工作日；然后主管部门对备案申请进行审查，审查时间不超过 30 个工作日（不含专家评估时间）。项目审定通过则 CCER 项目备案成功。

2.1.3 减排量核证程序

经备案的 CCER 项目产生减排量后，项目业主在向国家主管部门申请减排量签发前，应由经国家主管部门备案的核证机构核证，并出具减排量核证报告。核证程序主要包括准备、实施、报告三个阶段，具体包括合同签订、核证准备、监测报告公示、文件评审、现场访问、核证报告的编写及内部评审、核证报告的交付并上传至国家发改委网站等 7 个步骤。项目业主申请减排量备案须提交以下材料：①减排量备案申请函；②监测报告；③减排量核证报告。

监测报告是记录减排项目数据管理、质量保证和控制程序的重要依据，是项目活动产生的减排量在事后可报告、可核证的重要保证。监测报告同样可由项目业主编制，或由项目业主委托的咨询机构编制。国家主管部门接到减排量签发申请材料后，首先会委托专家进行技术评估，评估时间不超过 30 个工作

日；然后主管部门对减排量备案申请进行审查，审查时间不超过 30 个工作日
（不含专家评估时间）。减排量核证通过则减排量获得签发，这也标志着 CCER
项目减排量正式进入可交易程序。累加上述项目开发及发改委审批的时间，正
常情况下，一个 CCER 项目从着手开发到最终实现减排量签发的最短时间周期
要有八个月，这在一定程度上说明 CCER 项目开发是一个系统科学的过程，开
发难度也较大。

2.2 当前中国自愿减排量开发现状与分布情况分析

2.2.1 当前 CCER 开发的地区分布与差异分析

本节主要就中国自愿减排量开发的地区分布及其差异进行分析。图 1 为当
前中国自愿减排量公示项目及其总减排量的地区分布情况。

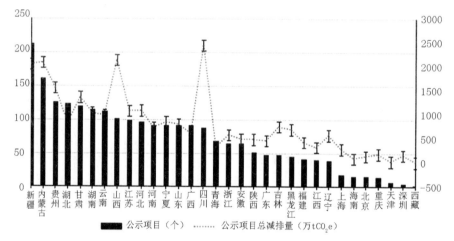

图 1　当前中国自愿减排量公示项目及其总减排量的地区分布情况

从图 1 可以看出：不同省份 CCER 公示项目和公示项目总减排量均存在明
显的差异，但不同省份项目总减排量和项目申请数分布并不完全一致。具体而
言，从不同省份公示项目看，新疆公示项目数量最多为 212 个，占总公示项目
的 9%；其次为内蒙古、贵州、湖北和甘肃等省份，项目数为 161、126、123
和 120 项，这说明 CCER 公示项目主要集中在中西部省份，这为政府通过相关
政策调整引导资金和技术流向经济相对贫困的中西部省份提供了可能。从公示
项目总减排量看，四川省总减排量最大，为 2436 万 tCO_2e，其次为山西、新

疆、内蒙古和贵州；而海南、天津和西藏等省份公示项目总减排量最小。描述性统计结果表明，公示项目总减排量排序与公示项目数量排序并不一致，这可能是因为由于单个项目规模不同导致项目减排量存在明显差异引起的。

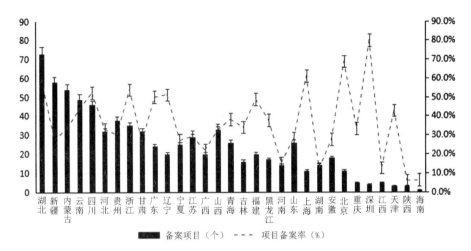

图 2　当前中国自愿减排量备案项目及项目备案率的地区分布情况

　　图 2 为当前中国自愿减排量备案项目及项目备案成功率的地区分布情况。从图 2 可以看出：由项目由公示到项目备案，备案成功率偏低，并且不同省份备案项目数及项目备案成功率也存在明显差异。具体而言，截至 2016 年 8 月，中国自愿减排交易信息平台，公示项目总数为 2308 项，备案项目数为 762 项，项目备案率低，仅为 33%，这说明项目备案存在一定的风险；从不同地区备案项目数看，湖北省最多为 73 项，而海南省为 1 项，西藏被并没有项目获得备案，不同省份获取备案项目数量表现出了明显差异；从不同地区项目备案的成功率看，深圳项目备案成功率最高为 80%，其次分别为北京、上海和湖北等地区，分别为 68.8%、61.1% 和 59.3%，远高于全国项目备案成功率的平均水平，这可能是因为这些地区主要是碳市场试点地区，CCER 项目开发具有一定的政策优惠。

2.2.2　当前 CCER 各开发各过程与项目类别分类的对比分析

　　根据《温室气体自愿减排交易管理暂行办法》规定，CCER 备案项目可分为四类：第一类项目：采用经国家主管部门备案的方法学开发的自愿减排项目；第二类项目：获得国家发改委批准为清洁发展机制项目但未在联合国清洁发展机制执行理事会注册的项目；第三类项目，获得国家发改委批准为清洁发展机制项目且在联合国清洁发展机制执行理事会注册前产生减排量的项目，也被称作准备好的清洁发展机制项目（pre-CDM 项目，下同）；第四类项目，在联合国清洁发展机制执行理事会注册但减排量未获得签发的项目。本节主要就当前 CCER 各开发过程与项目类别分类的项目数量和成功率进行对比分析。其中，表 1 为我国 CCER 各开发各过程与项目类别分类的描述统计情况。从表 1 可以看出：

（1）从项目审定公示阶段看，不同类别分类的公示项目数量存在明显差异。具体而言，第一类项目审定公示项目数最多为 1937 项，占审定公示项目总数的 83.9%；第三类项目数其次为 256 项，占项目总数的 11.1%；而第二类项目和第四类项目较少，分别为 93 项和 22 项，占项目总数的 4% 和 1%。这说明截至目前，采用经国家主管部门备案的方法学开发的自愿减排项目已超过 Pre-CDM 项目，第一类项目已经成为我国 CCER 项目的主要来源。

（2）从项目备案阶段看，不同类别分类的项目备案数量和备案成功率均存在明显的差异。具体而言，从备案项目数量看，第一类项目备案数最多为 517 项，第三类项目备案数量其次为 196 项，第二类项目数量第三为 49 项，第四类项目备案数量最少为 0 项；从项目备案成功率看，第三类项目备案成功率最高为 76.6%，第二类项目其次为 52.7%，第一类项目为 26.7%。

（3）从减排量备案阶段看，不同类别分类减排量备案项目数量和减排量备案成功率也存在明显差异。从减排量备案数量看，减排量备案的项目主要集中在第一类和第三类，具体而言，第一类项目数量最多为 132 项，占减排量备案项目总数的 56.4%，第三类项目其次为 92 项，占减排量备案项目总数的 39.3%，第二类项目较少仅有 10 项，占 4.3%；从减排量备案成功率看，第三类项目减排量备案项目成功率最高为 46.9%，第一类项目减排量备案项目成功率其次为 25.5%，第二类项目减排量备案成功率为 20.4%。

从 CCER 各开发阶段看，第三类项目，即 pre-CDM 项目备案和减排量备案成功率均较高，主要是由于此类项目的活动水平可追溯，使得其产生的减排量可以一次性签发，加之此类项目开发周期相对较短，所以能够给业主尽快带来较大减排收益。但是随着国内碳市场的发展以及业主对 CCER 项目收益预期的升温，提交申请备案的审定项目中新开发项目逐渐增多，进入 2014 年下半年新开发项目的数量已超过 pre-CDM 项目。可以预见，接下来一段时间新开发项目在备案项目中占据的比重会逐渐增大，数据统计结果也证实了这一点。

表 1　我国 CCER 各开发各过程与项目类别分类的描述统计情况

项目	项目审定公示阶段		项目备案阶段		减排量备案阶段	
	数量（个）	占总量比例（%）	数量（个）	备案成功率（%）	数量（个）	减排量备案成功率（%）
第一类项目	1937	83.9	517	26.7	132	25.5
第二类项目	93	4.0	49	52.7	10	20.4
第三类项目	256	11.1	196	76.6	92	46.9
第四类项目	22	1.0	0	0.0	0	0.0
合计	2308		762		234	

资料来源：根据调查数据整理。

2.2.3　当前 CCER 各开发过程与减排类型的对比分析

表 2 为我国 CCER 各开发过程与项目减排类型分布的描述性统计情况，从表 2 可以看出：

（1）从项目审定公示阶段的减排行业分布看，包括风电、光伏发电、水电、生物质新能源等减排类型在内的能源与可再生能源领域项目数量最多，包括废物处置转换、煤局气（即不同煤炭煤气工业局的煤炭煤层气开发，简称煤局气）/煤矿瓦斯和废能利用等减排类型在内的节能和提高能效利用类项目数量其次，造林再造林项目第三，而其他项目相对较少。具体而言，截至 2016 年 6 月国家发改委批准 CCER 项目共计 2144 项，其中，风电、光伏发电、水电、避免甲烷排放和生物质能源等新能源与可再生能源为 1829 项，占项目审定公示总量的 85.3%；废物处置转换、煤局气/煤矿瓦斯和废能利用等节能和提高能效利用项目为 217 项，占 10.1%，而其他减排类型仅占 4.6%，这说明新能源和可再生能源行业领域是中国自愿减排量开发的热门行业。

表2　我国 CCER 各开发过程与项目减排类型分布的描述性统计情况

减排类型	项目审定公示阶段		项目备案阶段		减排量备案阶段	
	数量（个）	占总量比例（%）	数量（个）	备案成功率[1]（%）	数量（个）	减排量备案成功率（%）
风电	701	32.7	280	39.9	84	30.00
光伏	566	26.4	146	25.8	42	28.77
避免甲烷排放	341	15.9	94	27.6	41	43.62
水电	134	6.3	87	64.9	30	34.48
生物质能源	87	4.1	47	54.0	11	23.40
废物处置转换	129	6.0	40	31.0	8	20.00
煤局气/煤矿瓦斯	47	2.2	20	42.6	5	25.00
废能利用	41	1.9	17	41.5	5	29.41
林业碳汇	63	2.9	12	19.0	1	8.33
燃料转换	15	0.7	11	73.3	6	54.55
工业能效	2	0.1	2	100.0	0	0.00
交通运输	7	0.3	2	28.6	1	50.00
建筑节能	2	0.1	2	100.0	0	0.00
全氟碳化物（PFCs）	1	0.0	1	100.0	0	0.00
地热	3	0.1	1	33.3	0	0.00
区域供热	2	0.1	0	0.0	0	0.00
燃烧的飞逸性排放	1	0.0	0	0.0	0	0.00
水泥	2	0.1	0	0.0	0	0.00
合计	2144		762		234	

图 10　中国自愿减排量的开发及其发展潜力的经济学研究

资料来源：根据调查数据整理。注：（1）此处备案成功率只是说明由项目公示阶段到项目备案阶段的项目数比例，由于项目公示阶段的数据截至 2016 年 6 月，因此，本备案成功率结果与实际情况相比偏高。

（2）从项目备案阶段的减排行业分布看，包括风电、光伏发电、水电、生物质新能源等减排类型在内的能源与可再生能源领域项目数量也是最多，包括废物处置转换、煤局气/煤矿瓦斯和废能利用等减排类型在内的节能和提高能效利用类项目数量其次，造林再造林项目第三，而其他项目相对较少。具体而言，截至 2016 年 8 月国家发改委批准备案的 CCER 项目共计 762 项，其中，风电、光伏发电、水电、避免甲烷排放和生物质能源等新能源与可再生能源为 654 项，占 85.8%；废物处置转换、煤局气/煤矿瓦斯和废能利用等节能和提高能效利用项目为 77 项，占 10.1%，而其他减排类型项目仅占 4.6%，这也表明新能源和可再生能源行业领域是中国自愿减排量开发的热门行业。

（3）从减排量备案阶段的减排行业分布看，新能源与可再生能源行业领域最多，节能和提高能效利用其次，而造林再造林项目仅有一项。具体而言，截至 2016 年 8 月国家发改委批准备案的 CCER 项目共计 234 项，其中，风电、光伏发电、水电、避免甲烷排放和生物质能源等新能源与可再生能源为 208 项，占 88.9%；废物处置转换、煤局气/煤矿瓦斯和废能利用等节能和提高能效利用项目为 18 项，占 7.7%，而其他项目仅占 3.4%，这同样表明，新能源和可再生能源行业领域是中国自愿减排量开发的热门行业。

CCER 项目开发的项目公示阶段、项目备案阶段和减排量备案阶段的描述统计结果均表明：新能源与可再生能源行业领域是 CCER 项目开发的热门行业，这主要是由于政策导向和利益驱动所导致。具体来说，新能源和可再生能源项目在技术转让和促进新技术的应用以及改善居民生活条件、提高就业率方面贡献较大，具有明显的可持续发展效益，因此受到政策支持获批的项目也较多，当然这也为国家通过政策引领资金和技术流向低碳环保行业和绿色产业提供了可能。同时，新能源与可再生能源类 CCER 项目开发，回收期相对较短，能给企业业主尽快带来较大减排收益。

2.3 中国自愿减排量开发动态变化趋势分析

我国政府早在 2011 年 10 月就发布《关于开展碳排放权交易试点工作的通知》，目前已正式批准北京、天津、上海、重庆、湖北、广东、深圳、四川和福建 9 个省市作为碳交易试点地区；在 2015 年 6—7 月，CCER 首次参与除重庆外的 6 个试点碳市场 2014 年度碳排放权履约。为说明中国自愿减排量开发的动态变化情况，本节简要就中国自愿减排量项目开发的动态变化趋势进行描述性统计分析。

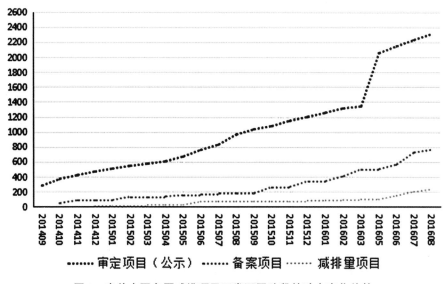

图3　当前中国自愿减排项目开发不同阶段的动态变化趋势

图 3 为当前中国自愿减排项目开发不同阶段的动态变化趋势。从图 3 可以看出：中国自愿减排量开发的审定项目（公示）数、备案项目数和减排量备案项目数均呈现出了快速递增的趋势，但项目开发不同阶段的增长速度存在明显差异。具体而言，审定公示项目由 2014 年 12 月的 468 项增加到 2016 年 8 月的 2308 项，增长 3.9 倍；备案项目由 2015 年 10 月的 27 项增加到 2016 年 8 月的 762 项，增长 7.7 倍，而减排量备案项目由 2014 年 12 月的 10 项增加到 2016 年 8 月的 234 项，增长 22.4 倍；这表明中国自愿减排量开发展现出了良好的发展势头。

3. 中国自愿减排量开发的风险与防范

尽管中国自愿减排量开发展现出了良好的发展势头，但是碳交易市场具有很强的政策属性，受政策影响较大。同时从碳排放权供给和需求两个角度看，影响碳价格变动的因素具有涉及面广、牵涉要素多等特点，企业开发 CCER 项目仍面临很强的政策和经济风险。鉴于此，本节主要从碳配额市场和抵消机制（CCER）关系角度出发，就 CCER 项目开发的经济和政策风险进行系统分析。

3.1 中国自愿减排量（CCER）开发的经济风险分析

3.1.1 我国碳排放权交易市场均衡的理论分析

碳排放权交易市场建立的经济学理论基础是科斯的产权理论，即政府通过明确界定碳排放产权，利用市场手段实现碳排放权资源的优化配置。因此，碳排放权交易市场具有很强的政策属性。而中国的碳排放权市场包含初级市场和二级市场两个层次的市场。其中，初级市场上政府将配额分配给排放单位，一般采取免费、有偿，或两者混合的方式分配；二级市场上各参与主体自由交易，形成比较公开的交易价格。碳排放权交易市场碳排放权价格受供给方和需求方两者共同作用最终实现市场均衡。

不同的参与主体对碳交易市场有不同的期待。政府往往从宏观的角度，希望实现减排成本的最小化；而从参与的机构来讲，往往是从微观的角度，希望自身的收益最大化。从宏观层面看，市场上的供给，即配额总量主要由政府决定，抵消机制起到一定的补充作用。市场上的需求，由排放单位的实际排放量决定，投资行为也可能形成少量的需求。当市场机制完全发挥作用时，尽管短期上碳价可能有波动，但从长期上看碳价应该为均衡价格。

3.1.2 我国 CCER 项目开发的经济风险与防范分析

CCER 项目开发存在的经济风险，和碳市场蕴含的市场波动密不可分，特别是全国碳市场建设的背景下，主要表现在碳价格的波动；其中，影响碳价格波动的因素主要包括碳排放权的供给层面和需求层面，因此我国 CCER 项目开发的经济风险主要表现在影响碳排放权供给和需求变动的因子上，这些因子的变化将会引起 CCER 项目开发存在一定的经济风险。

（1）从供给层面影响因子看，碳排放权的供给包括政府当期发放的配额总量、历年积累下的多余配额、当期核证减排量的供给和政府配额存储池中的数量四个方面。其中，关于政府当期发放的配额总量，主要受行业历史排放量和政府减排目标与决心的影响。关于历史积累的多余配额，从欧盟和我国各试点的机制来看，都允许当年清缴后剩余的配额在一定的时段内存储使用；一方面，为企业经营碳资产提供了更多的选择，由于对未来生产规模扩大，减排成本上升或碳配额价格上升的预期，企业可以选择不出售当期多余的配额，而留至以后使用，同时，这也是吸引企业早日进入碳交易市场的因素之一；另一方面，如果不能对这部分配额进行有效控制，碳交易市场的不稳定性风险将会大大增加，当经济下滑，或碳交易市场前景不被看好时，可能会出现碳价大幅下跌的情况。关于当期核证减排量的供给，核证减排制度是碳排放权交易制度的延伸，通过严格的方法学和认证流程，对节能减排项目的减排量进行认证后，企业可将其拿到碳交易市场上出售。对于项目实施方来说，可以得到成本的一部分补贴，甚至因此获益，由此可以鼓励企业更多地选用节能减排技术；对于排放单位来说，当企业碳排放量超过自身碳配额时，除了在市场上购买配额外，还可以选择购买核证减排量抵消，实现了减排成本的降低。尤其当市场上配额紧张，碳价上升时，核证减排量将成为提供配额来源，稳定碳价的重要手段。对于政府配额存储池中的数量，它是政府配额存储机制是稳定碳价的重要手段之一。

（2）从需求层面影响因子看，碳排放权的供给包括每年碳排放量的抵消、排放单位为未来存储的配额、投资机构购入待未来出售的配额和政府配额储备4 个方面。关于每年碳排放量的抵消，这部分是企业必须完成的义务，由于目前政府正在推行碳排放交易制度，对未履约的惩罚也比较大，从已履约的试点来看，履约率都达到95%以上。故这部分需求与企业的实际生产情况密切相关，其直接影响因素包括经济环境，企业的生产工艺、原料、设备、能源结构，从长期看，行业的技术水平和能源结构的变化也会对减排量的抵消量产生潜移默化的影响。关于排放单位为未来存储的配额，出于对未来企业产能或产量扩大的预计，或是对未来碳价上升的预期，企业可能并不会出售当年清缴后剩余的配额，甚至购买一些配额作存储，这种行为也展示了企业对碳资产的重视和管理；关于投资机构购入待未来出售的配额，在节能低碳越来越成为全球的共识下，相关产业的前景也被看好，碳金融作为节能低碳产业之一，也受到投资机构的关注，中国的碳交易市场尚处于起步阶段，蕴藏着大量的机会，除了在该市场上盈利外，获得"先行者"优势，熟悉和抢占市场也是投资机构的目标。而关于政府配额储备，为了保持市场上适度的配额数量，维持碳价的稳定，有的试点地区实行了配额储备制度。这些配额储备，在市场上的配额过多时，可以进行吸收，避免碳价大幅下跌；在配额紧缺时可以放出，避免碳价过快上升，甚至有价无市，给企业造成压力。

3.2 中国自愿减排量（CCER）开发的政策风险分析

3.2.1 CCER 开发与交易的相关政策及其风险

CCER 项目开发的政策风险，主要表现在两个方面：一是，七个正在运行的碳市场①对 CCER 使用比例、地域、项目申请时间和类型等方面的限制政策；二是，国家对碳配额总量的控制及其分配政策。这两方面政策的调整，均会对 CCER 项目开发产生一定的影响。

表 3 为碳交易试点对抵消机制（CCER）的相关要求。从表 3 可知：在当前政策环境下，我国七个试点省市对碳市场的抵消机制均存在不同程度的限制。从不同市场抵消机制的使用比例看，不同省市限制在 5%—10%；从不同市场地域限制看，深圳、上海、天津和重庆对交易项目没有明显限制，而北京、广东和湖北均存在不同程度的限制；从不同市场项目申请时间、类型限制看，上海和重庆对项目时间有明确的要求，北京、广东和重庆对项目的类型有明确的要求。随着全国碳市场建设及实现我国应对气候变化的战略目标的持续推进，上述相关政策均可能发生一定调整和变化，进而引致为 CCER 项目开发的政策风险。如《温室气体减排项目备案暂行办法》规定项目开工建设时间不得早于 2005 年 2 月 16 日；近期，新政策对该规定修改为 CCER 项目，应于 2015 年 1 月 1 日起之后开工建设，且须在自开工建设之日起 3 年内由审定和核

---

① 目前上升为九个。

证机构完成审定报告①，这将很大程度的限制 CCER 项目开发。

表 3　中国核证自愿减排量（CCER）七个碳交易试点的相关要求

试点地区	使用比例	信用类型	地区限制	交易时间、类型限制
深圳	不超过年度排放量的 10%	CCER	无	—
上海	不超过配额数量的 5%	CCER	无	2013 年 1 月 1 日后实际产生
北京	不超过当年核发配额的 5%	CCER、节能项目碳减排量，林业碳汇项目碳减排量	京外 CCER 不得超过企业当年核发配额量的 2.5%，优先使用来自于本市签署合作协议地区的 CCER	CCER、节能项目减排量于 2013 年 1 月 1 日后实际产生；碳汇项目于 2005 年 2 月 16 日后开始实施；HFCs、PFCs、N_2O、SF_6 气体及水电项目除外
广东	不超过年度排放量的 10%	CCER	70% 以上的 CCER 来自于广东省省内项目	CO_2、CH_4 占 50%；水电，煤、油和天然气（不含煤层气）等化石能源的发电、供热和余能（含余热、余压、余气）利用项目除外；pre-CDM 项目除外
天津	不超过年度排放量的 10%	CCER	无	—
湖北	不超过年度初始配额的 10%	CCER	仅限使用湖北境内产生的 CCER	—
重庆	不超过审定排放量的 8%	CCER	无	2010 年 12 月 31 日后投入运行（碳汇项目不受此限）；水电项目除外

资料来源：根据调查数据整理。

---

① 数据来源：http://www.tanpaifang.com/CCER/201607/1254561.html。

3.2.2 配额规模和分配的相关政策及其发展趋势

从当前我国对配额总量和分配方式的政策看，国内的碳交易试点在配额分配方式上大都选择了更易于拉拢排放大户的"祖父制"，即按历史排放水平分配未来的排放权，且大部分排放配额免费发放。除了免费发放之外，各省份也都预留了部分配额进行拍卖，毕竟如果配额长期实施免费发放且比例过高，将很难调动企业的减排积极性，无法保证整个体系的减排效果。以欧盟碳交易机制为例，由于"祖父制"配额发放基准的设定过于宽松，再加上经济危机引起的产量和排放降低，导致许多钢铁、水泥和化工企业的排放配额发放远高于实际排放量，最终导致配额供过于求和市场失灵。

随着制度的成熟和完善，以及考虑到对于市场新进入者的公平问题，有偿购买配额的原则已经在国际社会引起了极大的呼声，也将是未来碳交易制度排放权分配模式的主要发展方向。考虑到无偿分配模式在公平性、减排激励、分配成本上的先天劣势，同时采取无偿分配模式会使企业有"现在减排多，以后分配到的碳排放权就少"的顾虑，中国在分配模式上必然需要向有偿拍卖的方式转变，这样的转变也将为企业增加一定的减排成本与压力，这对稳定碳市场促进抵消机制的发展具有重要作用。

4.　中国自愿减排量开发的作用、优势与发展潜力分析

4.1 中国自愿减排量开发的作用和优势

4.1.1 CCER 交易是形成全国统一碳市场的纽带，是全国碳市场配额价格发现的助推剂

试点碳市场将 CCER 交易作为排放配额抵消的形式，规定 1 吨 CCER 等于 1 吨配额。虽然大多数试点碳市场对 CCER 用于配额抵消设立了限制条件（见表 3），但仍不妨碍 CCER 在各试点碳市场的流通，而且为数不少的碳交易平台还可以直接交易 CCER。另外，CCER 具有向配额价高的碳市场流动的趋势，将导致拉高试点碳市场配额的最低价，拉低配额最高价；并且不同试点碳市场配额可以参照 CCER 交易价格进行置换或交易。由此可见，通过 CCER 交易可

实现区域碳市场连接，使区域碳市场配额价格趋同，促进形成全国统一碳市场。

同时，CCER市场价格应能反映自愿减排（VER）项目的平均减排成本并得到交易各方认可。在全国碳市场中，CCER交易无论是用于配额抵消还是作为碳金融产品交易，都必然与配额交易相连接，CCER价格必然影响到配额价格，进而影响配额供需，使配额价格趋于体现市场供需情况和真实减排成本，促进配额价格的市场发现。

4.1.2 CCER交易是调控全国碳市场的市场工具，是发展碳金融衍生品的良好载体

建设全国碳市场的核心目标是采用市场机制实现低成本减排。因此，必须调控全国碳市场交易价格，降低企业履约成本。全国碳市场在短期内难免出现价格波动和反复，用行政手段进行碳市场调控，不仅不可持续，而且易造成市场硬着陆，必须使用市场工具来代替行政手段进行市场调控，CCER交易正是调控全国碳市场的市场工具。尽管参与全国碳市场交易的比例和条件可能受到限制，但是CCER绝对交易量仍然可观，因此，仍可通过CCER及其碳金融产品交易实现对全国碳交易市场的有力调控。

此外，CCER具有国家公信力强、多元化、开发周期短、计入期相对较长、市场收益预期较高等特点，因此，CCER具有开发为碳金融衍生品的诸多有利条件。金融机构已经迈出了探索性的一步。2014年11月26日，华能集团与诺安基金在武汉共同发行全国首只基于排放配额和CCER的碳基金，全部投放于湖北碳市场。2014年12月11日，上海银行、上海环境能源交易、上海宝碳新能源环保科技有限公司签署国内首单CCER质押贷款协议，仅以CCER作为质押担保帮助企业获得贷款。

4.2 中国自愿减排量开发的发展潜力分析

4.2.1 基于减排目标视角的中国自愿减排量开发潜力分析

从中国应对气候变化低碳发展的宏观目标看，中国自愿减排量开发的发展潜力广阔。从2020目标看，我国政府明确指出，到2020年我国单位国内生产总值二氧化碳排放比2005年下降40%—45%，并作为约束性指标纳入国民经

济和社会发展中长期规划，并制定相应的国内统计、监测、考核办法。从 2030 目标看，到 2030 年，我国单位国内生产总值二氧化碳排放比 2005 年下降 60% 到 65%，非化石能源占一次能源消费比重达到 20% 左右，森林蓄积量比 2005 年增加 45 亿立方米左右，二氧化碳排放 2030 年左右达到峰值并争取尽早达峰。

基于 2020 年和 2030 年目标，"十二五"规划《纲要》明确提出到 2015 年实现单位国内生产总值二氧化碳排放比 2010 年降低 17% 的约束性指标；"十三五"规划《纲要》则进一步提出"十三五"期间单位国内生产总值二氧化碳排放将下降 18% 的约束性指标；并均将该指标也将分解落实到各省（区、市）；在此背景下，中国碳配额市场必定到得到快速发展并反映到作为抵消机制的中国自愿减排市场。因此，从我国宏观减排政策目标看，中国自愿减排量开发的发展潜力巨大。

4.2.2 基于市场调控效率视角的中国自愿减排量开发潜力分析

从减排调整手段的调控效率看，中国自愿减排量开发的发展潜力巨大。世界各国采取了形式多样的减排尝试，具体包括行政、税收、奖励、补贴等措施，而许多学者的研究和现实实践均表明，建立和完善碳交易市场，尤其是建立统一碳交易市场，实施有效的减排增汇是应对气候变化的重要途径。[1][2][3][4][5] 同时，考虑到 CCER 开发与交易的作用和优势（见小节 4.2.1），故从经济学市场调控效率视角来看，中国自愿减排量开发具有较大的发展潜力。

---

[1] Massetti E. , Tavoni M. , A developing Asia emission trading scheme (Asia ETS) . *Energy Economics*, 2012, 34（2）：S436 - S443.

[2] Hurrell A. , SANDEEP SENGUPTA. Emerging powers, North - South relations and global climate politics *International Affairs*, 2012, 88（88）：463-484.

[3] 陈洁民、王雪圣、李慧东：《多哈气候峰会下亚太地区碳排放交易市场发展现状分析》，《亚太经济》，2013 年第 2 期，第 41—46 页。

[4] 崔连标、范英、朱磊等：《碳排放交易对实现我国"十二五"减排目标的成本节约效应研究》，《中国管理科学》2013 年第 1 期，第 37—46 页。

[5] 鄢德春：《创新碳抵消机制设计增强上海碳市场跨省区辐射力》，《. 科学发展》2013 年第 3 期，第 92—100 页。

5. 研究结论与政策启示

基于中国自愿减排交易信息平台数据库，本文在对 CCER 开发流程介绍的基础上，就 CCER 项目的地区分布、备案类别分类和减排量类型进行了简单的描述性统计分析。然后，主要从经济学视角对 CCER 开发可能面临的经济和政策风险进行了理论探讨，并对 CCER 开发的优势与潜力进行定性评价，研究表明：

（1）中国自愿减排量开发主要集中在中西部经济相对贫困的地区，而碳市场试点地区项目备案成功率远高于全国平均水平。具体而言，从项目审定公示阶段看，新疆公示审定项目最多，其次为内蒙古、贵州、湖北和甘肃等省份，同时，公示项目总减排量也是位于西部的四川省最大，其次为山西、新疆、内蒙古和贵州。此外，描述性统计结果表明，我国项目备案成功率偏低，但深圳、北京、上海和湖北等碳市场试点地区项目备案成功率远高于全国平均水平。

（2）不同类别分类项目备案数量和备案成功率均存在一定差异。具体而言，从项目公示、项目备案和减排量备案三阶段的项目数量看，第一类项目数量均最多，第三类项目数量其次，第二类项目和第四类项目数量较少；从项目和减排量备案成功率来看，第三类项目备案成功率最高，这主要是由于此类项目的开发周期较短，项目业主可以尽快获得减排收益。

（3）从项目减排类型的行业分布看，包括风电、光伏发电、水电、生物质新能源等减排类型在内的能源与可再生能源领域项目数量最多，包括废物处置转换、煤局气/煤矿瓦斯和废能利用等减排类型在内的节能和提高能效利用类项目数量其次，造林再造林项目第三，而其他项目相对较少，这有利于资金和技术流向低碳环保和绿色产业。

（4）中国自愿减排量开发还面临着较大的政策和经济风险。具体而言，企业开发 CCER 项目不仅要面临着碳市场价格波动风险，而且还要面对碳配额和抵消机制相关政策变动带来的政策风险，例如：初始碳配额总量和免费分配比例调整、CCER 项目准入门槛变化等。

（5）从我国碳减排目标实现、产业结构优化升级及碳市场制度在应对气候变化独特作用等角度看，我国碳交易市场发展潜力巨大，同时作为碳市场抵消机制的中国自愿减排量开发的发展潜力也较大，但迫切需要建立统一的碳交易市场。

基于上述研究结论，研究认为：

（1）CCER项目的有效开发有助于实现CCER交易与扶贫、低碳技术推广等国家重大战略政策相结合，进而引导资金和技术流向经济相对贫困的省份和低碳环保行业。因此中国自愿减排量开发政策的制定不仅要兼顾碳配额市场建设以实现我国应对气候变化的战略目标，而且要兼顾碳配额市场初始碳配额分配等相关政策调整对CCER市场及其相关领域的影响。

（2）CCER项目开发面临一定的经济和政策风险，因此作为CCER项目开发主体的企业在积极参与CCER项目开发的过程中，不仅要密切关注碳市场、重视碳资产的经营和管理，而且还必须关注我国碳配额市场和CCER市场宏观政策变动。此外，对于长期致力于碳市场投资与CCER项目开发的企业，还必须加强中国自愿减排量开发技术的研究。

中国的排污权交易试验：
市场化改革面临的体制挑战

Huw Slater[①]

摘　要：

　　为推动绿色发展，有效应对全球气候变化，中国政府积极采取措施控制温室气体排放。建立碳排放交易市场是其中浓墨重彩的一笔，发改委选定了北京、广东等五个直辖市和两个省份作为开展碳排放权交易市场的试点地区，取得了一定的成绩。由于排污权交易规模巨大，其市场化运作本质与中国特殊的市场监管及政府管控体系之间存在明显冲突，不可避免地给排污权交易造成了体制挑战。在介绍分析排污权交易试点地区情况的基础上，本文深入探讨了中国排污权交易受到的来自不同层面以及不同利益竞争之间的体制挑战，包括国家层面的挑战、国家层面与试点方案之间的挑战、试点方案层面不同利益相关者之间的挑战，以及试点地区企业与政府利益之间的挑战。最

---

① Huw Slater 是中国碳论坛（CCF）的研究和项目经理。他日常工作包括管理 CCF 在北京的定期低碳活动、CCF 的研究项目和季度的常规 CCF 深入研究笔记。2011 年以来，Huw 常驻于北京，在中国的非政府组织研究所从事关系到中国的气候变化政策的项目和环境与发展战略合作开发的工作。此前他曾在澳大利亚国立大学（ANU）的研究团队和世界银行工作，并完成属于 2008 年亚太经合组织财长政策措施的一部分的气候变化和财政政策报告。他拥有澳大利亚国立大学亚太研究学学士和气候变化硕士。

后，本文就中国排污权交易的发展前景做出了一些展望与建议。

关键词：

中国　排污权市场　交易试点地区　体制挑战　发展前景

背　景

近年来，中国开始实施一些旨在减缓气候变化的政策。这表明中国对利用市场化政策工具进行试验，以支持其雄心勃勃的减排目标充满热情。[1] 与之相反，以前要提高中国经济的能源效率，很大程度上都要依赖于监管措施的实行。中央政府在"十二五"规划的概述中表明其对市场化机制充满兴趣。该规划将碳市场视为积极应对气候变化的一项举措。[2] 2011 年 10 月，作为中国政府的经济规划机构，国家发展与改革委员会（国家发改委）证实，将在全国建立若干碳排放交易试点方案以应对气候变化。[3] 同时，确定了五个直辖市和特区（北京、天津、上海、深圳、重庆）以及两个省份（广东和湖北）作为试点方案的实行地。此外，中国政府承诺，到 2017 年将排污权交易方案推向全国。[4] 中国的排放量日益增长，虽然这种情况有可能在不久的将来通过市场化方式和监管措施得以减缓，但中国政府承诺推行排污权交易还是产生了一系列重大的公共政策问题。

因为中国的体制与世界各国大相径庭，因此中国推进排污权交易为全球排污权交易的体制布局提供了一种独特的案例研究。中国有着市场与监管体制相

---

① Jotzo, F., 2010, "Comparing the Copenhagen emissions targets", *CCEP working paper* 1. 10, Australian National University.

② 中央委员会：Recommendations of the CPC Central Committee for Formulating the 12th Five-Year Plan for National Economic and Social Development, 5th Plenary, 17th Session of the CPC Central Committee, October 18th 2010。

③ 国家发展与改革委员会：General Notice regarding the development of pilot carbon emissions trading schemes, NDRC Climate Office [2011] No. 2601。

④ White House, "U. S. -China Joint Presidential Statement on Climate Change", website of The White House Office of the Press Secretary, September 25, 2015, https://www.whitehouse.gov/the-press-office/2015/09/25/us-china-joint-presidential-statement-climate-change.

结合的机制，且中国政府在实施排污权交易政策方面缺乏经验，这些都意味着，利益相关者之间的冲突给排污权交易造成了体制挑战。在介绍完排污权交易试点地区之后，本文将探讨中国排污权交易面临的四种体制挑战，即国家层面的挑战、国家层面与试点方案之间的挑战、试点方案层面不同利益相关者之间的挑战，以及试点地区企业与政府利益之间的挑战。最后，本文将就中国排污权交易的发展前景得出一些结论。

试点方案

国家发改委的最初公告表明，试点方案将在 2013 年启动，并且大多数地区也实现了这一计划：七个试点地区中有五个在该年制定了方案规划并开放了交易平台（深圳：9 月；上海和北京：11 月；广东和天津：12 月）。湖北于 2014 年 4 月启动试点方案，重庆于同年 6 月启动。

中央政府选定这七个试点地区既基于其经济发展程度，即生产力，也基于其多样化的经济结构。这样选的目的在于从中学习经验，方便最后制定全国性的排污权交易方案。这些试点地区 2014 年人均国内生产总值介于 47200 到 149500 元之间。中国人均国内生产总值最高的七个省份中，北京、上海、天津和广东占据四席。深圳人口高度城市化，经济高度自由化，因此不算在广东省范围内，而予以单独考虑。湖北和重庆虽然经济比较不发达，但因为经济结构与其他试点地区不同而列入试点过程中。

表 1 试点地区的经济特征，2014 年（国家统计局网站和深圳 2015 年统计年鉴）

省/城市	人口	GDP	单位 GDP	能源强度	经济中第二／第三产业占比	2015 年碳强度目标
	百万	亿元	千元	标准煤当量／百万元	（%）	较 2010 年减少比例
北京	21.52	2133.1	100.0	32.0	21.3/77.9	18
天津	15.17	1572.7	105.2	51.8	49.2/49.6	19
上海	24.26	2356.8	97.4	47.0	34.7/64.8	19

续表

省/城市	人口	GDP	单位 GDP	能源强度	经济中第二/第三产业占比	2015 年碳强度目标
	百万	亿元	千元	标准煤当量/百万元	（%）	较 2010 年减少比例
湖北	58.16	2737.9	47.2	59.6	46.9/41.5	17
广东	107.24	6781.0	63.5	43.6	46.3/49.0	19.5
重庆	29.91	1426.3	47.9	60.2	45.8/46.8	17
深圳	10.78	1600.2	149.5	42.8*	42.6/57.4	21

注：TCE 代表公吨煤当量，能源数据统一单位。* 深圳为 2013 年数据。

试点方案是在已有国家温室气体减排政策的情况下施行的。该政策制定了一项国家目标：到 2020 年，经济碳排放强度要在 2005 年的基础上减少 40%—45%。中央政府已通过国家发改委将该碳强度目标下达到各省级政府，其中还包括 2015 年中期目标（见表 1）。试点地区在规划方案时已将这些目标考虑在内。

试点地区的另一特征是排放状况各不相同。它们中间存在一种关键差异，即在北京、上海等地区，排放量已呈现峰值趋势，而天津、湖北和广东的排放量仍继续快速增长。

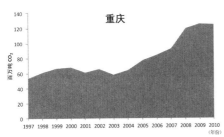

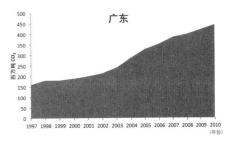

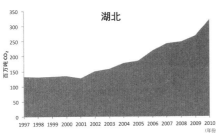

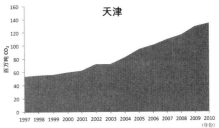

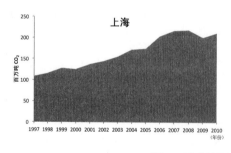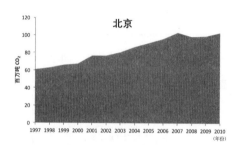

图1 试点地区二氧化碳排放量①

注：深圳因缺乏数据未列在内。

虽然没有省或直辖市级别各部门的排放综合清单，但刘竹等人的分析表明，在四大试点地区，产业结构在与能源相关的温室气体排放中起着推动作用。在1995年到2009年间，北京和上海企业产生的排放量大幅下降，而排放量主要由电能消耗（尤其是进口电能）和交通运输产生。天津和重庆的第二产业仍然占据重要地位，因而成为本地区排放状况的推动力量（表2）。

表2 不同部门温室气体排放百分比，1995年和2009年②

	火电		跨境电能		工业		暖气		交通	
	1995年	2009年	1995年	2009年	1995年	2009年	1995年	2009年	1995年	2009年
北京	15	11	17	32	33	16	11	9	4	11
上海	35	31	0	13	45	24	5	3	6	18
天津	24	22	8	9	43	32	3	9	3	9
重庆	21	21	4	4	58	55	0	1	3	7

2013年，北京，上海和深圳的第三产业占比颇高。而在天津、广东和重庆，50%以上的国内生产总值来源于第二产业。湖北的第三产业占比同样很低，而第一产业占全省经济份额超过13%（表1）。这表明，图1中排放状况的主要原因在于各试点地区的发展阶段不同。北京、上海和深圳城市化和发展

---

① Guan, D. et al., "The gigatonne gap in China's carbon dioxide inventories", *Nature Climate Change*, Vol. 2, September 2012, pp. 672-675.

② Liu et al., "Features, trajectories and driving forces for energy-related GHG emissions from Chinese mega cites: The case of Beijing, Tianjin, Shanghai and Chongqing", *Energy*, v. 37, pp. 245-254.

图 11　中国的排污权交易试验：市场化改革面临的体制挑战

水平较高，它们正将经济结构转变为能源消耗更少的服务型企业。而天津、湖北、重庆和广东仍在很大程度上依赖高能耗制造业，在某种程度上还依赖第一产业。

体制挑战

根据作者 Boyd 指出，中央政府近来出台气候变化政策有三个主要动机：一是经济增长的能效低下导致能源供应不可靠；二是越来越多人意识到破坏环境会产生经济成本；三是低碳技术占据领导地位。[①] 这三个动机都可能促使决策者制定政策，发展排污权交易。然而，当涉及政策执行，相当多的体制挑战就出现了。

中国出台的气候变化政策体现了中国在地方层面进行试点政策创新已有经验，这种创新之后才能推向全国。然而，尽管二氧化硫排放补助的交易额有限，但排污权交易作为一种特殊的政策工具，其交易规模之大前所未有。以前致力于提高经济能效和经济碳强度的政策都要靠自上而下的调控。排污权交易的市场化运作与政府管控之间存在明显冲突，这正是中国发展中经济的一种特殊产物，同时也是中央政府采取的新方式。国际上的排污权交易方案并没有遇到类似的政策环境，因此，中国推进排污权交易将受到国内外密切关注。

中国与众不同的策略导致了一系列利益竞争。有关机构与同级政府部门，以及不同的动机都对排污权交易方案的规划结果产生重大影响。利益竞争存在于以下四种利益相关者之间：第一是国家层面，存在于中央政府的不同部门之间；第二是存在于中央政府与试点地区政府之间；第三是存在于政策专家与地方政府之间；第四是存在于企业与试点团队以及当地政府之间。本文将对此依次进行讨论。

---

① Boyd, O. T., "China's energy reform and climate policy: the ideas motivating change", *CCEP Working Paper* 1205, Centre for Climate Economics & Policy, Crawford School of Economics and Government, The Australian National University, Canberra.

国家层面

国家发改委应对气候变化司是负责监控气候变化的机构，并不受地方试点项目影响。然而，其推进排污权交易的任务还是在两个方面受到了挑战。

碳税

第一个方面是政府内部正在进行的一种活动，目的是在全国范围内征收碳税。征收碳税要靠规划，这可能使得排污权交易在达到预期政策效果上变得不必要。跟其他许多国家一样，中国的排污权交易方案也是在讨论中产生的，即讨论通过碳税或排污权交易给碳定价分别有何好处。碳税首次于 2009 年由独立的国家经济研究所作为一项政策辩论提出。然而，自此以后，政府便为了在全国范围内征收碳税制定方案、系统建模，设定起征价为 10 元或 20 元每吨二氧化碳。[①] 提倡征收碳税的重要机构是能源研究所和财政部的智库。能源研究所是国家发改委的一个智库，它与财政部智库于 2012 年共同制定碳税草案。虽然有时人们认为，碳税可能使美国等国家免除关税。美国曾提议将关税作为瓦克斯曼—马基法案的一部分，该法案现在已不存在。但是，该法案的失败以及其他国家对关税等措施的不感兴趣都表明，碳税支持者有足够的理由支持在中国征收关税。

近年来，财政部成为碳税的最大支持者。这种支持在 2013 年 2 月达到顶点，当时，财政部税政司司长贾谌表示，将引进一种税收来"保护环境"[②]。然而，财政部介入气候政策的讨论引起了质疑，人们怀疑其动机从政策视角来看是否纯粹。有人认为，万一全国性排污权交易方案未能成功推行，财政部便能在碳税管理方面占据重要地位，而这会对国家发改委应对气候变化司造成潜在危害。[③] 实际上，贾谌已在报告中表示，如果引进一种税收，那么，"收税的会是当地税务局，而不是环保部门"（同上）。而在 2013 年 3 月，财政部一

---

① China Climate Change Info-Net, 2010；姜，个人访谈，2010 年. 个人访谈是作者采访诸多业内专家的内容，不少人不愿意署名，有问题可以联系作者。

② "China to introduce carbon tax：official" Xinhua, February 19 2013, http：//news. xinhuanet. com/english/china/2013-02/19/c_ 132178898. htm.

③ 李，个人访谈，2012 年。

位职员承认，因为存在"明显反对"的声音，是否征收碳税还有待内部讨论。[①] 虽然没有公开指出反对的有哪些人，但就碳税研究进行的采访表明，财政部和国家发改委之间关系紧张。[②] 国家发改委应对气候变化司副司长王庶表示，征收碳税的异议在同时期提交给世界银行"市场准备伙伴计划"的报告中仍然存在。相反，王庶强调会优先考虑排污权交易[③]，但是，也绝不会停止对征收碳税的支持。国务院财政研究资深专家和委员刘桓2013年7月表示，征收碳税可能一度是因为担心通货膨胀何时结束，而如果2010年通货膨胀没有那么严重的话，碳税早在当时就开征了。[④]

财政部部长楼继伟在2013年10月于华盛顿举行的气候变化美中会谈上支持征收碳税，表明高层决策者越来越愿意公开参与碳税与排污权交易的辩论。[⑤] 然而，国家发改委应对气候变化司副司长蒋兆理表示，"当前条件还不够成熟，无法征收碳税"。[⑥] 是否征收碳税的问题到2014年年中继续存在，高层承认引进碳税有诸多阻碍。2013年3月，财政部副部长朱光耀表示，虽然地方污染气体征税面会扩大，但征收二氧化碳税却是最具争议的话题。他还表示，虽然公众对污染物征税表示理解，要接受碳税却不是那么容易。[⑦]

电价

应对气候变化司受到挑战的第二个方面是推进排污权交易必定会限制发电

---

① Haas, B. , "China Backing Away From Carbon Tax Start in 2013, Official Says", Bloomberg, March 6 2013, http：//www. bloomberg. com/news/2013 - 03 - 06/china-backing-away-from-carbon-tax-start-in-2013-official-says. html.

② 张，个人访谈，2014年。

③ Shu, W. , CHINA：Final Market Readiness Proposal, PMR Partnership Assembly, Washington, DC, March 11 2013.

④ Lin, L. , "China to introduce carbon tax scheme when inflation falls", *China Dialogue*, July 9 2013, https：//www. chinadialogue. net/blog/6193-China-to-introduce-carbon-tax-scheme-when-inflation-falls/en.

⑤ King, E. , "China finance minister backs carbon tax", Responding to Climate Change, July 19 2013, http：//www. rtcc. org/2013/07/19/china-finance-minister-backs-carbon-tax.

⑥ Wadhams, N. and Carr, M. , "China Tests CO_2 Emissions Markets Before Tax, NDRC Official Says", Bloomberg, October 18 2013, http：//www. bloomberg. com/news/2013 - 10 - 17/china-working-on-carbon-markets-before-tax-ndrc-official-says. html.

⑦ "Ministry of Finance：Environmental tax legislation, whether to tax carbon emissions is controversial" Beijing Morning Post, March 12 2014. 《财政部：环保税立法二氧化碳排放征税与否争议最大》,《北京晨报》2014年3月12日。

部门的成本压力。电价是由价格监督检查司制定的，它是国家发改委的一个独立部门。虽然中央政府在 2013 年年初对国家能源局进行了一次重大改革，扩大其监管作用，但电价仍由国家发改委制定。

近年来，由于潜在的社会和经济影响，价格主管部门一直不愿意提高电价。中国工业用电和家庭用电的价格都是由全国各省设定在一个范围内。为政府制定能源政策提供意见的专家们表示，目前的电价政策是不可持续的，因为电价实际上在下跌。[①] 自 2006 年以来，电价就没有跟上排污权交易试点地区的通货膨胀的速度（图 2）。

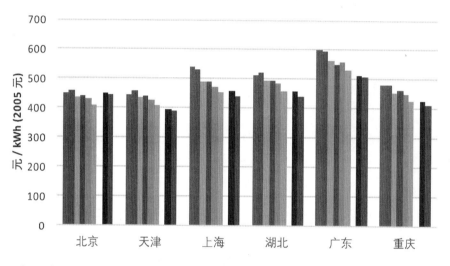

图 2　居民实际用电价格

注：2012 年数据空缺。

资料来源：国家电力监管委员会，电力监管报告 2006—2011；CPI（居民消费价格指数）数据：http://www.stats.gov.cn/english/statisticaldata。

到 2012 年 7 月，家庭用电价格达到每千瓦时 0.36—0.62 元（图 2 中价格为元每兆瓦时）。[②] 从 2012 年 7 月起，尽管家庭用电价格已有所提升，但电价

---

① 姜，个人访谈，2012 年。

② CNTV.cn，"China launches new electricity pricing tariff"，July 1st 2012，http://english.cntv.cn/program/china24/20120701/107372.shtml.

体系还是开始对家庭用电价格进行改革。新体系为低、中、高用电户分别设定了三个阶梯的电价。其中，第一阶梯用户（80%的居民家庭）电价有可能保持稳定。然而，第二阶梯用户每千瓦时要多付 0.05 元，而第三阶梯用户每千瓦时要多付 0.3 元。[①] 虽然这种改变方向正确，但有资料显示，用电最大户所支付的最高额仍然只占到发电成本的90%左右。因此，这种改变就不可能弥补通货膨胀带来的影响，更不用说给碳定价能解决另外的成本问题了。

试点方案没能使成本以电价形式收回，这让征收碳税的一个关键目标变得无效，即在整个经济中创造一种动力，以增加能效。国家发改委内部的利益竞争导致政策制定过程气氛紧张。[②] 然而，在公开场合，应对气候变化司对低电价的首要地位表示支持。2012 年 6 月，应对气候变化司副司长孙翠华被指表示，如果排污权交易给电力集团造成额外的成本压力，就要把电力部门排除在试点项目以外。[③] 虽然媒体对此所做的报道表明试点阶段方法保守，但政府已同意进行研究，研究是否能在国家层面将电力部门纳入排污权交易当中，而试点阶段的方法正是在这种背景下制定的。诚然，国家发改委并没有在此前后公开发表其他任何有同等效力的言论，而这种说法此后也遭到反驳。因为试点项目中有 4 个地区公开表示会将电力部门纳入排污权交易范围内。这四个地区分别是北京、上海、广东和深圳。据利益相关者所言，天津和湖北的排污权交易方案也有可能将电力部门纳入其中，而重庆则不可能将其考虑在内。

在一个由政府制定电价的经济体中引入市场化机制，这种做法是否有效，人们对此存在疑问。许多评论员表示，市场与政府管控之间存在明显冲突，这就是政策可能无效的一种原因。[④] 为利用排污权交易减少电力部门排污量，理论上，解决方案是直截了当的，改革领域也是众所皆知的。然而，排污权交易正被引进一个利益竞争激烈的部门。十多年来，国有电力部门的商业利益一直

---

① "China adopts three-tier electricity price system", July 14th 2012, http：//www.chinadaily.com.cn/china/2012-06/14/content_ 15503421.htm.

② 蒋，个人访谈，2012 年。

③ Thomson Reuters, 2012a, "China sets 660-mln tonne CO_2 cap for Guangdong", Reuters Point Carbon, 13 March 2012, http：//www.pointcarbon.com/news/1.1798440/.

④ Andrews-Speed, P., "China's Long Road to a Low-Carbon Economy：An Institutional Analysis", Transatlantic Academy Paper Series, May 2012.

与中央政府优先实行低电价的做法相冲突。

　　中国大部分电能依然来源于煤，但燃煤发电越来越无利可图。电力公司所需煤炭由市场定价，但它们只能以规定价格出售电能。虽然电价由政府制定，但煤炭价格主要随着市场变化而波动。图3是官方数据显示的近年来电力公司盈利状况。2008年，煤炭价格高达800元每吨，给电力公司造成财政压力。为了减少损失，电力公司只好缩减发电规模，导致全国大范围停电。[①] 由于中国政府将介入以确保电力供应充足，因此此类情形绝不可能再发生。

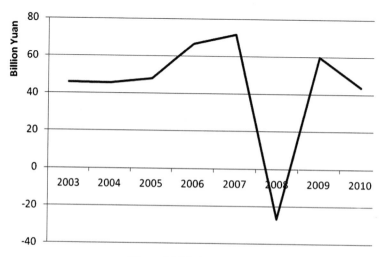

图3　中国火电—盈/亏

资料来源：中国数据在线。网址：http：//chinadataonline.org。

　　官方数据掩盖了大型国企的真实财政状况。虽然政府补贴使国企得以运营，但燃煤发电经常亏损。报告显示，在2011年前三个季度，中国五大国有电力集团共亏损319亿元，与2010年同比增长196亿元。[②] 图3中的资产负债表并没有将补贴排除在外。2008年火力发电亏损，此后便开始好转。资产负债表同样也不允许大型国有企业进行交叉补贴。

　　目前燃煤发电无法盈利，这对新兴的排污权交易方案具有重要影响。由于

---

　　① Howes, S. and Dobes, L., Climate Change and Fiscal Policy: A Report for APEC, Office of the World Bank Chief Economist East Asia and Pacific Region, October 12 2010.

　　② Cui, X., "One-third of China's coal plants behind schedule", chinadialogue, 13 September 2012, http://www.chinadialogue.net/article/show/single/en/5161-One-third-of-China-s-coal-plants-behind-schedule.

电力公司靠获取政府支持以维持运作，任何因收取碳费用而给电力部门造成的额外成本都将转嫁到政府头上。这使得以减排为目的的创新或转变燃料的想法变得毫无意义。这是因为，20世纪90年代和21世纪初实施了一系列"比较极端的措施"，能源部门改革没有取得进展，中国变成一个"部分市场化国家"。其中，大型国有能源企业在当前的运作环境中拥有既得利益。[①] 虽然现状似乎对电力公司不利，但实际上，大型国企都拥有"软"预算限制，它们反而会注重保持其当前的市场优势地位。目前，国有企业可以"利用其经济和政治影响推迟执行那些可能影响其强大经济地位的措施，如果这些措施非执行不可的话"。再者，"若国有企业不得不承受财政损失，它们同样可以利用经济和政治影响就不同的赔偿形式进行协商"[②]。这种情况对电价改革尤其是一大阻碍。

如果中国要实现"十二五"规划中的经济转型，这些体制障碍就必须得以改革，尤其是因为一成不变的电价与中国排污权交易方案所产生的环境后果息息相关。排污权交易方案若允许电力公司根据规定价格改变电价，就能促使电力公司运用低排放技术，促使消费者消耗更少的排放密集型能源。由于中国电价由中央政府制定，这种情况目前不可能在中国实现。因此，固定碳价下实现的减排量会比上述情况更低。要估计这种影响强度相当困难，然而，系统建模表明，对100元每吨二氧化碳的碳价来说，目前电价固定，减排量可达7%；若电力部门所有碳成本都转嫁出去，减排量可超11%。[③] 因此，若不进行电价改革，排污权交易方案依靠政府制定政策，要么会效率更低，要么会代价更高。试点过程中的有关部门已经意识到电价机制对有效推进排污权交易具有重要意义。然而，这些问题的决策权主要在国家发改委价格主管部门。此外，中央政府的其他机构以及/或者各省级政府可能对当前政策产生多大影响也很难下定论。

---

① Andrews-Speed, P., "China's Long Road to a Low-Carbon Economy: An Institutional Analysis", Transatlantic Academy Paper Series, May 2012, pp. 14-17.

② Andrews-Speed, P., *The Governance of Energy in China: Transition to a Low-Carbon Economy*, Palgrave Macmillan, 2012, p. 176.

③ Wang, Xin, "Building successful carbon pricing policies in China", *IDDRI Policy Brief*, No. 08/12 June 2012.

国家与试点地区层面的利益竞争

自 20 世纪 70 年代末中国实行改革开放，中国经济高速腾飞，各政府官员根据当地国内生产总值得到晋升便成为一种惯例。这种做法给"十二五"规划中的经济转型带来问题。实际上，根据 2009 年及之前数据的实证证据表明，不仅国内生产总值与官员晋升有关，而且，环境改善事实上可能会减少晋升机会。① 然而，由于中央政府为省级官员提供了不同的激励政策，近几年这种情况可能已得到改变。在 2007 年年末，政府制定一系列详尽的评价标准，就"十一五"规划（2006—2010）中的能效目标对官员进行评估。② 这种评价过程需要省级官员与中央政府签署合同，官员政绩由来自国家发改委能源研究所及其他地方的专家进行评估。③ 根据国务院能源政策白皮书，这种评价过程将被"纳入经济与社会发展整体评价体系以及地区政府年度政绩评价体系"。此外，政府承诺为该指标设立一种"公告系统"。④

尽管近来发生诸多变革，但公平地说，省级领导主要关注的仍然是该地区的经济发展。人们经常认为，与其他类似国家相比，中国的政治制度允许实施更迅速而直接的举措，而中央领导人则运用"铁腕"等来实现节能。然而，事实上，地方官员通常并不认为自己有义务遵守这种规章。⑤ 虽然试点地区政府并没有公开指责排污权交易带来的影响，但在许多地区，推行排污权交易止步不前。人们认为，一些试点地区可能会通过"补偿当地企业因排污权交易方案而遭受的财政损失，消除任何促使改变的经济动力"，以推迟实行排污权

① Wu, J., Deng, Y., Huang, J., Morck, R., and Yeung, B., "Incentives and Outcomes: China's Environmental Policy", *NBER Working Paper No.* 18754, February 2013.

② Wang, A., The Search for Sustainable Legitimacy: Environmental Law and Bureaucracy in China, 37 *Harvard Environmental Law Review* 365 (2013).

③ Mintzer, I., Leonard, J. A. and Valencia, I. D. September, 2010, Counting the Gigatonnes: Building Trust in Greenhouse Gas Inventories from the United States and China, World Wildlife Fund, Washington D. C., p. 15.

④ 中华人民共和国国务院新闻办公室：White Paper: China's Energy Conditions and Policies, December 2007, http://en.ndrc.gov.cn/policyrelease/P020071227502260511798.pdf。

⑤ "The East is grey", *The Economist*, August 10th 2013.

图 11　中国的排污权交易试验：市场化改革面临的体制挑战

交易试点项目。① 这些行为之所以产生，是因为国家与地区层面的动机相互冲突。湖北是能源强度最高的试点地区（见表 1），它尤其担心推行排污权交易会失去竞争力。② 因此，湖北的试点方案有可能利用各种方法降低成本影响，特别是对该省重工业的影响。

重庆同样是一个高度能源密集型经济体，而且人均国内生产总值低下。此外，重庆还是试点地区中排污权交易推行最慢、交易额最少的地区。试点规划团队尚未公开发布信息说明试点将覆盖的企业，更不用说公布准入门槛和分配方法。由于担心推行排污权交易会导致竞争力下降，再者，试点地区并不会因试点时间晚而受到惩罚，因此，对于重庆这样比较不富裕的能源密集型地区而言，就有明显理由将试点时间推迟得越晚越好。

相反，深圳人均国内生产总值高，第三产业庞大，已成为排污权交易的第一个推动地区，于 2013 年 6 月 18 日正式启动碳交易。然而，国家发改委的目标是推进试点方案，该方案旨在制定全国排污权交易方案之前取得环保成果。有人认为，深圳设计的试点方案与该初始目标不符。特区政府将深圳宣传为通向中国大陆的门户，并鼓励金融业蓬勃发展。中国两大证券交易所中的深圳证券交易所便位于此地。特区政府将排污权交易视为一次机会，以使深圳在中国金融业占据一席之地。③

试点地区层面的利益竞争

负责规划这七个试点项目的主要是各当地政府，特别是国家发改委的地方分部。试点地区发改委希望选用一批专家，根据当地经济情况制定合适的试点方案。方案规划涉及的利益相关者包括大学学者，环境顾问和碳排放权交易所。从表 1 可以看出，许多重要专家直到 2013 年 8 月还在对试点方案进行规划。

---

① Andrews-Speed, P. , "The market won't stop China's polluting state industries", *The Conversation*, August 2, 2013.

② 谭，个人访谈，2012 年。

③ Rendall，个人访谈，2013 年。

表3 试点碳市场发展的主要顾问

北京	天津	上海	湖北	广东	重庆	深圳
北京环境交易所	天津排放权交易所	上海环境能源交易所	武汉大学	中国科学院广州能源研究所	重庆碳排放权交易中心	深圳排放权交易所
清华大学	天津市低碳发展研究中心	复旦大学	湖北碳排放权交易中心	广州碳排放权交易所		北京大学深圳研究生院
	南开大学	上海市信息中心	中国质量认证中心武汉分中心	中山大学低碳科技与经济研究中心		
	可持续能源服务与创新公司（Ecofys）		华中科技大学			

　　试点方案规划团队中还包括商业交易所职员，这是中国独有的特点。北京、天津、上海和深圳的环境交易所从项目规划一开始就重点为地方发改委献计献策。广州专门建了一个交易所，为广东发改委献策。商业交易所为试点项目提供交易平台，将在项目运行中起到重要作用。而显然，各商业交易所之间存在潜在利益冲突。商业交易所排污权交易量越大，交易平台就可能越盈利。大多数商业交易所积极建议政府尽可能限制免费排放许可证的分配。它们还建议说，如果一开始不对免费排放许可证的分配进行限制，那么，在接下来的分配阶段就应该减少免费许可证的分配额。[1] 利益相关者认为，上海和广东的试点方案可能成为试点地区交易量最高的方案。[2] 此外，各大交易所相互竞争，希望成为全国性排污权交易方案的领头人。然而，只有少数几个交易平台可能

---

[1] 阮，个人访谈，2012 年；李，个人访谈，2012 年。
[2] Hess，个人访谈，2012 年。

进入全国性试点方案中，而这大概要借鉴已有交易所的经验。因为试点政策复杂而具挑战性，而且各个试点地区的规划工作都有大量重合，所以，规划合作都是为了各试点地区的自身利益，不同规划团队之间也保持高度私密，这种情况因竞争愈演愈烈。

虽然有些省级领导人设法应付中央下达的有关环境指令，但有的省就试点方案会有多耗资展开了激烈讨论。虽然广东全省人均国内生产总值较低，制造业庞大，但广州市政府一直促使该市转型为高端产业聚集地，鼓励环境保护。虽然广东全省第三产业 2014 年仅占 49%，但广州第三产业占比 2008 年就达60% 左右，比上海还多。① 由于产业结构不同，广州市政府和广东发改委在排污权交易试点方案上关系非常紧张。由于广东依赖的是低成本制造业，省政府对其竞争力非常担忧，甚至推迟进行试点规划（2013 年 8 月才开始规划），而且一直对试点项目缺乏兴趣。这样一来，便使得广东新建的中国环境交易所倍感失望。②

企业与试点地区政府的利益竞争

无论哪个国家引进碳定价，都不可避免地就竞争力进行讨论，而大型既得利益集团通常会发挥重大作用。中国也不例外，任何受影响的企业都将自身情况反映给试点规划团队。在这里，可以就一个重要行业，即发电行业进行讨论。这是因为，发电行业为大型国企垄断。这些大企业给规划团队提出一项基本准则，即不能因排污权交易给电力带来额外的成本压力。这反映出企业担心将之前列出行业的成本转嫁出去的能力是有限的，而这种担忧正当合理。企业已明确表示，希望政府补偿能覆盖一切附加成本。③

大部分试点项目都表示，愿意为负债企业百分百发放免费排放许可证，至少在试点方案一开始是这样。④ 国家发改委应对气候变化司表示，尽管人们希

---

① Lu 等，个人访谈，2010 年。
② 个人访谈，2013 年。
③ 个人访谈，2012 年。
④ Hess；蔡；阮；谭；王；蒋；韩，个人访谈，2012 年。

望这样发放免费许可证，但津贴免费发放的份额应该按时间分配。[①] 当前电价政策下，人们希望，在电力部门发放免费津贴的速度要比其他部门慢。然而，有适当理由认为，电力公司至少可以自行应付小部分成本影响。广东规划团队已根据分配不足时的可行性方案给发电企业预期成本影响建模。鉴于许可证将依据以往排放情况进行分配（祖父制），尤其是考虑到试点地区发展迅速，产量就有可能与预期量不相匹配。然而，广东规划团队表示，如果1%—3%的企业分不到许可证，而碳价为100元每吨，预计成本就将上涨0.003元每千瓦时。若企业运行的投入成本仅为煤炭价格，且一年内成本最高达60%，那么，碳价带来的附加影响就微不足道了。[②] 另外，国际能源机构和国家发改委能源研究所的一个重要研究表明，若碳价更实际，定为40元每吨时，即使10%的津贴用于拍卖，成本也只会上涨0.7%。[③]

企业担心的另一方面是许可证分配过程的透明度和可预测性。深圳特区政府决定将"博弈论"用于许可证分配，该方法需要对津贴竞争进行计算机系统建模。人们认为这种分配方式比通常运用的祖父制分配方式更为公正：

深圳有许多制造企业，它们的产量以及发展十分难预测。对企业输出与正常排放量作相对准确的预测是不现实的，也是不切实际的。而正常排放量正是许可证分配最基本的依据。政府与监管企业之间信息严重不对称，这就是引进博弈论的主要原因。[④]

虽然这种方式的出发点是好的，但企业可能会担心分配结果并非绝对公平，相对来说可以预测得到。而现实情况是否如此仍有待观察。

在试点中期阶段，中央政府会着手在全国范围内推进试点项目，这时，就需要创新，使得排污权交易在中国"部分市场化状态"下行之有效。国际能源机构和能源研究所的研究强烈表明，要避免既得利益集团为电力部门的排污

① Thomson Reuters, "Free ETS permits could force China to tax carbon: official", Reuters Point Carbon, 11 June, 2012, http://www.pointcarbon.com/news/1.1918851.

② Howes, S. and Dobes, L., Climate Change and Fiscal Policy: A Report for APEC, Office of the World Bank Chief Economist East Asia and Pacific Region, October 12 2010, p.45.

③ International Energy Agency, 2012, Policy Options for Low-Carbon Power Generation in China-Designing an emissions trading system for China's electricity sector, IEA Insight Series 2012, p.11.

④ 个人访谈，2013年。

权交易创造有利成果。然而现有电力企业可能会继续拿到足额的免费排污权许可证，而新兴电力企业拿到的许可证较少，这就意味着会存在有限的成本影响，这种影响应通过对电价进行部分改革得到补偿。报告提倡将碳价定到足够高，为低效老电力企业提供足够的财政支持，以降低发电量，并将排污津贴出售给那些新兴电力企业。这些企业必须购买许可证，以偿还自己的碳债务。[①]

虽然电力集团在限制排污权交易成本方面拥有巨大的既得利益，但它们的机构规模如此庞大意味着同一机构不同部门之间有着不同的利益。中国五大发电集团中的每一个集团都有一个碳资产部门，负责在《联合国气候变化框架公约》清洁发展机制下制定一系列项目。由于中国大部分试点方案都表明，一定程度的碳负债能得以偿还，国有企业便在这方面获利颇丰。[②] 通过偿还碳负债而获得的收入甚至可能有利于交叉补贴电力集团中火电部门受到的成本影响。这可能使一些试点地区允许电力集团比小型企业承受更大一点的成本影响。

结　论

本文探讨了中国排污权交易受到的来自不同层面以及不同利益竞争之间的体制挑战。在国家层面，政府机构未能就在全国推进排污权交易方案是否合适达成一致，也未就电价改革达成共识。虽然大部分试点地区快速建立了可信方案，但其动机通常并未与中央政府契合，当方案与竞争力挂钩时尤为如此。在地方层面，中国采取特殊方式对排污权交易进行规划。这意味着，规划团队与当地政府以及省级政府之间存在利益竞争。最后，鉴于中国大型国企拥有既得利益，本文还探讨了如何对待电力部门。

电价依然是发展有效试点方案的关键性体制挑战，相应地也会成为全国性试点方案的体制挑战。虽然有人提出创新意见，建议逐步进行电价改革，但有些评论员仍然持怀疑观点，不相信排污权交易试点方案有潜力成为电价改革的

---

① International Energy Agency, 2012, Policy Options for Low - Carbon Power Generation in China - Designing an emissions trading system for China's electricity sector, IEA Insight Series 2012, pp. 9-10.

② 刘，个人访谈，2012 年。

重要推动力。① 在这种复杂的政策环境下，中国的排污权交易方案还包括在一个由政府管控的经济体中运用市场化措施。如果没有改革动力，不愿意解决排污权交易等市场化措施遇到的体制障碍，中国的排污权交易试验就会失败。排污权交易要么可能成为推进改革的一大因素，要么成为无力克服已知体制障碍的牺牲品。

---

① 王，个人访谈，2012 年。

结　语

　　2017 年将成为全国碳市场的开局之年，一旦全国统一碳市场建成，我国碳市场便是全球最大的碳市场。而 2016 年则是全国碳市场建设准备的关键之年，因此碳市场各方面的研究都显得尤其重要。政策对于碳市场的发展起着至关重要的作用，因而政策的解读与制定亦显得非常重要。一方面，借鉴国际碳市场的经验，以及总结现有的交易试点市场能力建设的经验对全国碳市场的政策制定起到引导借鉴作用；另一方面，现有的碳市场中的配额发放，排放量核查，CCER 开发审定以及在碳市场中交易等都是碳市场发展的关键环节。为响应国家建立全国统一碳市场计划以及为碳市场发展建言献策，国际清洁能源论坛（澳门）联合中国长江三峡集团公司、香港排放权交易所、中国质量认证中心等有关单位联合成立了课题研究组，共同编写《温室气体减排与碳市场发展报告（2016）》。

　　国际清洁能源论坛（澳门）是一个常设于澳门的非营利性国际组织，以"致力于清洁能源的技术创新力和产业竞争力的提高"为宗旨。"清洁能源蓝皮书"是论坛对中国与世界清洁能源领域发展状况和热点问题观察和研究的一份年度报告，主要针对某一行业或区域现状与发展趋势进行分析和预测，具有权威性、前沿性、原创性、实证性、时效性等特点。蓝皮书以切实加强自主创新能力、拓展能源新领域为目标，旨在为我国政府决策部门制定能源产业政策提供前瞻性建议，以及制定合理的清洁能源产业扶持政策提供参考依据。与此同时，通过绘制清洁能源技术发展的路线图，对研发和产业界具有一定的指导和借鉴意义，为相关企业战略规划提供针对性指导意见。迄今为止论坛已出版过蓝皮书系列《国际清洁能源发展报告》《世界能源发展报告》等五本报告，受到业内广泛好评。本论坛从今年起尝试进行专项研究课题，编辑出版清洁能源各个领域的专题报告，今后将陆续推出太阳能、风能、生物质能、水能、地热能、海洋能等可再生能源领域，核能、氢能与燃料电池、天然气等低碳能源领域，新能源汽车、储能、清洁煤、节能建筑、智能电网、分布式能源、智慧城市、节能减排等有关清洁和能效技术应用领域的年度研究报告，敬请读者朋友们关注和批评指正。

《温室气体减排与碳市场发展报告（2016）》是我论坛清洁能源蓝皮书系列研究报告之一。报告首篇《基于综合资源战略规划模型的中国中长期发电碳排放趋势研究》系由国家发展和改革委员会能源研究所可再生能源发展中心郑雅楠、任东明、姚明涛和中国电力企业联合会的胡兆光共同撰写。涉及国际部分的内容主要包括欧洲、北美和亚洲国家的碳市场研究。其中由中国质量认证中心资深研究员张丽欣、王峰、王振阳、曾桉共同撰写的《欧美日韩及中国碳排放交易体系下的监测、报告和核查机制对比》；国际可持续发展研究院资深研究员段红霞撰写的《国际碳市场的发展：经验和启示》；国际清洁能源论坛理事周杰撰写的《日本企业温室气体自愿减排的机制、成效与问题》等。国内部分的内容主要是关于对碳市场的政策制定，配额发放与核查，CCER 开发审定，以及碳市场交易进行研究。其中由汉能碳资产管理（北京）股份有限公司吴宏杰、李一玉共同撰写的《中国试点地区碳交易研究报告》；国网电力科学研究院黄杰、香港排放权交易所有限公司李栩然和蒋慧共同撰写的《新一轮电力体制改革环境下的全国统一碳市场》；中国三峡新能源有限公司王红野、马婧和北京芬碳资产管理咨询公司的区美瑜共同撰写的《基于碳交易实践的 CCER 项目投融资模式分析》；广州赛宝认证中心服务有限公司聂兵、史丽颖、任捷、陈颖共同撰写的《碳普惠制的创新及应用》；北京林业大学经济管理学院张颖、曹先磊合作撰写的《中国自愿减排量的开发及其发展潜力的经济学研究》；中国碳论坛的 Huw Slater 撰写的《中国的排污权交易试验：市场化改革面临的体制挑战》，台北大学自然资源与环境管理研究所李坚明撰写的《碳交易制度最佳设计分析与台湾排放总量制定规划》等。

最后，我谨代表国际清洁能源论坛和蓝皮书编委会对上述各有关单位及其作者的大力支持和辛勤劳动表示衷心感谢，并感谢澳门基金会对本书的出版资助。

国际清洁能源论坛（澳门）秘书长

周 杰

2016 年 11 月 1 日

Contents

Abstract: With the file of "Strengthen the response to climate change action— China national independent contribution" submitted, China has made clear action goals: carbon dioxide emissions per unit of GDP in 2020 will be reduced 40%-45% compared with 2005, non-fossil energy will account for about 15% of primary energy consumption; carbon dioxide emissions in 2030 will reach the peak and the peak will be reached as soon as possible; carbon dioxide emissions per unit of GDP in 2030 will be reduced 60%—65% compared with 2005, and non-fossil energy will account for about 20% of primary energy consumption. In order to realize the action goals, during the "12th Five-Year" period, continuous efforts have been made in national strategy, energy system, carbon trading market and other aspects in China. As the key industry in reducing carbon emissions, the electricity industry has made great progress in reducing the proportion of thermal power and vigorously developing renewable energy such as wind and solar. However, there is still a long way for China's energy conservation and emission reduction, further optimizing the power structure, promoting the development of low-carbon green energy and establishing long-term power demand side management mechanism are still needed. Therefore, with the help of integrated resource strategic planning, this paper studies the medium and long term development trend of regional fossil energy and non-fossil energy generation in China; explores peak levels of generating carbon dioxide emissions, and offers advice for completing the revolution of energy production and consumption.

Key words: Climate Change; Carbon Dioxide Emission; Demand Side Management; Integrated Resource Strategic Planning

2. The Comparison of Monitoring, Reporting and Verification Mechanism of Emission Trading Systems in EU, USA, Japan, Korea and China

Zhang Lixin, Wang Feng, Wang Zhenyan, Zeng An / 025

Abstract: Monitoring, reporting and verification (MRV) system is the basic tool for data quality control and data quality assurance of carbon emissions trading system. Establishing MRV system is the practice adopted by all the carbon emission trading systems. Based on extensive investigation, we summarized the foreign MRV construction of EU, California in USA, Japan and Korea as well as the domestic MRV institution of seven pilot carbon emission trading regions. With international construction experiences and the current situation in pilot regions, the construction ideas and the main content of the MRV system for the national carbon emissions trading system was proposed, which include monitoring and reporting system, reporting system, third-party verification system and MRV system transition measures from pilot to national system. The MRV system of national carbon emissions trading system will provide quality assurance and technical support for China carbon emission trading market.

Key words: Monitoring, Reporting and Verification (MRV) System; CO_2 Emission Trading; Greenhouse Gases

B.3. International Carbon Market Development: Implications and Lessons for China

Duan Hongxia / 058

Abstract: China has planed to launch a nationwide carbon market by 2017, and it is expected that the cost-effective market-based mechanism would help reach the target of emissions reduction by 60% to 65% by 2030 against the 2005 level. Over the past three years, the experiences of the seven piloting carbon markets at provincial level have provided valuable insights for China to design and operate the national carbon market. However, China still needs to learn more from good practices and lessons that international carbon markets have experienced in order to make the Chinese carbon market functioning efficiently.

This paper reviews the major international carbons, analyses the impacts of carbon markets on economy and the environment, and summarizes the lessons that the Chinese carbon market would learn from the international experiences. It suggests that the design of carbon policy, trading mechanisms and MRV systems should fit China's reality and also reflect the development trend of international carbon markets. The paper concludes that the success of China's carbon market would require the government to put more efforts to strengthen capacity building, improve MRV systems, make linkage ready, and build a complementary policy system.

Key words: Carbon Market; Emissions Reductions; Addressing Climate Change; Experiences and Lessons

B.4. The Mechanisms, Effects and Issues Raised by the Act of Voluntary Reduction of Greenhouse Gas Emissions within Japanese Companies

Zhou Jie / 079

Abstract: The issue of global warming has set its place at the forefront of the problems of our time, and in response, nations across the world are raising policies with the central aim of reducing the emission of greenhouse gases in order to achieve a sustainable society. There have been a myriad of reduction policies and attempts, and consequently a mix of different results. Within these, the voluntary reduction model adopted by companies in Japan has come to characterize the country's policies in its reaction to the global warming crisis; the model is supported and motivated bottom-top i. e. starting with base level companies, and probes to be an innovative approach appropriate for Japan. However, this mechanism also weakens government's regulatory policies and makes it more difficult to establish a unified domestic market for trading carbon emissions.

Key words: Voluntary Emission Reduction; Greenhouse gases; Carbon Emissions Trading; Japan; Climate Change Policies

5. The Best Emissions Trading Scheme Design and National Emissions Cap Planning   *Lee Chien-Ming* / 114

Abstract: There are more than 60 countries launching Carbon Pricing Mechanism for mitigating greenhouse gas around the world. Although it has provided the policy advantage for responding to climate change, it also showed some problems, such as low carbon price, carbon leakage concern and carbon crime etc. Therefore, it is important for countries which plan to deploy the ETS to find out some key issues for a best emissions trading scheme design in advance. This paper identifies some issues for the best design of the ETS, and provides some key elements on how to accomplish it. Finally, this research uses an example of theQELROs which is provided by the UNFCCC to show how the emissions cap of the ETS is decided under the effectiveness rule.

Key words: Carbon Market; Allowance Allocation; Carbon Trading

6. Research Report for China Carbon Trading in the Pilots
Wu Hongjie, Li Yiyu / 143

Abstract: On the 30th August 2016, President Xi Jinping held the 27th meeting of Central Comprehensively Deepening Reforms leading group, he had an important speech during this meeting and approved 14 documents including "The Construction of Green Financial System Guidance". In addition, before the holding of 11th meeting of the Group of Twenty in Hangzhou, the National People's Congress approved that China would joined into the Paris Agreement of Climate Changing, and became the 23rd countries which have ratified the agreement so far. All the actions have indicated our determination to establish and promote the China Carbon Market. In order to ensure the establishment of the national carbon market in 2017, the government is actively drafting the carbon emissions trading and management regulations and the corresponding management measures and implementation details so far. Till now, the seven China Carbon trading pilots has been running for 3 years, and accumulated rich experience in the establishment of the national carbon market. This paper makes a systematic and comprehensive analysis on the situation of seven China Carbon trading pilots.

Key words: Carbon Trading; Carbon Finance; China Carbon Market; Suggestion

B 7. Analysis on the National Carbon Market with the Impact of the New Round of Power System Reform in China

LI Xuran, Jiang Hui, Huang Jie / 164

Abstract: In March 2015, Chinese authorities launched a new round of power sector reform with what is known as "Document 9". This document sets out a broad vision for the power sector. In March 2016, U. S. and China have made their 3rd Joint Announcement on Climate Change within 2 years and China reaffirmed that a national cap-and-trade market will be launched in 2017. Power sector, which accounts for the largest carbon emissions globally, is not only a major carbon reduction target but also key traders in carbon markets. China's power sector is the world's largest electricity consumer, passing the U. S in the generation capacity in recent years. Most of the electricity comes from coal with accounted for an estimated 73% of domestic electricity production in 2014. Therefore the power sector has great potential in its carbon reduction. Considering China's highly regulated power system, the electricity pricing method is not functional and hardly reflects the scarcity and market supply and demand. The poor marketization environment avianizes the linkage between the carbon and electricity price, and its effect on the end user's energy saving. In consideration of the progress of the new round of power system reform and marketization, this chapter is put forward the comprehensive analysis of the trend and scenarios of the national carbon market development. Further investigations of the carbon trading mechanism in power sector, the interaction between carbon market and power market, carbon trade and electricity trade, and linkage between carbon price and electricity price were conducted. Finally, strategy polices were proposed to coordinate the harmonious developments for the carbon market and power market.

Key words: Carbon trading; Power System Reform; Electricity Price; Carbon Price; China

8. The Analysis of Investment and Financing Mode of CCER Projects Based on Carbon Trading

Wang Hongye, O Meiyu, Ma Jing / 192

Abstract: The Chinese carbon market began in 2014 and gradually enlarged and developed in these years. The relevant laws, regulations and policies also changed a lot. This article analyzes the investment and financing mode as well as risks of Chinese Certified Emission Reduction (CCER) projects in clean energy enterprises based on their CCER projects developing and carbon trading activities. Finally, this article gives our suggestions measures to prevent the listed risks.

Key words: CCER; Carbon Trading; Clean Energy

B 9. Innovative Mode of Inclusive Carbon Mechanism and its Application

Nie Bing, Shi Liying, Ren Jie, Chen Ying / 227

Abstract: Carbon emissions from consumption by the end consumer increase rapidly in the last decade due to the improvement of living standard and rapid urbanization in China. Therefore, the study of carbon emissions from consumption by the end consumer becomes important in the area of carbon emissions research. An inclusive carbon mechanism (ICM) was developed in this study with a method for quantification of carbon emission reductions from public low-carbon behavior and positive incentive mechanism to assign a value to the emission reduction. The field of application of ICM was also pointed out. The aims of this mechanism are (1) to encourage public engagement in carbon emission reduction via the internet and inclusive finance, (2) to drive low carbon development in production and encourage government, enterprise and public to work together for environmental sustainability.

Key words: Inclusive Carbon Mechanism (ICM); Positive Incentive; Public Engagement; Innovative Mode; Public low-carbon Behavior

B 10. Economics Analysis on the Exploration of CCER and its Development Potential

Zhang Ying, Cao Xianlei / 259

Abstract: China Certified emissions reductions (CCER) is an important supplement to the carbon quota market. Effective exploration and healthy development of CCER is not only helpful to extend the role of the carbon market and then realize the strategic goal of response to climate change in China, but also provide certain adjustment buffer space for the development of China's industry. However, the academic research on the status, various risks, coping strategies and development potential of CCER's exploration is relatively scarce from the perspective of economics. Therefore, the exploration process of CCER is firstly introduced, and then the regional distribution, record category classification and the types of emission reductions of the current CCER were statistical analyzed briefly based on exchange

Info-platform database of CCER; In the next place, the economic and policy risks of CCER and its preventive measures has carried from the angle of economics. At the same time, the advantages and potential for CCER's exploration has been qualitative analyzed. Finally, the recommendations to achieve our climate strategy and promote the development of environmental protection industries by developing CCER were to be proposed from the perspective of government regulation and corporate investment.

Key words: China's Voluntary Emissions Reductions Carbon Market Climate Change Upgrading of Industrial Structure; Economics; Unified Carbon Market

Abstract: In the pursuit of sustainable development and effective solutions to global climate change, the government of the PRC has adopted market-based policies to control the emissions of GHGs. Seven municipalities or provinces were selected as emission trading markets pilots and significant achievements have been made. However, the carbon trading market unavoidably conflicts with the mixed market and regulatory structure of China's energy sector, leading to certain institutional challenges for emissions trading. By introducing and analyzing the seven pilots, this paper identifies institutional challenges to emissions trading in China at a range of levels and between competing interests, as well an outlook for the future development of emissions trading in China.

Key words: China; Emissions Trading Market; Trading Pilots; Institutional Challenges; Prospect